# 基于认知反馈的MIMO雷达资源管理技术

张浩为　谢军伟　张　群　张　琳　著

国防工业出版社
·北京·

# 内容简介

相比于传统相控阵雷达，多输入多输出（multiple - input multiple - output，MIMO）雷达可获得良好的空间分集、结构分集、极化分集和波形分集增益。而在实际运用中，系统中的物理资源和硬件资源往往是有限的。为充分发挥MIMO雷达的系统性能，本书以提升物理资源和硬件资源利用率为目标，从资源分配和调度两个角度，引入认知思想，对分布式MIMO雷达阵元选择与功率分配问题、分布式MIMO雷达接收波束分配问题、集中式MIMO雷达阵元选取问题、集中式MIMO雷达功率与带宽联合分配问题、集中式MIMO雷达的波束－功率和波形联合分配问题、机动目标跟踪中的集中式MIMO雷达快速功率分配问题以及MIMO雷达在多入单出（multiple - input single - output，MISO）和MIMO工作模式下的资源调度问题进行了研究，并给出了相关仿真结果。

本书适合于信息与通信工程专业的研究生、雷达资源管理领域的研究人员和工程技术人员进行参考。


**图书在版编目（CIP）数据**

基于认知反馈的MIMO雷达资源管理技术 / 张浩为等著. -- 北京：国防工业出版社，2025.8. -- ISBN 978-7-118-13676-0

Ⅰ. TN95

中国国家版本馆CIP数据核字第2025ZS2632号

※

国防工业出版社出版发行

（北京市海淀区紫竹院南路23号　邮政编码100048）

三河市天利华印刷装订有限公司印刷

新华书店经售

＊

**开本** 710×1000　1/16　**印张** 12¼　**字数** 218千字

2025年8月第1版第1次印刷　**印数** 1—1500册　**定价** 98.00元


---




国防书店：（010）88540777　　书店传真：（010）88540776

发行业务：（010）88540717　　发行传真：（010）88540762

# 前言 〉〉〉

相比于传统相控阵雷达，多输入多输出（multiple - input multiple - output，MIMO）雷达可获得良好的空间分集、结构分集、极化分集和波形分集增益。而在实际运用中，系统中的物理资源和硬件资源往往是有限的。为充分发挥MIMO 雷达的系统性能，本书以提升物理资源和硬件资源利用率为目标，从资源分配和调度两个角度，引入认知思想，通过构建接收 - 发射 - 环境 - 接收和控制输出 - 评估 - 更新 - 控制两条闭环反馈回路，对分布式 MIMO 雷达阵元选择与功率分配问题、分布式 MIMO 雷达接收波束分配问题、集中式 MIMO 雷达阵元选取问题、集中式 MIMO 雷达功率与带宽联合分配问题、集中式 MIMO 雷达的波束 - 功率和波形联合分配问题、机动目标跟踪中的集中式 MIMO 雷达快速功率分配问题以及 MIMO 雷达在多输入单输出（multiple - input single - output，MISO）和 MIMO 工作模式下的资源调度问题开展了研究。

全书共分为 5 章。第 1 章概述了研究背景和意义。第 2 章对 MIMO 雷达资源分配及资源调度中所涉及的基础理论进行了阐述。第 3 章研究了分布式 MIMO 雷达中的资源分配问题。第 4 章研究了集中式 MIMO 雷达中的资源分配问题。第 5 章研究了 MISO 与 MIMO 模式下的资源调度问题。

本书由空军工程大学的张浩为、谢军伟、张群、张琳共同撰写，空军工程大学的李正杰、齐铖、黄洁瑜、张港生等博士均参与了本书的编辑和整理工作。另外，本书在写作过程中得到了许多专家学者的支持和帮助，在此表示衷心的感谢！

由于作者阅历及研究水平有限,本书有不妥之处在所难免,敬请专家、读者批评指正!

作者

**2025 年 3 月**

# 目录 ›››

# 第1章 绪 论

## 1.1 研究背景及意义

### 1.1.1 MIMO雷达资源管理

相比于传统相控阵雷达，多输入多输出（multiple - input multiple - output，MIMO）雷达因其优越的检测、参数估计性能受到人们的广泛关注。根据天线的配置形式，人们通常将MIMO雷达划分为分布式MIMO雷达[1]（非相干式MIMO雷达）和集中式MIMO雷达[2]（相干式MIMO雷达）。其中，分布式MIMO雷达采用收发分置的大间距布阵方式，各天线发射正交（非相干）信号。由于各发射阵元与目标的视线角之间具有明显差异，且进行信号传输的多个信道相互独立，因而可以获得良好的空间分集增益[3]、结构分集增益[4]、极化分集增益[5]和波形分集增益[6]。具体表现在：

(1)利用了目标雷达截面积（radar cross section，RCS）的统计特性，使得目标的RCS近似恒定，提高了雷达的检测性能，并由此带来了良好的反隐身能力；

(2)雷达的多个发射天线照射到目标的不同侧面，获得更多的目标特征信息，提高了目标识别能力；

(3)理论上而言，分布式MIMO雷达无须扫描，可进行长时间的相干积累，提高了空域信噪比（signal - to - noise ratio，SNR）；

(4)分布式MIMO雷达收、发天线间距很大，单个天线发射峰值功率降低，不易被发现，即便失去若干天线，对系统的整体性能影响不大。

集中式MIMO雷达发射天线排列紧密，可进行相参处理，具备良好的波形分集增益[2]。其通过发射同时正交(非相干)多波束,可有效提升系统的参数辨识能力[7],并使得发射方向图设计更加灵活[8-9]。具体优势体现为:

(1)发射峰值功率的降低,使得雷达的低截获(low probability of interception, LPI)性能明显提高;

(2)既可形成发射方向图,又可形成接收方向图,使得测角精度相比于传统相控阵雷达有所提升;

(3)驻留时间的延长,使得雷达的速度分辨力提高,进而提高检测低速目标的能力;

(4)具有低旁瓣电平的波束方向图,高角度分辨力和估计精度,最多可分辨的目标个数可达到使用相同数目收、发阵元的相控阵雷达的 $M$ 倍($M$ 为发射阵列的阵元数)。

在实际应用中,有限的物理资源约束及硬件条件约束是 MIMO 雷达潜能得以充分发挥的主要障碍。一方面,要获得良好的搜索、跟踪性能,雷达系统必须依赖于高效的资源管理策略。如对某一重点目标分配更多的功率,以提升跟踪精度;对某重点区域分配更多的驻留时间,以提升总体 SNR 等。另一方面,现代雷达自身的多功能特性要求对已发现的目标维持跟踪,并持续对未知空域进行搜索。同时,通信、导弹制导等突发性任务也会随时加入待执行队列。尤其在现代战争饱和式攻击的背景下,雷达资源的有限性与任务数量的多样性、无穷性之间的矛盾尤为突出。当某一时刻雷达的资源出现短缺,如时间、功率等不足以维持现有的跟踪、搜索任务需求,雷达的工作性能将出现急剧下降。例如,在雷达时间资源过载的情况下,某一个跟踪任务的调度失败将导致下一个周期内产生 9 个波位的失跟处理请求[10],这将进一步加大系统负载,如果没有合适的资源管理机制,将使得更多的跟踪任务被调度失败,进而产生更多的失跟处理请求,如此循环导致整个调度系统最终崩溃。因此,为应对未来战场环境中任务的多元性和复杂性,必须从系统层面对有限的资源进行高效的管理。

MIMO 雷达的资源管理,又可具体划分为资源分配以及资源调度[11]。前者是指在一定的物理资源限制下,将特定的一种或多种资源分配给多项任务,即资源的划分问题。如雷达收、发阵元的部署与选择,各节点的发射功率、带宽和波形的指定等。而后者是指在资源分配完成后,如何合理利用有限时间,在雷达系统硬件条件的约束下,高效地完成多种任务,即任务的执行顺序问题。

资源分配和资源调度共同构成了 MIMO 雷达的资源管理体系。良好的资源分配机制可以有效提升实体资源利用率,进而提供良好的探测、跟踪性能;而高效的资源调度可以最优化地利用系统硬件,充分发挥 MIMO 雷达的多功能优势。二者的关系如图 1.1 所示。

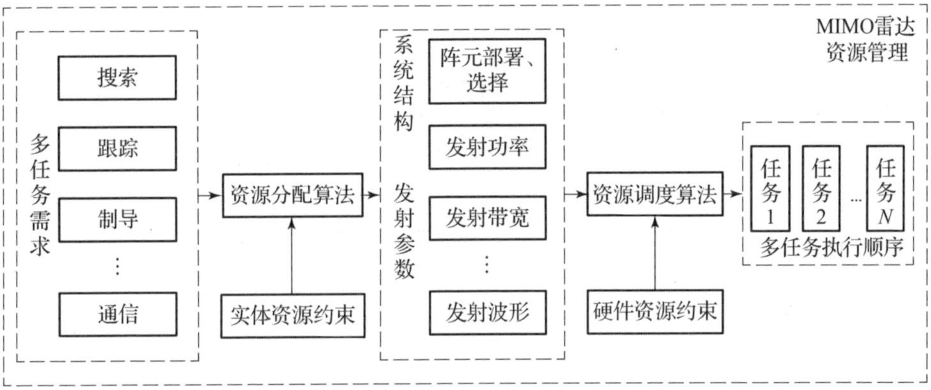


**图 1.1 MIMO 雷达资源管理图示**

### 1.1.2 认知反馈思想

2006 年,Haykin 教授系统地提出了"认知雷达"的概念[12],希望将雷达的自适应能力由传统的接收处理扩展至发射－接收,形成一个闭环反馈系统。通过不断与环境进行交互、感知、推理、判断、学习,自适应地调整发射机的工作参数和信号处理方式[13-14],实现抢先发现、锁定、跟踪、杀伤、评估的目的[15]。

在日益复杂的未来战争中,具有"自适应性"和"智能性"的认知雷达有着广阔的应用前景。例如,通过对发射频带的自适应调整可以有效规避干扰频谱,提升雷达的抗干扰能力;通过波形的自适应调整,可以有针对性地提升对目标某一方面的跟踪性能等[16]。因此,认知雷达一经提出,便掀起了相关领域的研究热潮。2010 年,知名学者 Guerci[17-18]、Baker[19]、Wicks[20]接连发文,阐述了认知雷达研究的重要意义及关键技术。2011 年,国内的黄培康院士也指出,认知雷达是雷达系统未来发展的一个重要方向[21]。

"认知"一词揭示了认知雷达的本质,可以理解为"获悉、感知并兼具主动思考、分析和推理的一种行为[16]"。Haykin 教授在提出这一概念时明确指出,认知雷达需要具备以下特征[12]:①对环境的感知能力;②信号的智能处理能力;③存储环境信息的数据库;④由发射到接收的闭环反馈回路。典型的认知雷达系统[15]如图 1.2(a)所示,与之对应,图 1.2(b)给出了传统雷达系统的基本结构。

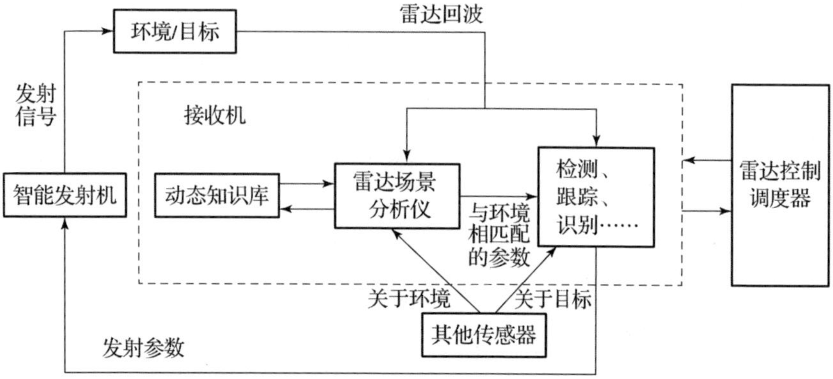


(a) 认知雷达的基本结构

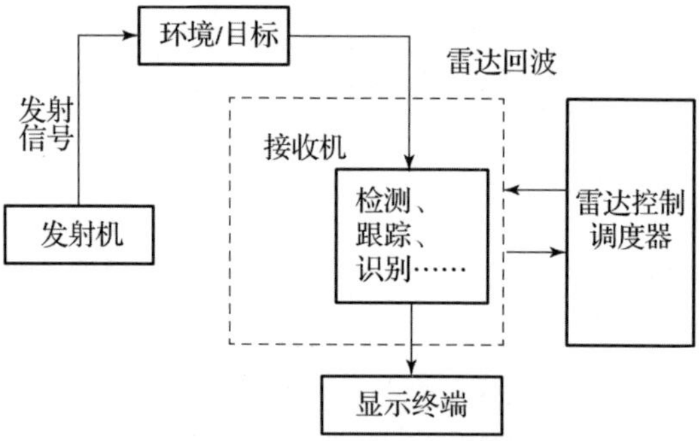


(b) 传统雷达的基本结构

**图 1.2　认知雷达与传统雷达的对比**

从图 1.2 中可以看出,闭环反馈式的处理流程是认知雷达与传统雷达最大的不同。其中,智能发射机根据上一时刻对环境的感知输出最优发射参数;发射信号经环境、目标的反射后,由接收机进行接收处理。动态知识库用于存储、调用各类先验知识,并根据回波信息,完成自身的更新;雷达场景分析仪需要对当前时刻地理和电磁环境进行分析、识别,为信号、数据处理和资源分配算法提供参数和参考;雷达控制调度器负责全局资源的分配和调度;其他传感器则为场景分析和信号、数据处理提供辅助支持。从上述功能可以看出,认知雷达的工作流程暗含了两个闭环回路。一是以智能发射机为起点,发射自适应波形,回波信号被接收后,场景分析仪对环境进行分析,判断,在动态知识库的辅助下,选择最优的目标检测、跟踪及识别方法,以提升雷达的整体性能;在此基础上,雷达根据数据处理结果,选择下一时刻最优的发射参数,从而形成一个闭环反馈系统。二是以上一时刻的动态知识库输出为起点,通过接收到的回波信号对所应用的知识进行评估、分析,并完成知识库的更新,以指导下一时刻的发射。总体而言,认知雷达通过感知环境 – 调节工作参数 – 发射最优波形 – 自我更新,以达到适应环境、提升性能的目的。

本书借鉴“认知”思想,通过构建由发射 – 环境 – 接收 – 发射的闭环反馈和控制 – 评估 – 更新 – 控制的闭环反馈,来分别完成 MIMO 雷达系统资源的自适应分配和调度。需要指出的是,在进行资源分配和资源调度之前,有大量关于目标和任务的先验信息可以利用。例如,在目标跟踪过程中,可以根据当前时刻的目标信息对下一时刻的目标状态进行预测;在多雷达组网条件下,其他雷达可以为当前目标、环境提供信息支持。因此,以认知机制来实现 MIMO 雷达的资源管理是可行的。

## 1.2 国内外研究现状及分析

本节将结合“认知”思想,从资源分配和资源调度两个方面分别对 MIMO 雷达的资源管理现状进行梳理,并指出现有产品的不足之处。

### 1.2.1 MIMO 雷达资源分配

对于 MIMO 雷达系统资源分配的研究,现有文献多集中于参数估计过程中的资源分配。具体可分两类:一类是发射参数的设置,如发射功率、带宽和时宽等;另一类是关于系统结构的配置,即发射、接收阵元的选择与布置。建立的优化模型又可分为:给定估计误差下最小化所用资源和给定资源限定下最小化估计误差[22]。

针对分布式 MIMO 雷达发射参数的选择问题,文献[23 – 24]通过推导关于时延估计的克拉美 – 罗下界(Cramer – Rao lower bound,CRLB)[25 – 26],构造了两种单目标定位时的功率优化模型:在给定误差的前提下最小化发射功率和在总功率一定的限制下最小化 CRLB。文献[27 – 28]将其扩展到多目标情形,并研究了功率和带宽的联合分配问题。文献[29]提出了两种新的迭代算法以求解功率最优分配。文献[30 – 32]将阵列资源视为变量,提出了单目标定位场景下的子传感器选择算法。文献[33]针对多目标定位问题,对多部雷达进行分组,在相同精度的约束下,来最小化选择的雷达数目。文献[34]同时考虑阵元、发射功率和信号带宽的影响,提出一种联合分配机制,以提升目标的定位精度。文献[35]通过推导分布式 MIMO 雷达对速度估计的 CRLB[36 – 38],来选择最优子阵。文献[39]将 CRLB 作为目标函数,构造了发射功率和有效时宽的联合优化模型。对于运动目标跟踪，文献[40 - 41]依据得出的关于时延估计的后验 CRLB(posterior CRLB，PCRLB)[42]，对分布式 MIMO 雷达在中心式融合跟踪和非中心式融合跟踪两种条件下的性能进行了分析。结果表明，PCRLB 为关于雷达子站几何分布、目标位置、传输路径损耗和跟踪精度的函数。由于 PCRLB 的可预测性，文献[43 - 72]将其与认知思想[12-14]相结合，通过构造由发射机到接收机的闭环回路，使得资源得以自适应分配。文献[43 - 44]利用 PCRLB[45]来动态调整发射波形，在此基础上，文献[46]进一步考虑了发射阵元的实时选取问题。文献[47 - 49]对多目标跟踪中的功率分配进行了探讨。文献[50]结合交互式多模型(interacting - multiple - model，IMM)和扩展卡尔曼滤波(extended Kalman filter，EKF)，提出了单个机动目标跟踪中功率、带宽联合分配算法；文献[51]对其进行改进，利用精度更高的无迹卡尔曼滤波(unscented Kalman filter，UKF)，并进一步考虑了信号时宽的分配。文献[52 - 59]以下一时刻的 PCRLB 为目标函数或约束条件，得到最优的传感器/阵元组合。文献[60]考虑了多径效应影响下的多目标跟踪问题，并依据 PCRLB 来联合分配传感器和功率。与之类似，文献[61]提出了多雷达聚类与功率分配的联合优化机制。文献[62]提出了一种单目标跟踪中发射子阵、功率、带宽联合分配算法。文献[63 - 65]分别针对相控阵雷达网络中的低截获性能、跟踪性能以及低截获和跟踪性能的平衡展开优化，分别提出了功率 - 带宽分配、检测阈值调整与功率分配以及波束、功率 - 时宽分配算法。文献[66 - 67]针对雷达网络中的功率、时宽等资源分配问题，构建了两种优化模型，并提出相应的求解算法。

在集中式 MIMO 雷达的框架下，文献[68 - 72]分别针对理想检测与杂波环境中的多目标跟踪问题，提出了功率优化机制。针对集中式 MIMO 雷达的阵列管理，文献[73]提出了单目标、多目标定位中的阵列自适应调整算法，其依据是时延 - 波达方向(direction of arrival，DOA)估计的联合 CRLB[74]。文献[75]针对相控阵 - MIMO 雷达中的成像问题，提出一种启发式的多资源分配算法。此外，为提升压缩感知 MIMO 雷达的检测性能，文献[76 - 77]提出了功率与波形的联合优化机制。

上述文献中，大量采用的是传统的凸优化算法结合凸松弛技术来对目标函数进行求解[27-29,33-34,39,43-51,57-59,61-62,64-69,71-74]，也有少部分文献利用启发式算法(如贪婪搜索算法[23-24,30-32,53-56,60])和智能算法(如遗传算法[63,70])求解非凸的目标函数。

### 1.2.2 MIMO 雷达资源调度

不同于普通相控阵雷达中波束的单发单收模式（时分复用地执行多个任务），MIMO 雷达可以根据不同场景切换波束收发模式，可具体分为：单输入单输出（single - input single - output，SISO）、多输入单输出（multiple - input single - output，MISO）和多输入多输出（multiple - input multiple - output，MIMO）。在特有的 MISO 模式下，不同时刻的回波可以同时被接收；在此基础上，MIMO 模式可以对多个发射波束进行合并，实现真正意义上的同时多功能。然而，这两种工作模式均会使得发射机持续工作，应用中必须考虑雷达系统自身散热性能的限制。另外，待执行的任务数量往往是巨大的，而可用的时间资源却是有限的，并非所有任务均能够得以执行。因此，必须从中选出最有价值的任务子集，以在有限时间内充分发挥雷达的总体性能。

现有文献多集中于对 SISO 收发模式下资源调度技术的探讨。在此种模式下，对于雷达任务的建模可以分为两类：非抢占式的单个驻留任务[78-94]和可抢占式的收、发驻留任务[95-109]。前者将发射和接收视为整体任务，其执行过程不能被中断。而后者将发射和接收视作两个任务子集，且收、发波束间可以交错执行其他请求任务的发射期或接收期，以进一步提升时间利用率。两种模式下任务的执行方式见图 1.3。

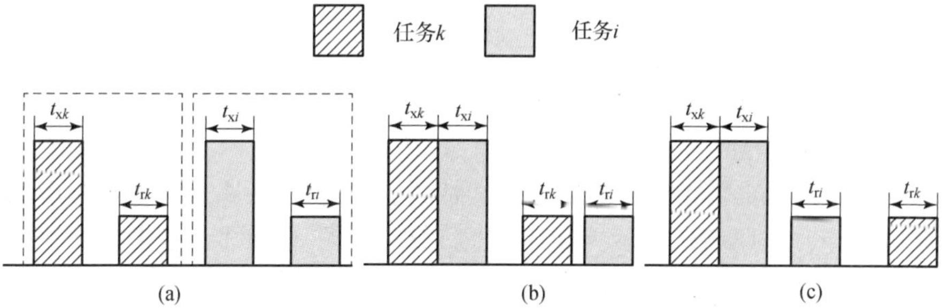


**图 1.3　SISO 模式下的任务调度**

图 1.3(a)为非抢占式的任务调度，图 1.3(b)和图 1.3(c)为可抢占式的任务调度。其中，高的矩形框表示任务的发射期，低的矩形框代表任务的接收期，同一任务收、发波束间的空闲间隔称为等待期。可以看出，后者由于对收、发波束之间的等待期进行了有效利用，可在相同的时间内执行更多的请求任务，更能够充分发挥雷达的多功能优势。在 SISO 模式下，MIMO 雷达的资源调度与普通单波束相控阵雷达并无区别。而针对 MIMO 雷达特有的两种任务执行模式，现有文献较少涉及。针对 MISO 模式下的资源调度，文献[110 - 111]提出一种启

发式的调度算法,通过对可执行任务子集的循环嵌套来最大化资源利用率。文献[112]在此基础上考虑了成像任务,并提出一种观测时间动态调整策略来提升雷达的自适应能力。文献[113]在文献[110-111]的基础上进行拓展,使得嵌套算法同样适用于 MIMO 模式。

对于资源调度而言,由于建立的问题模型往往是 NP 难题,文献大多采用启发式算法和智能群优化技术来求解。在启发式算法中,通常先对任务的优先级进行计算,然后按照优先级由高到低的顺序进行资源调度。典型的如高优先级优先(highest priority first,HPF)算法[78-79,95]和截止期优先(earliest deadline first,EDF)算法[80-82,96-98]。由于任务的优先级仅由单个参数决定难免会有偏颇,文献[83-84]将请求任务划分为多个队列,在不同队列中应用先输入先输出(first in and first out,FIFO)算法或最早截止时间优先(earliest deadline first,EDF)算法。文献[85-87,99-101]将任务的优先级和截止期映射到同一层面来决定综合优先级。在此基础上,文献[88-90,102]利用目标的先验信息计算目标威胁度,来代替[85-87,99-101]中预置的任务优先级,并提出了动态优先级调度算法。典型的群智能算法如禁忌搜索[103]、遗传(genetic algorithm,GA)算法[91]、粒子群优化(particle swarm optimization algorithm,PSO)算法[104-107]等。此外,其他思想,如可变驻留时间[92,108]、可变调度间隔[109]以及双倍竞拍[93-94]等也被用于资源调度问题中。

### 1.2.3 现有不足

从上述文献可以看出,对于 MIMO 雷达的资源管理,尚存在如下不足之处。

一是对于 MIMO 雷达的资源分配。

(1)对于分布式 MIMO 雷达,已有文献涵盖了定位、跟踪或成像任务中的发射子阵选择、发射参数(功率、带宽和时宽)分配问题,但对多种任务同时执行场景下的阵元组合与发射参数的分配问题缺乏研究。而在实际应用尤其是军事应用中,MIMO 雷达需要同时执行搜索、跟踪、制导、通信等多重任务。因此,研究多任务环境下的资源分配,更加符合现实需求。此外,相比于传统多基地雷达,分布式 MIMO 雷达在检测性能方面更具优势[3]。文献[114-116]已经证明,分布式 MIMO 雷达的检测性能与阵列配置和发射功率紧密相关。因此,多任务场景下 MIMO 雷达的阵列选择和发射参数分配必定与跟踪、定位等单类任务场景中的资源分配有着诸多不同。

(2)在"发射分解-接收聚焦"(defocused transmit-focused receive,DTFR)模式下,MIMO 雷达通过发射低增益的宽波束来对空域进行扫描;在接收端,采用数字波束形成(digital beamforming,DBF)技术合成多个高增益的窄波束来获得更高的系统分辨力。然而,受到系统自由度的影响,同时合成的波束数量是有限的。因此,需要对有限的波束资源进行合理分配。尽管文献[57-58,68-69]分别对于分布式MIMO雷达、集中式MIMO雷达和集中式MIMO雷达网络中的波束分配问题进行了探讨,但其均认为波束指向在一个驻留周期内是固定不变的。如果假定波束在一个照射周期内可以照射不同目标,则很可能产生不同结果。并且,随着时间维度的引入,将带来更大的分配自由度。

(3)对于集中式MIMO雷达,现有文献多关注目标跟踪中的功率分配[68-72]这一单一资源,对于阵元选择的研究工作尚不充分;并且,若将多种发射资源进行联合分配,则可以进一步发挥雷达潜能;此外,对于机动目标跟踪场景,尚未提出稳定的优化指标和高效的资源分配算法。

二是针对MIMO雷达特有MISO模式和MIMO模式下的资源调度,文献[110-113]虽然取得一些成效,仍存在如下不足。

(1)未建立通用的最优化模型。

(2)为简化建模,仅考虑了同种任务可并行执行。实际中,MIMO雷达可实现不同种类任务在时间轴上的相互交叠。

(3)构建的循环嵌套模型中难免存在空余的时间间隔,会造成部分时间资源的浪费。

(4)所采用的求解方法属于启发式算法。该类算法依据启发式规则,在每次迭代中,仅寻求该次迭代中能够发现的最优解,无并行搜索机制,使得算法易陷入局部极值点,难以获得全局最优解。

## 1.3 研究内容及章节安排

针对现有问题,本书在MIMO雷达资源管理的框架下,主要围绕资源分配与资源调度两条主线开展研究。以认知反馈思想为共同基础,以提升MIMO雷达的检测、跟踪性能和多功能潜力为目标,分别借助关于资源分配的CRLB和改进的粒子群优化算法,来着力构建系统的MIMO雷达资源优化理论。整体框架如图1.4所示,图1.5给出了两条闭环反馈回路的通用结构。

后续章节具体安排如下。

第2章为基础理论部分,对MIMO雷达资源分配及资源调度中所涉及的基础理论进行了阐述,如两种形态下MIMO雷达的信号模型、参数估计模型,MIMO雷达的工作流程以及资源调度过程中的影响因素。然后,对认知理论和PSO算法进行了介绍。

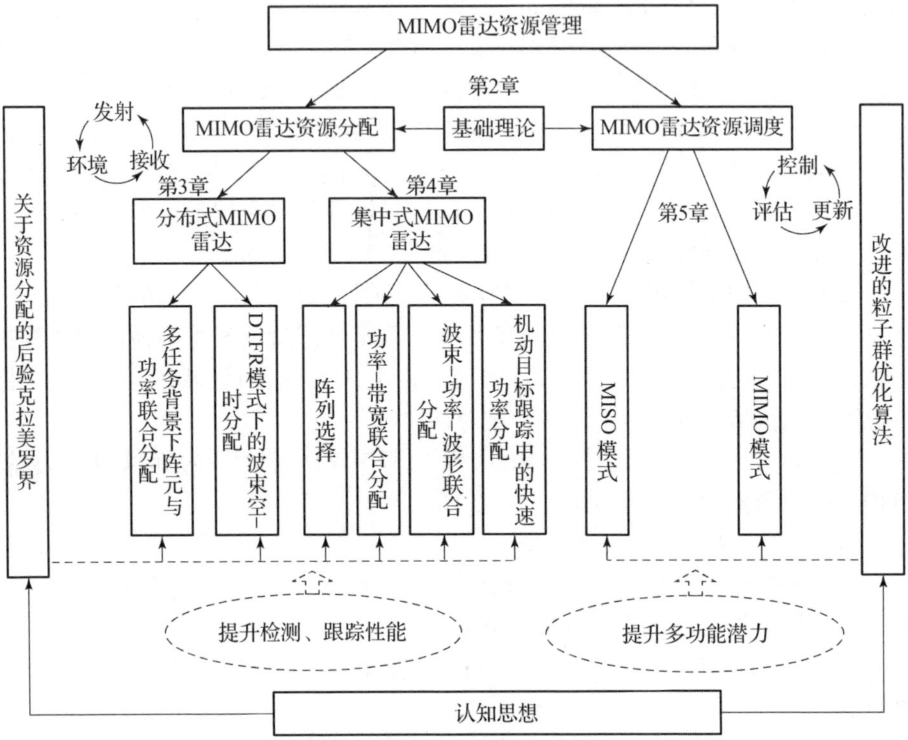


**图 1.4　本节整体框架**

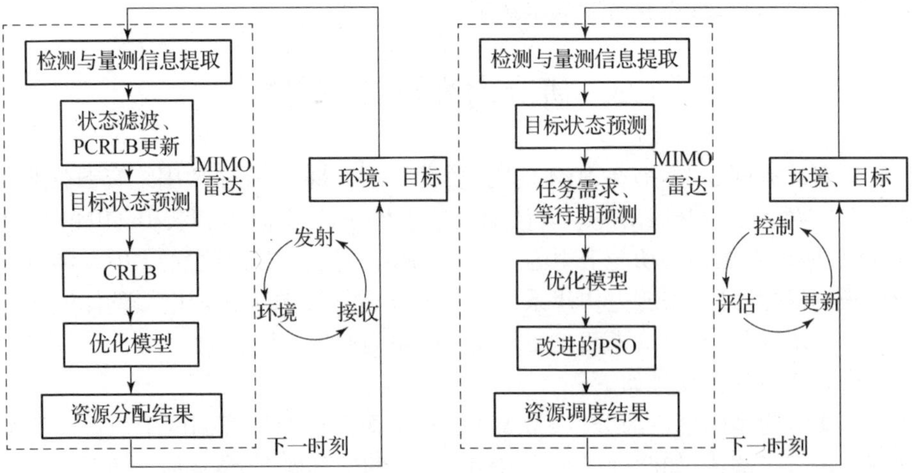


(a) 发射-环境-接收-发射　　(b) 控制-评估-更新-控制

**图 1.5　两条闭环反馈回路的通用结构**

第 3 章研究了分布式 MIMO 雷达中的资源分配问题。①对于跟踪和检测性能分别进行了功率优化，然后，对于两种任务同时执行背景下的阵元与功率联合分配问题，提出了基于贪婪搜索的二阶算法进行求解；②对于 DTFR 模式下多目标跟踪中的接收波束空－时分配问题，通过引入单位时间的照射概率这一中间变量，将问题转化为凸优化问题，从而得以快速求解。

第 4 章研究了集中式 MIMO 雷达中的资源分配问题。①当雷达发射完全正交信号时，波束可覆盖空间中的多个目标，依据推导得出的关于多普勒和 DOA 估计的联合 CRLB，提出一种凸松弛与局部搜索相结合的优化算法，为阵列的动态选择提供依据；②当目标在空间中充分分开时，运用 DTFR 技术，可将多目标跟踪问题转化为多个单目标跟踪问题，在此背景下，结合凸松弛技术和循环最小化算法对功率－带宽联合分配问题进行求解；③在 DTFR 模式下，进一步研究了多目标跟踪中的波束、功率与波形分配问题。通过严格推导，证明了该问题可以转化为一系列凸优化问题，进而可以高效求解；④对于机动目标跟踪中的功率分配问题，采用预测条件克拉美－罗下界（predicted conditional－CRLB，PC－CRLB）来构造目标函数，并提出一种基于顺序松弛的快速功率分配算法，算法在每次迭代过程中松弛约束，利用反函数求得功率分配值，以取得相比于传统凸优化算法更加高效的求解性能。

第 5 章研究了 MISO 与 MIMO 模式下的资源调度问题。①在 MISO 模式下，依据调度算法设计的三大原则为目标函数，构建了通用的整数规划模型，并提出一种基于熵值的 PSO 算法，该算法利用种群熵来对粒子的飞行参数进行自适应调整，并采用交叉、变异算子来避免局部最优。此外，在 PSO 搜索的框架下，针对 MISO 模式，提出一种启发式的任务交错分析算法，在快速计算个体适应值的同时，最大限度地利用雷达硬件资源。通过与三种算法的性能对比，验证了所提算法的有效性；②在 MIMO 模式下，以①中构建的目标函数为基础，结合 MIMO 模式下任务的调度特点，建立了通用的整数规划模型，并提出一种基于 Levy 飞行的 PSO 算法。该算法利用 Levy 飞行的长程搜索优势来实现全局优化，并在 PSO 搜索的框架下，针对 MIMO 模式的调度特性，提出一种启发式的交错分析算法，以在快速计算个体适应值的同时，最大化利用雷达的硬件资源。通过与多种主流调度算法的对比，验证了所提算法的有效性。

# 第 2 章

# 基础理论

本章着重阐述 MIMO 雷达资源管理的相关基础理论，为后文具体的资源优化技术奠定基础。

## 2.1 MIMO 雷达资源分配基础理论

通常而言，人们通过天线(阵元)间距的远近将 MIMO 雷达划分为分布式 MIMO 雷达和集中式 MIMO 雷达。两种天线配置形式的 MIMO 雷达各有其独特优势。分布式 MIMO 雷达采用大间距的布阵方式，可以在不同方向观测目标，使得目标的雷达散射截面(radar corss, section, RCS)均值近似恒定；而集中式 MIMO 雷达阵元间距较小，能够进行相参处理，通过发射正交信号来获得良好的速度分辨力和弱小目标检测能力。

### 2.1.1 分布式 MIMO 雷达目标检测与参数估计

**1. 信号模型**

假定一个分布式 MIMO 雷达系统有 $M$ 个发射天线和 $N$ 个接收天线，天线位置分别为 $(x_{\mathrm{t}m}, y_{\mathrm{t}m})$ 和 $(x_{\mathrm{r}n}, y_{\mathrm{r}n})$。其中，$m \in \{1,2,\cdots,M\}$；$n \in \{1,2,\cdots,N\}$。$Q$ 个匀速运动目标位于雷达警戒区域。在第 $k$ 次跟踪间隔，第 $q$ 个目标的位置和速度可分别表示为 $(x_k^q, y_k^q)$ 和 $(\dot{x}_k^q, \dot{y}_k^q)$。第 $m$ 个发射天线发射归一化的正交信号[40]为

$$\int_{-\infty}^{+\infty} \tilde{s}_m(t)\, \tilde{s}_{m'}^{\mathrm{H}}(t-\tau)\,\mathrm{d}t = \begin{cases} 0, m \neq m' \\ 1, m = m' \end{cases} \tag{2.1}$$

信号的有效带宽和有效时宽可以分别表示为

$$\beta_m = \left(\int f^2 \mid S_m(f) \mid^2 \mathrm{d}f\right) \Big/ \left(\int \mid S_m(f) \mid^2 \mathrm{d}f\right) \tag{2.2}$$

$$T_m = \left(\int t^2 \mid \tilde{s}_m(t) \mid^2 \mathrm{d}t\right) \Big/ \left(\int \mid \tilde{s}_m(t) \mid^2 \mathrm{d}t\right) \tag{2.3}$$

式中：$S_m(f)$为信号 $\tilde{s}_m(t)$的傅里叶变换。基于上述假设，第 $q$ 个目标经由第$(m,n)$条路径的回波信号可表示为[59]

$$\tilde{r}^q_{n,k}(t) = \sum_{m=1}^{M} \tilde{a}^q_{m,n,k} h^q_{m,n,k} \tilde{s}_m(t - \tau^q_{m,n,k}) \mathrm{e}^{\mathrm{j}2\pi\nu^q_{m,n,k}t} + \tilde{n}_{m,n,k}(t) \tag{2.4}$$

式中：$h^q_{m,n,k}$为路径衰落影响；$\tilde{a}^q_{m,n,k}$为目标反射的复增益，服从复高斯分布 $\tilde{a}^q_{m,n,k} \sim \mathcal{N}(0,\sigma^2_{\tilde{a}})$；$\tau^q_{m,n,k}$和 $\nu^q_{m,n,k}$分别为时延和多普勒频移；$\tilde{n}_{m,n,k}(t)$为复高斯白噪声，服从 $\tilde{n}_{m,n,k}(t) \sim \mathcal{N}(0,\sigma^2_{\tilde{n}})$。$h^q_{m,n,k}$可以具体表示为[114]

$$h^q_{m,n,k} = \frac{1}{R^q_{m,k} R^q_{n,k}} \sqrt{\frac{P_{\mathrm{T}m,k} \tau_{\mathrm{c}} G_{\mathrm{t}} G_{\mathrm{r}} I_{\mathrm{p}} \lambda^2}{(4\pi)^3 L_{\mathrm{c}} L_{\mathrm{r}}}} \tag{2.5}$$

式中：$R^q_{m,k}$为第 $m$ 个发射天线到第 $q$ 个目标的距离；$R^q_{n,k}$为该目标到第 $n$ 个接收天线的距离；$P_{\mathrm{T}m,k}$ 为第 $m$ 个天线发射的峰值功率；$\tau_{\mathrm{c}}$ 为单次照射时段内的有效脉冲宽度；$G_{\mathrm{t}}$ 和 $G_{\mathrm{r}}$ 分别为发射和接收增益；$I_{\mathrm{p}}$ 为接收机处理增益；$\lambda$ 为载波波长；$L_{\mathrm{c}}$ 和 $L_{\mathrm{r}}$ 分别为散射衰落和接收机衰落。$R^q_{m,k}$、$R^q_{n,k}$和 $\tau^q_{m,n,k}$之间的关系为

$$\begin{cases} \tau^q_{m,n,k} = \dfrac{R^q_{m,k} + R^q_{n,k}}{c} \\ R^q_{m,k} = \sqrt{(x^q_k - x_{\mathrm{t}m})^2 + (y^q_k - y_{\mathrm{t}m})^2} \\ R^q_{n,k} = \sqrt{(x^q_k - x_{\mathrm{r}n})^2 + (y^q_k - y_{\mathrm{r}n})^2} \end{cases} \tag{2.6}$$

式中：$c$ 为光速。多普勒频移项可计算为

$$\nu^q_{m,n,k} = -\frac{2\pi}{\lambda}\left[\cos(\phi^q_{m,k} + \varphi^q_{n,k})\dot{x}^q_k + \sin(\phi^q_{m,k} + \varphi^q_{n,k})\dot{y}^q_k\right] \tag{2.7}$$

式中：$\phi^q_{m,k}$和 $\varphi^q_{n,k}$分别为目标与第 $m$ 个发射天线和第 $n$ 个接收天线相对于 $x$ 轴方向的角度，满足：

$$\begin{cases} \phi^q_{m,k} = \arctan\left(\dfrac{y^q_k - y_{\mathrm{t}m}}{x^q_k - x_{\mathrm{t}m}}\right) \\ \varphi^q_{n,k} = \arctan\left(\dfrac{y^q_k - y_{\mathrm{r}n}}{x^q_k - x_{\mathrm{r}n}}\right) \end{cases} \tag{2.8}$$

**2. 奈曼 – 皮尔逊检测器**

根据式(2.4)的信号模型，可以构造奈曼 – 皮尔逊(Neyman – Pearson, NP)检测器。在 $H_1$ 和 $H_0$ 两种似然假设条件下，分布式 MIMO 雷达的检测模型为[114]

$$y_{m,n}=\begin{cases}\int\tilde{r}_n(t)\,\tilde{s}_m^*(t)\,\mathrm{d}t=h_{m,n}\tilde{a}_{m,n}x_{m,n}+\tilde{n}_{m,n},H_1\\ \tilde{n}_{m,n},\ H_0\end{cases}\tag{2.9}$$

式中：$\tilde{a}_{m,n}=a_R+\mathrm{j}a_I$，$a_R$ 和 $a_I$ 分别为目标反射复增益的实部和虚部。$H_1$ 和 $H_0$ 分别代表目标存在与否。$\tilde{n}_{m,n}$ 为复加性高斯白噪声，满足：

$$\tilde{n}_{m,n}=\int\tilde{n}_{m,n}(t)\,\tilde{s}_m^*(t)\,\mathrm{d}t\tag{2.10}$$

式中：$(\cdot)^*$ 为共轭运算。将经由全部路径所得的观测值和状态值写为向量的形式，则有

$$\boldsymbol{y}=[y_{1,1},\cdots,y_{M,1},y_{1,2},\cdots,y_{M,N}]^{\mathrm{T}}\tag{2.11}$$

$$\boldsymbol{x}=[x_{1,1},\cdots,x_{M,1},x_{1,2},\cdots,x_{M,N}]^{\mathrm{T}}\tag{2.12}$$

在 $H_1$ 假设下，联合条件概率密度函数（probability density function，PDF），得

$$\begin{aligned}p(\boldsymbol{y}\mid H_1)&=\iint p_1(\boldsymbol{y}\mid H_1,\boldsymbol{a}_R,\boldsymbol{a}_I)p(\boldsymbol{a}_R,\boldsymbol{a}_I)\,\mathrm{d}\boldsymbol{a}_R\mathrm{d}\boldsymbol{a}_I\\&=k_0\iint\exp\Big\{-\sum_{m=1}^{M}\sum_{n=1}^{N}[(y_{m,n}-h_{m,n}\tilde{a}_{m,n}x_{m,n})^{\mathrm{H}}\\&\quad(y_{m,n}-h_{m,n}\tilde{a}_{m,n}x_{m,n})(\sigma_{\tilde{n}}^2)^{-1}]\Big\}\times p(\boldsymbol{a}_R,\boldsymbol{a}_I)\,\mathrm{d}\boldsymbol{a}_R\mathrm{d}\boldsymbol{a}_I\\&=k_0\exp(-\boldsymbol{y}^{\mathrm{H}}\boldsymbol{y}/\sigma_{\tilde{n}}^2)\exp\left(\sum_{m=1}^{M}\sum_{n=1}^{N}|x_{m,n}^{\mathrm{H}}y_{m,n}|^2/k_1\right)\end{aligned}\tag{2.13}$$

式中：$\boldsymbol{a}=[\tilde{a}_{1,1},\cdots,\tilde{a}_{M,1},\tilde{a}_{1,2},\cdots,\tilde{a}_{M,N}]^{\mathrm{T}}=\boldsymbol{a}_R+\mathrm{j}\boldsymbol{a}_I$，且假定 $\boldsymbol{a}$ 服从均值为 0、方差为 $\sigma_{\tilde{a}}^2\boldsymbol{I}_{MN}$ 的高斯分布。其中，$\boldsymbol{I}_{MN}$ 为 $MN\times MN$ 维的单位矩阵。由于似然比中常数项系数可最终并入检测门限[122]，为简洁起见，利用常数项 $k_0$、$k_1$ 和 $\boldsymbol{\eta}_0$ 来代表计算过程中的无关系数。式(2.13)的推导过程中，用到了以下两式：

$$p(y\mid H_1)=k_0\exp(-y^{\mathrm{H}}y/\sigma_{\tilde{n}}^2)\exp(|x^*y|^2/k_1)\tag{2.14}$$

$$p(y\mid H_0)=k_0\exp(-\boldsymbol{y}^{\mathrm{H}}\boldsymbol{y}/\sigma_{\tilde{n}}^2)\tag{2.15}$$

则似然比可表示为

$$\ln L(\boldsymbol{y})=\boldsymbol{\eta}_0+\sum_{m=1}^{M}\sum_{n=1}^{N}|x_{m,n}^{\mathrm{H}}y_{m,n}|^2\tag{2.16}$$

将常数项移除，可以得到充分统计量：

$$T_1(\boldsymbol{y})=\sum_{m=1}^{M}\sum_{n=1}^{N}|x_{m,n}^{\mathrm{H}}y_{m,n}|^2\tag{2.17}$$

值得注意的是，$x_{m,n}^{\mathrm{H}}y_{m,n}$ 为复高斯随机变量，在 $H_0$ 和 $H_1$ 假设下，其协方差分别为 $\sigma_{\tilde{n}}^2$ 和 $h_0^2\sigma_{\tilde{a}}^2+\sigma_{\tilde{n}}^2$。其中，$h_0$ 是对所有 $h_{m,n}$ 求取均值：

$$h_0^2 = \frac{1}{MN}\sum_{m=1}^{M}\sum_{n=1}^{N}\left(\frac{P_{\mathrm{T}m}\tau_{\mathrm{c}}G_{\mathrm{t}}G_{\mathrm{r}}I_{\mathrm{p}}\lambda^2}{(4\pi)^3 L_{\mathrm{c}}L_{\mathrm{r}}(R_{m,k}^q)^2(R_{n,k}^q)^2}\right) \tag{2.18}$$

即平均路径衰落。从而,可以得到充分统计量的分布:

$$\begin{cases} H_0: T_1(\boldsymbol{y})/(\sigma_{\tilde{n}}^2/2) \sim \chi_{2NM}^2 \\ H_1: T_1(\boldsymbol{y})/(h_0^2\sigma_{\tilde{a}}^2/2 + \sigma_{\tilde{n}}^2/2) \sim \chi_{2NM}^2 \end{cases} \tag{2.19}$$

式中:$\chi_{2NM}^2$为自由度为 $2NM$ 的中心化$\chi^2$分布。由此,可以得到虚警概率的表达式:

$$P_{\mathrm{fa}} = P(T_1(\boldsymbol{y}) > \eta \mid H_0) \tag{2.20}$$

根据式(2.20)反解出检测门限 $\eta$:

$$\eta = \frac{\sigma_n^2}{2}F_{\chi_{2NM}^2}^{-1}(1 - P_{\mathrm{fa}}) \tag{2.21}$$

将式(2.21)代入检测概率的表达式,可得

$$P_{\mathrm{d}} = P(T_1(\boldsymbol{y}) > \eta \mid H_1) = 1 - F_{\chi_{2NM}^2}\left[\frac{\sigma_{\tilde{n}}^2}{h_0^2\sigma_{\tilde{a}}^2 + \sigma_{\tilde{n}}^2}F_{\chi_{2NM}^2}^{-1}(1 - P_{\mathrm{fa}})\right] \tag{2.22}$$

**3. 最大似然估计**

对于式(2.4),将接收到的所有信号用向量形式表示为

$$\boldsymbol{r}_k^q = [\tilde{r}_{1,1,k}^q, \tilde{r}_{2,1,k}^q, \cdots, \tilde{r}_{m,n,k}^q, \tilde{r}_{M,N,k}^q]^{\mathrm{T}} \tag{2.23}$$

则观测量 $\boldsymbol{r}_k^q$ 关于目标状态 $\boldsymbol{x}_k^q$ 的 PDF 可写作:

$$p(\boldsymbol{r}_k^q \mid \boldsymbol{x}_k^q, \boldsymbol{a}_q) \propto \exp\left\{-\frac{1}{\sigma_{\tilde{n}}^2}\sum_{n=1}^{N}\int\left|\tilde{r}_{n,k}^q(t) - \sum_{m=1}^{M}\tilde{a}_{m,n,k}^q h_{m,n,k}^q \tilde{s}_m(t - \tau_{m,n,k}^q)\mathrm{e}^{\mathrm{j}2\pi\nu_{m,n,k}^q t}\right|^2 \mathrm{d}t\right\} \tag{2.24}$$

对目标状态的最大似然估计(maximum likelihood estimate,ML)为

$$\begin{aligned} \{\hat{\boldsymbol{x}}_k^q\}_{\mathrm{ML}} &= \arg\{\max_{\boldsymbol{x}_k^q}\ln p(\boldsymbol{r}_k^q \mid \boldsymbol{x}_k^q, \boldsymbol{a}_q)\} \\ &= \arg\left\{\max_{\boldsymbol{x}_k^q} - \sum_{n=1}^{N}\int\left|\tilde{r}_{n,k}^q(t) - \sum_{m=1}^{M}\tilde{a}_{m,n,k}^q h_{m,n,k}^q \tilde{s}_m(t - \tau_{m,n,k}^q)\mathrm{e}^{\mathrm{j}2\pi\nu_{m,n,k}^q t}\right|^2 \mathrm{d}t\right\} \end{aligned} \tag{2.25}$$

同式(2.9),将目标反射的复增益表示为实部与虚部的形式:$\tilde{a}_{m,n,k}^q = \tilde{a}_{\mathrm{R}m,n,k}^q + \mathrm{j}\,\tilde{a}_{\mathrm{I}m,n,k}^q$,且将其视作确定性的未知变量,则对数似然函数的最大化需要令:

$$\left.\frac{\partial}{\partial\tilde{a}_{\mathrm{R}m,n,k}^q}\ln p(\boldsymbol{r}_k^q \mid \boldsymbol{x}_k^q, \boldsymbol{a}_q)\right|_{\tilde{a}_{\mathrm{R}m,n,k}^q = \hat{\tilde{a}}_{\mathrm{R,ML}}^q} = 0 \tag{2.26}$$

$$\left.\frac{\partial}{\partial\tilde{a}_{\mathrm{I}m,n,k}^q}\ln p(\boldsymbol{r}_k^q \mid \boldsymbol{x}_k^q, \boldsymbol{a}_q)\right|_{\tilde{a}_{\mathrm{I}m,n,k}^q = \hat{\tilde{a}}_{\mathrm{I,ML}}^q} = 0 \tag{2.27}$$

目标反射的最大似然估计为

$$\begin{aligned}\hat{\tilde{a}}^{q}_{\mathrm{ML}m,n,k} &= \hat{\tilde{a}}^{q}_{\mathrm{R,ML}} + \mathrm{j}\hat{\tilde{a}}^{q}_{\mathrm{I,ML}} \\ &= \sum_{n=1}^{N}\sum_{m=1}^{M}\frac{1}{h^{q}_{m,n,k}}\int \tilde{r}^{q}_{m,n,k}(t)\,\tilde{s}^{*}_{m}(t-\tau^{q}_{m,n,k})\,\mathrm{e}^{\mathrm{j}2\pi\nu^{q}_{m,n,k}t}\mathrm{d}t\end{aligned} \tag{2.28}$$

将 $\hat{\tilde{a}}^{q}_{\mathrm{ML}m,n,k}$ 回代入对数似然函数，目标状态 $\boldsymbol{x}^{q}_{k}$ 的最大似然估计为

$$\begin{aligned}\{\hat{\boldsymbol{x}}^{q}_{k}\}_{\mathrm{ML}} &= \arg\left\{\max_{\boldsymbol{x}^{q}_{k}} \ln p(\boldsymbol{r}^{q}_{k}\mid \boldsymbol{x}^{q}_{k},\boldsymbol{a}_{q})\Big|_{\tilde{a}^{q}_{m,n,k}=\hat{\tilde{a}}^{q}_{\mathrm{ML}m,n,k}}\right\} \\ &= \arg\left\{\max_{\boldsymbol{x}^{q}_{k}} \left|\int \tilde{r}^{q}_{m,n,k}(t)\,\tilde{s}^{*}_{m}(t-\tau^{q}_{m,n,k})\,\mathrm{e}^{\mathrm{j}2\pi\nu^{q}_{m,n,k}t}\mathrm{d}t\right|^{2}\right\}\end{aligned} \tag{2.29}$$

由于式(2.29)的解析式难以求出，一般采用数值法(如网格搜索算法)进行计算[58]。

## 2.1.2 集中式 MIMO 雷达参数估计

考虑如图 2.1 所示的单部集中式 MIMO 雷达，其收、发阵元数量分别为 $M$、$N$，且为均匀线阵。发射阵元间的距离为 $d_{\mathrm{t}}$，接收阵元间的距离为 $d_{\mathrm{r}}$。每个发射阵元发射满足基带正交性的信号，则发射信号的向量表示为[117]

$$\boldsymbol{s}(t) = [\tilde{s}_{1}(t), \tilde{s}_{2}(t), \cdots, \tilde{s}_{M}(t)]^{\mathrm{T}} \tag{2.30}$$

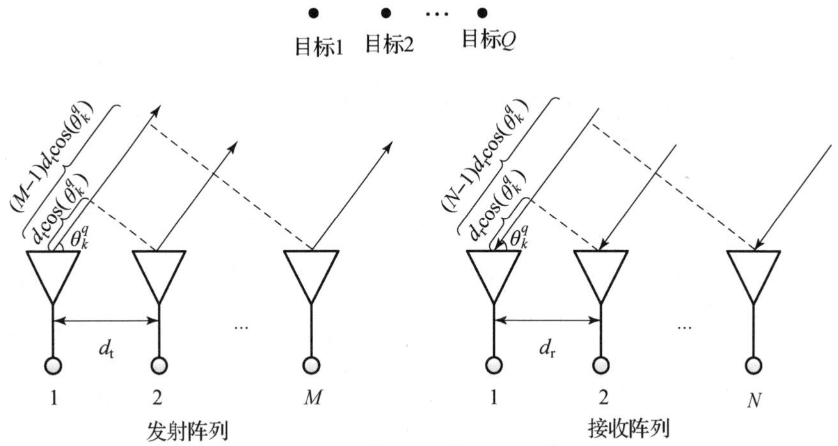


**图 2.1 集中式 MIMO 雷达阵列模型**

假设雷达警戒区域内存在 $Q$ 个目标，考虑远场条件，忽略不同阵元与目标间的时延差异，则接收到的信号是 $Q$ 个目标信号的叠加：

$$\boldsymbol{s}_{rk}(t) = \sum_{q=1}^{Q} \alpha_k^q \boldsymbol{a}_r(\theta_k^q)\boldsymbol{a}_t^H(\theta_k^q)\boldsymbol{s}(t)e^{-j2\pi\nu_k^q t} + \boldsymbol{n}_k(t) \tag{2.31}$$

式中：$\alpha_k^q$ 为第 $q$ 个目标反射的复增益；$\nu_k^q$ 为目标的多普勒频移；$\boldsymbol{n}_k(t)$ 为 $N\times1$ 维的复加性高斯白噪声矩阵；$\boldsymbol{a}_t(\theta_k^q)$ 和 $\boldsymbol{a}_r(\theta_k^q)$ 分别为发射、接收导向矢量：

$$\boldsymbol{a}_t(\theta_k^q) = [1, e^{-j2\pi d_t\cos(\theta_k^q)/\lambda}, \cdots, e^{-j2\pi(M-1)d_t\cos(\theta_k^q)/\lambda}]^T \tag{2.32}$$

$$\boldsymbol{a}_r(\theta_k^q) = [1, e^{-j2\pi d_r\cos(\theta_k^q)/\lambda}, \cdots, e^{-j2\pi(N-1)d_r\cos(\theta_k^q)/\lambda}]^T \tag{2.33}$$

式中：$\lambda$ 为载波波长。由于发射阵元与接收阵元相距较近，在此认为目标的离开角和到达角相同，均为 $\theta_k^q$。

若将式(2.31)写作矩阵形式，则有

$$\boldsymbol{s}_{rk}(t) = \boldsymbol{A}_r\bar{\boldsymbol{A}}_k\boldsymbol{A}_t^H\boldsymbol{s}(t) + \boldsymbol{n}_k(t) \tag{2.34}$$

式中：$\boldsymbol{A}_t = [\boldsymbol{a}_t(\theta_k^1),\cdots,\boldsymbol{a}_t(\theta_k^Q)]$，$\boldsymbol{A}_r = [\boldsymbol{a}_r(\theta_k^1),\cdots,\boldsymbol{a}_r(\theta_k^Q)]$，分别为 $M\times Q$ 维的发射导引矩阵矩阵和 $N\times Q$ 维的接收导引矩阵；$\bar{\boldsymbol{A}}_k = \mathrm{blkdiag}(\alpha_k^1 e^{j2\pi\nu_k^1 t},\cdots,\alpha_k^Q e^{j2\pi\nu_k^Q t})$。信号接收后经由匹配滤波，可得：

$$\begin{aligned}\boldsymbol{Y}_k &= \boldsymbol{s}_{rk}(t)\boldsymbol{s}^H(t)\\ &= \boldsymbol{A}_r\bar{\boldsymbol{A}}_k\boldsymbol{A}_t^H\boldsymbol{s}(t)\boldsymbol{s}^H(t) + \boldsymbol{n}_k(t)\boldsymbol{s}^H(t)\\ &= \boldsymbol{A}_r\bar{\boldsymbol{A}}_k\boldsymbol{A}_t^H + \boldsymbol{N}_k\end{aligned} \tag{2.35}$$

式中：$\boldsymbol{N}_k$ 为匹配滤波后的噪声项。

将式(2.35)按列拉伸为 $NM\times1$ 维的列向量：

$$\boldsymbol{r}_k = \mathrm{vec}(\boldsymbol{Y}_k) = \boldsymbol{A}_t \oplus \boldsymbol{A}_r\boldsymbol{\Pi} + \boldsymbol{v}_k \tag{2.36}$$

式中：$\oplus$为 Khatri－rao 积，并且有 $\boldsymbol{A}_t\oplus\boldsymbol{A}_r = [\boldsymbol{a}_t(\theta_k^1)\otimes\boldsymbol{a}_r(\theta_k^1),\cdots,\boldsymbol{a}_t(\theta_k^Q)\otimes\boldsymbol{a}_r(\theta_k^Q)]$ 成立；$\boldsymbol{\Pi} = [\alpha_k^1 e^{j2\pi\nu_k^1 t},\cdots,\alpha_k^Q e^{j2\pi\nu_k^Q t}]^T$；$\boldsymbol{v}_k$ 为复加性高斯白噪声，且 $\boldsymbol{v}_k \sim \mathcal{N}(\boldsymbol{0},\sigma_v^2\boldsymbol{I}_{MN})$。

利用现有的阵列信号处理算法，如最小二乘估计、Capon、MUSIC、ESPRIT 等，很容易实现 MIMO 雷达对于目标参数 $\theta_k^q$、$\nu_k^q$ 的估计[118]。

## 2.2 MIMO 雷达资源调度基础理论

相比于传统模拟相控阵雷达，MIMO 雷达以数字阵列雷达为基础，通过对收、发波束的全数字化处理，可以获得良好的抗干扰能力和杂波背景下弱小目标的检测能力[119]。由于发射端和接收端全部采用数字化组件，具有更高的工作稳定性和灵活性。通常情况下，MIMO 雷达需要同时承担搜索、确认、跟踪、制导、通信等多重任务，这对资源调度算法提出了较高的要求。高效的调度算法必须能够最大化雷达的硬件资源利用率,使得 MIMO 雷达的多功能潜力得以充分发挥。本节将从 MIMO 雷达的工作流程出发,对其需要承担的各类任务进行总结,并对资源调度的相关原理加以分析。

### 2.2.1 MIMO 雷达工作流程

MIMO 雷达的整体结构如图 2.2 所示,其以数字阵列雷达为基础[120]。当雷达开机后,主控计算机根据外部的程序控制指令,将数字 TR 组件需要的发射参数,如信号的波形、重复频率、脉宽等,通过传输线送往各个数字 TR 组件,各个数字 TR 组件合成自身发射信号,经上变频、功率放大后,由天线辐射至空间中。目标反射的回波信号经天线由各个数字 TR 组件接收,传输至 DBF 模块,产生数字接收信号,以进行目标检测与参数估计。处理结果将被送往主控计算机。主控计算机根据现有的任务需求以及目标状态,产生新的任务指令,如波形参数、波束指向等,经调度算法对产生的任务进行时序安排后,将各任务参数送往数字 TR 组件,形成下一次的发射波束。其中,接收 DBF 是指各个数字 TR 组件将接收到的信号分别进行放大、下变频、检波处理,形成中频信号,经数字采样后变为数字信号。然后,通过数字处理产生接收波束。数字处理包括两部分:波束形成器接收数字化单元信号,经过加权求和来形成波束;波束控制器产生合适的加权

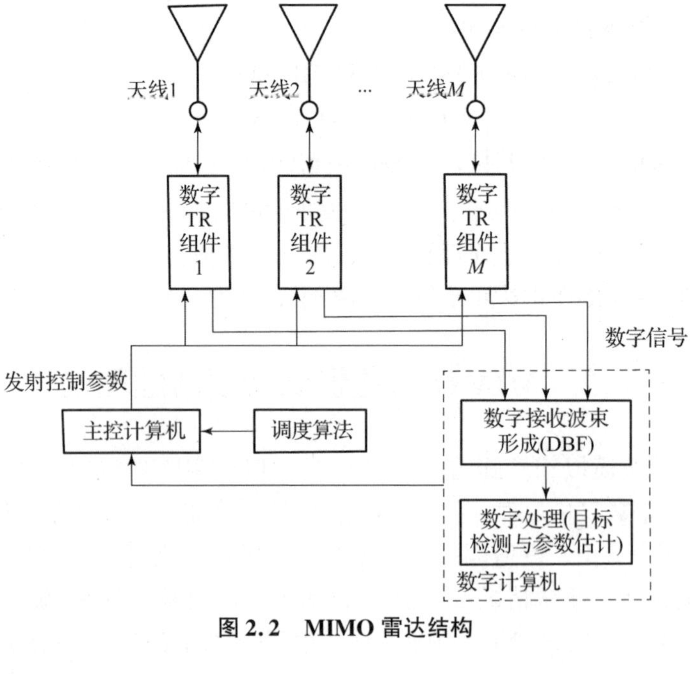


图 2.2 MIMO 雷达结构

值以控制波束。而发射 DBF 是指根据系统指令,确定发射信号的工作频率和幅相控制字来控制直接数字形成模块,经上变频处理形成所需的射频激励信号[119]。

由于收、发采用全数字化处理,MIMO 雷达的工作模式更加灵活,其收、发波束有以下三种模式。

1)发射、接收均采用 DBF 技术的 SISO 模式

在此模式下,MIMO 雷达采用 DBF 技术在发射端合成高增益的窄波束;在接收端,同样利用 DBF 技术,合成高增益的窄波束,来实现对空间的扫描。值得注意的是,尽管在此模式下 MIMO 雷达与传统单波束的模拟相控阵雷达无太大区别,但其可以凭借多个接收机(每个阵元后连接一个接收机)的优势来降低接收波束主瓣内的干扰增益,进而获得良好的抗干扰性能。

2)发射宽波束、接收采用 DBF 的 MISO 模式

在此模式下,MIMO 雷达展宽其发射的单个波束,对某一较大区域进行照射,以加速搜索进程;在接收端,采用 DBF 技术对相应的搜索空域形成多个数字波束。此场景可以等效为波束连续扫描。由于波束展宽,增益减小,需要更长时间的积累;但与此同时,多普勒分辨率也获得了提高。

3)发射多波束、接收多波束的 MIMO 模式

在此模式下,MIMO 雷达将天线阵面划分为 $M$ 个子阵,每个子阵分别发射相互正交的信号;若接收端含有 $N$ 个通道,则每个通道后需要连接与发射端对应的 $M$ 个匹配滤波器。对于每个通道的接收信号,分别恢复出由发射端发射出的 $M$ 个正交信号,则总共得到 $N\times M$ 路匹配滤波输出。然后,利用这 $N\times M$ 路匹配滤波输出合成多个波束,以进行相应的目标信息提取[119]。需要指出的是,在 MIMO 模式下,由于信号的正交性,在空间并无真实的发射波束,而是在接收端通过 DBF 技术等效合成多个发射波束。

从上述工作流程可以看出,典型的 MIMO 雷达任务主要包括以下三类。

1)搜索任务

即 MIMO 雷达需要对警戒空域进行波束扫描,以检测潜在威胁。当存在目标的先验信息时,MIMO 雷达可以快速调转波束,对目标大致方位进行探测,以快速截获目标;当无目标的先验信息时,MIMO 雷达将根据事先的波位编排,对整个预警区域进行扫描。假设整个预警区域的立体角为 $\Omega$,雷达波束宽度的立体角为 $\Delta\Omega$,搜索过程中波束在每个波位上的驻留时间为 $t_{\mathrm{dws}}$,则搜索整个空域所需的时间为

$$T_s = \frac{\Omega}{\Delta\Omega} t_{dws} \tag{2.37}$$

对于脉冲雷达，波束驻留时间 $t_{dws}$ 为

$$t_{dws} = n_p T_r \tag{2.38}$$

式中：$n_p$ 为单次照射期间的脉冲重复数；$T_r$ 为脉冲重复周期。

在搜索过程中，相邻两次搜索波束驻留在同一波位上的时间间隔称为搜索间隔，其计算为

$$T_{si} = \frac{1}{f_{si}} = T_s + T_{at} + T_{oth} \tag{2.39}$$

式中：$f_{si}$ 为搜索数据率；$T_{at}$ 为跟踪任务所用时间；$T_{oth}$ 为其他非周期性任务所用时间。由式(2.39)可知，搜索间隔由搜索任务、跟踪任务以及其他非周期性任务共同决定。当 $T_{si}$ 增大时，搜索数据率下降，可以适当扩展搜索区域、延长目标跟踪时的波束驻留时间或增加跟踪目标数量。

在对较大的警戒区域进行搜索时，雷达通常先对整个区域进行优先级划分，在不同的优先级区域采用不同的搜索数据率，以合理进行资源分配，尽快完成对目标的发现。若雷达将整个警戒区域划分为重点区域 1 和普通区域 2，两个区域搜索所用时间可分别计算为

$$T_{s1} = N_{\Omega 1} n_{p1} T_{r1} \tag{2.40}$$

$$T_{s2} = N_{\Omega 2} n_{p2} T_{r2} \tag{2.41}$$

式中：$N_{\Omega 1}$ 和 $N_{\Omega 2}$ 为雷达波束搜索过程中覆盖对应的区域所需要的波束数量，一般为方位维和俯仰维波数量的乘积。通常情况下，雷达将对重点空域分配更多的能量。在两个区域搜索过程中采用的信号脉宽相等的条件下，则要求 $n_{p1}T_{r1} > n_{p2}T_{r2}$。当需要将重点区域的搜索数据率提升一倍，即搜索间隔减小为原有的 1/2 时，两个区域的搜索时间间隔分别变为

$$T_{si1} = T_{s1} + T_{s2}/2 \tag{2.42}$$

和

$$T_{si2} = T_{s2} + 2T_{s1} \tag{2.43}$$

2) 目标确认

搜索过程中，当回波幅度超过检测门限时，雷达需要对回波信号的真实性进行判定，即目标确认。此时，主控计算机发出“重照”指令，使得雷达波束在较短的时间内对“目标”的存在位置进行多次回视照射，以判断回波来自真实目标，或是由杂波、干扰引起的虚警。雷达对目标的确认概率可计算为

$$P_a = \sum_{i=1}^{N_v} (P_{vi} \times P_{di}) \tag{2.44}$$

式中：$N_v$ 为雷达的分辨单元总数；$P_{vi}$为目标在第 $i$ 个单元内的存在概率；$P_{di}$为在该单元内目标的检测概率。其中，$P_{vi}$与目标的指示精度密切相关：

$$P_v = P_x P_y P_z \tag{2.45}$$

$$P_x = \frac{1}{\sqrt{2\pi}} \int_{-x_0}^{x_0} \exp(-x^2/2\sigma_x^2)\,dx \tag{2.46}$$

$$P_y = \frac{1}{\sqrt{2\pi}} \int_{-y_0}^{y_0} \exp(-y^2/2\sigma_y^2)\,dy \tag{2.47}$$

$$P_z = \frac{1}{\sqrt{2\pi}} \int_{-z_0}^{z_0} \exp(-z^2/2\sigma_z^2)\,dz \tag{2.48}$$

式中：$\sigma_x$、$\sigma_y$、$\sigma_z$ 分别为 $x$、$y$、$z$ 维度上的指定精度。目标的检测概率 $P_d$ 与回波 SNR 有关。雷达的分辨单元主要包括距离、速度、角度等。在仅考虑距离和速度量测的前提下，搜索区域内的分辨单元总数 $N_{vi}$为

$$N_v = N_\Omega \times N_r \times N_v \tag{2.49}$$

式中：$N_\Omega$ 为覆盖该区域所需要的搜索波束数量；$N_r$ 为每个波束内的距离单元数量；$N_v$ 为多普勒单元数量。$N_r$ 和 $N_v$ 分别计算为

$$N_r = \frac{2(R_{max} - R_{min})}{c\tau_g} \tag{2.50}$$

$$N_v = \frac{\nu_{max} - \nu_{min}}{B} \tag{2.51}$$

式中：$R_{max}$和 $R_{min}$分别代表雷达搜索作用距离的最大值和最小值；$c$ 为光速；$\tau_g$ 代表距离单元宽度；$\nu_{max}$和 $\nu_{min}$分别为可搜索频率的最大值和最小值；$B$ 代表接收带宽。在实际运用中，目标确认通常采用 3 取 2 原则或 1 + 1/1 准则等。在多次搜索任务中，确认目标的累计概率可计算为[121]

$$P_{ca} = \sum_{j=k}^{m} C_m^j P_a^j (1 - P_a)^{m-j} \tag{2.52}$$

式中：$m$ 为对目标的照射次数；$C_m^j$ 代表无顺序地从 $m$ 个元素中选取 $j$ 个元素的排列数；$P_a^j$代表在第 $j$ 次目标的确认概率。当目标的真实性得到确认后，雷达将转入目标的跟踪状态；否则，雷达将继续执行搜索任务。

3）跟踪任务

雷达在跟踪阶段的任务包括初始跟踪、稳定跟踪和失跟处理（又称记忆跟踪）等。其中，在确认目标存在的基础上，初始跟踪可以建立一个满足目标位置和速度精度的跟踪状态[121]。此时，雷达通常采用较宽的工作带宽，以便能够较快地进入稳定跟踪。而在稳定跟踪状态工作时，雷达通常采用较窄的带宽，以获

得较佳的滤波性能。通常情况下,雷达将根据目标的威胁程度以及跟踪精度等因素,对不同目标采用不同精度的跟踪方式,典型的如高精跟、精跟和普跟。各跟踪方式的主要区别在于数据率的不同。在跟踪过程中,目标突发机动、杂波或者主动、被动式干扰等将使得回波信号发生丢失。由于跟踪过程中的数据率较高,偶尔几次的回波丢失不会引起目标的跟丢。但如果目标回波连续多次不存在时,雷达将判定目标失跟。此时,雷达将根据先前时刻对该目标的跟踪结果对目标状态进行递推,以预测目标可能出现的位置,并以此位置为中心,进行较小区域的扩展搜索,此过程即为失跟处理。如果在此期间重新捕获目标,则继续转入目标跟踪;如果未能成功捕获目标,则判定目标丢失,相关航迹终止,对应目标通道释放,雷达转入搜索状态。

需要指出的是,与传统相控阵雷达时分复用的体制不同,MIMO 雷达可以采用 MISO 或 MIMO 模式对多个跟踪任务进行合并执行。此时,通过接收端的 DBF 处理,波束指向不同目标,以完成真正的同时多目标跟踪。两者的区别见图 2.3。

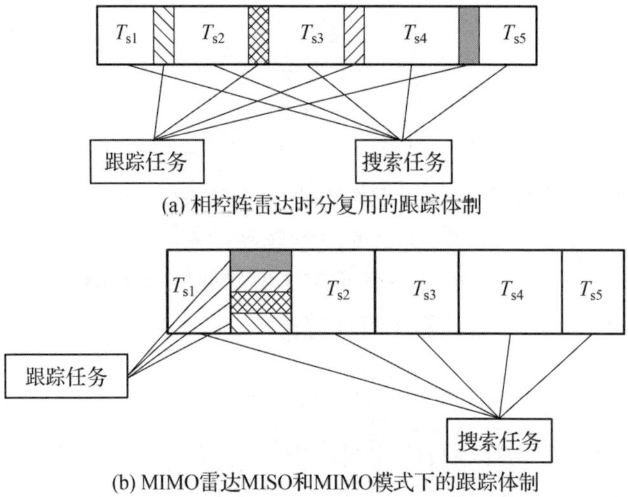


**图 2.3 MIMO 雷达与相控阵雷达跟踪图示**

图中,$T_{s1} \sim T_{s5}$代表 5 个不同的搜索任务,不同填充图案的阴影部分代表对于 4 批不同目标的跟踪任务。图 2.3(a)中,传统相控阵雷达采用时间分割方式,利用波束的快速捷变特性以完成多种任务。在对预警区域进行搜索的同时,为维持对多批目标的跟踪,相控阵雷达需要中断搜索,调转波束去照射目标。而 MIMO 雷达由于可实现多向接收,则可将多批目标的跟踪任务合并执行,即单次发射可同时跟踪4批目标。但由于波束展宽,增益下降,MIMO雷达照射时需要进行长时间的积累。

## 2.2.2　资源调度

**1. 任务特性**

由2.2.1节的分析可以看出,在资源调度过程中,请求任务呈现以下几种特性。

1)动态性

即MIMO雷达的请求任务是随目标、环境等因素动态变化的。例如,当需要跟踪的目标数量增多时,跟踪请求任务增加,跟踪任务种类增多;当外界出现干扰时,请求任务样式增加;当跟踪目标数量超过雷达自身能力上限时,需要舍弃对某些不重要目标的跟踪任务,或者减小数据率。

2)实时性

目标的动态性决定了资源调度的实时特性。如在跟踪过程中,对某一目标的照射任务不能被无限期延时执行,否则目标将脱离预测区域,导致照射失效;在搜索过程中,对某一区域的整体搜索时间受到搜索数据率的限制,也不能无限期被延时。

3)非周期性

由于目标的动态变化,会不断有新目标的确认、跟踪任务产生,旧目标的失跟处理任务、跟踪任务的终止。此外,其他因素的影响,如截获、干扰、通信等,也会随时插入请求任务队列,这使得原本周期性的搜索、跟踪任务会呈现出非周期特性。

4)可抢占性

在传统的单波束相控阵雷达中,任务的执行为单发、单收模式,单次任务波束的发射期和接收期不能被其他任务中断;而由于MIMO雷达可工作于MISO模式和MIMO模式,则可实现多波束的同时接收与多波束的同时发射。

主控计算机作为整个MIMO雷达的核心,决定着任务的执行顺序,其由相关硬件和资源调度算法软件构成。由MIMO雷达的任务特性可知,其多功能潜能的发挥,需要高效的资源调度算法作为支撑。

图2.4为MIMO雷达的资源调度框图。其中,MIMO雷达通过天线发射信号照射目标,根据目标的回波信号产生新的请求任务。主控计算机对请求任务进行分析,调用调度算法决定下一周期任务的执行顺序。由于在实际中,请求任务往往数量巨大,难以全部执行,则部分请求任务将被延时执行或被直接舍弃。被延

时的任务将在后续的请求周期内再次被放入请求任务队列，以期得以执行。

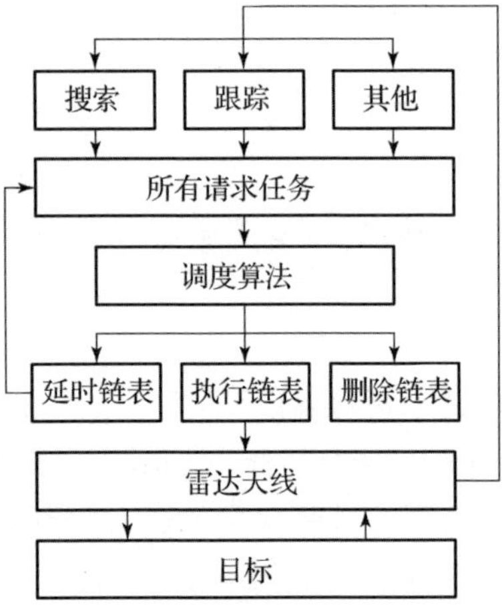


**图 2.4　MIMO 雷达资源调度框图**

**2. 影响因素**

在任务的调度过程中，主要需要考虑以下因素，以使得资源调度算法更加高效。

1）调度间隔

调度间隔（scheduling interval，SI）定义为雷达调用资源调度算法的时间周期，它是整个主控计算机程序体系结构的基础。雷达中的主控计算机每隔一个 SI 和天线端交换一次数据。在一个 SI 内，计算机将对前一个 SI 内天线端接收到的回波信号进行数字处理，并对下一个 SI 内产生的请求任务进行安排，然后通过程序控制天线端（数字 TR 组件）进行执行。

图 2.5 为 MIMO 雷达的工作时序。其中，两条竖线间的时间代表一个 SI。从图 2.5 中可以看出，一个完整的雷达任务由接收信号处理、生成波束指令和天线端的执行三个子任务构成。在第一个 SI 结束时，天线端将驻留任务 C 的回波送往数字计算机，以便在第二个 SI 内对该回波进行处理；同时，主控计算机将驻留任务 A 的执行指令送至天线，使得其在第二个 SI 内得以执行。由于在第一个 SI 内已经对驻留任务 B 的回波信号进行了处理，则在第二个 SI 内，主控计算机还需要生成任务 B 的驻留指令，以使得其在第三个 SI 内的天线前端得到执行。与其类似，任务 C 的驻留指令，在信号处理之后的一个 SI 内产生，因此，任务 C 的执行，需要等到第四个 SI。在第二个 SI 结束时，主控计算机与天线前端再次进行数据交换，计算机将驻留指令 B 传输给天线端，天线端则将任务 A 的接收

信号传给计算机进行处理,如此循环。

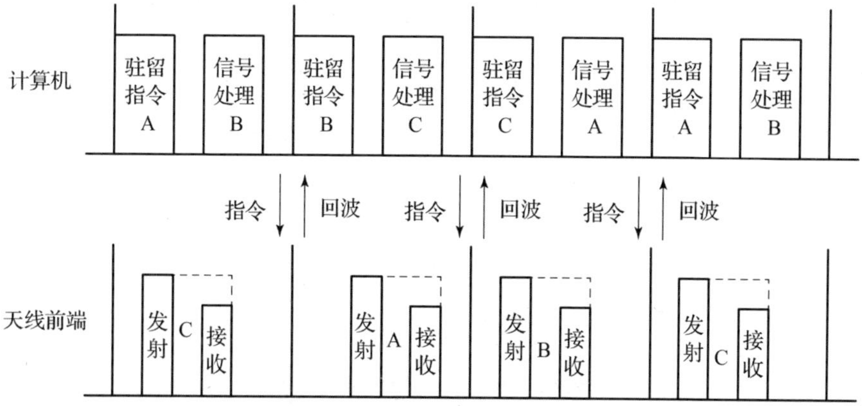


**图 2.5　MIMO 雷达工作时序**

由于在一个 SI 内,雷达需要对回波信号进行处理的同时,进行调度分析,因此,SI 时间的选择,需要满足:

$$t_{SI} \geqslant t_s + t_r \tag{2.53}$$

式中:$t_{SI}$为 SI 时长;$t_s$ 和 $t_r$ 分别为进行任务调度与处理回波可能消耗的最大时长。

2)资源约束

雷达每执行一个任务,都需要满足系统硬件条件的约束。

(1)时间约束。从发射到接收,每个任务都需要消耗一定的时间资源。一旦 $t_{SI}$确定以后,则一个 SI 内可执行的任务总量将受到限制。

(2)散热约束。雷达每一次照射目标都将产生一定的能量耗散,尤其在 MISO 和 MIMO 模式下,多波束同时发射或接收,产生的能量耗散更大。为避免发射机因持续工作过热损坏,必须考虑散热性的限制。

(3)处理器约束。由于大规模集成电路的普及应用,处理器对于雷达调度算法的约束影响越来越小。在此,忽略处理器的约束限制。

**3. 遵循原则**

根据雷达请求任务特性以及资源约束,高效的调度算法需要遵循以下几点原则。

1)优先级原则

即当多个任务的待执行时刻发生冲突时,需要优先对高优先级的任务进行调度执行。任务的优先级可以根据经验设定,也可以根据多种因素确定。此原则能够保证雷达将资源优先分配给更加重要和更加紧急的任务。

2)时间利用原则

即在一个 SI 内,尽可能多地对可用时间进行利用,使得空闲时间最短,即

$$\min\left(t_{\mathrm{SI}}-\sum_{i=1}^{N_1}t_{\mathrm{dw}i}\right)\to 0 \tag{2.54}$$

式中:$t_{\mathrm{dw}i}$为第 $i$ 个任务的驻留时长;$N_1$为成功调度的任务数量。

3)及时性原则

即任务的实际执行时刻要尽量接近请求时刻,以满足目标的动态变化,提升对目标的搜索、跟踪性能。这一原则可表示为

$$\min\left(\sum_{i=1}^{N_1}|t_{\mathrm{a}i}-t_{\mathrm{e}i}|\right)\to 0 \tag{2.55}$$

式中:$t_{\mathrm{a}i}$为第 $i$ 个任务的请求执行时刻;$t_{\mathrm{e}i}$为该任务的实际执行时刻。

**4. 评估指标**

根据任务调度过程中所需要遵循的基本原则,可以凝练出评判调度算法优劣的几项指标。

(1)调度成功率(successful scheduling ratio,SSR),即为成功调度任务总数与请求任务总数之比[85-90]:

$$S_{\mathrm{SR}}=N_{\mathrm{suc}}/N_{\mathrm{total}} \tag{2.56}$$

式中:$N_{\mathrm{suc}}$为成功调度的请求任务总量;$N_{\mathrm{total}}$为请求任务总量。SSR 反映了算法的紧迫性原则。在有限的硬件资源约束下,成功调度的任务数量越多,算法的性能越佳。

(2)时间利用率(time utilization ratio,TUR),即为成功调度的任务对时间轴的占用率[85-90]:

$$T_{\mathrm{UR}}=\sum_{i=1}^{N_{\mathrm{suc}}}\frac{t_{\mathrm{x}i}+t_{\mathrm{r}i}}{T_{\mathrm{total}}} \tag{2.57}$$

式中:$t_{\mathrm{x}i}$为任务的发射期;$t_{\mathrm{r}i}$为任务的接收期;$T_{\mathrm{total}}$为总的可用时间资源。在任务调度过程中,算法应尽量高效地利用硬件资源以调度尽可能多的请求任务,实现对时间轴利用的最大化。

(3)实现价值率(high value ratio,HVR),定义为成功调度任务的价值量与所有请求任务价值量的比值。HVR 反映了算法是否优先调度了更加重要的任务,其表达式为[85-90,99-101]

$$H_{\mathrm{VR}}=\sum_{i=1}^{N_{\mathrm{suc}}}P_i\Big/\sum_{i=1}^{N_{\mathrm{total}}}P_i \tag{2.58}$$

式中:$P_i$ 为第 $i$ 个任务的优先级。

(4)时间偏移率(average time shift ratio,ATSR),定义为任务的实际执行时刻与请求时刻的相对偏移量,反映了算法调度任务的及时性。ATSR 的计算式为[85-90]

$$A_{\mathrm{TSR}} = \frac{1}{N_{\mathrm{suc}}}\sum_{i=1}^{N_{\mathrm{suc}}} \frac{|t_{ai} - t_{ei}|}{w_i} \tag{2.59}$$

式中:$w_i$ 为任务的时间窗,其表示在保持任务执行有效性的前提下,在任务的请求时刻前后可进行调度的时间段。需要指出的是,ATSR 越小,算法的性能越佳。

# 2.3 认知理论

## 2.3.1 认知雷达的提出

21 世纪初,为应对日益复杂的战场地理环境和电磁干扰,美国空军实验室联合美国国防部高级研究计划局先后资助开展了一系列项目:基于知识的雷达(knowledge based radar,KB-radar),知识辅助的传感器信号处理和专家推理系统(knowledge aided sensor signal processing and expert reasoning,KASSPER),知识辅助雷达(knowledge aided radar,KA-radar)。随着研究的深入,雷达对于先验信息的利用能力逐步提升,雷达也越来越向智能化发展。在此基础上,Haykin 教授于 2006 年系统地提出了"认知雷达"的概念[12],希望将雷达的自适应能力由传统的接收处理扩展至发射-接收,形成一个独立的闭环反馈系统。通过不断与环境的交互、感知、推理、判断、学习,自适应地调整发射机的工作参数和信号处理方式[13-14],实现抢先发现、锁定、跟踪、杀伤、评估的目的[15]。

在日益复杂的未来战争中,具有"自适应性"和"智能性"的认知雷达有着广阔的应用前景。例如,通过对发射频带的自适应调整可以有效规避干扰频谱,提升雷达的抗干扰能力;通过波形的自适应调整,可以有针对性地提升对目标某一方面的跟踪性能等[16]。

可以说,认知雷达的提出并非偶然,其有着深刻的研究背景。概括而言,包含以下三个方面。

1)应对复杂的地理环境和未知的电磁干扰

20 世纪 90 年代以来的多次局部冲突表明,隐身武器、低空突防和电子干扰等构成了雷达的主要威胁样式,雷达面临的工作环境愈加恶劣,地理环境的复杂性和电磁环境的干扰性严重制约了雷达性能的发挥。一方面,不同的地理环境产生的杂波形式多样,尤其对于机载雷达,对抗杂波更加困难[15]。另一方面,杂波的时变特性使得雷达中的传统杂波抑制算法性能下降严重。此外,随着干扰样式越来越灵活、多变,传统的被动抗干扰手段(如副瓣对消、副瓣匿影等)越来越显得无能为力。

2)参数固化和模型单一的雷达系统难以适应时代的需求

随着现代武器装备的科技化、智能化,人们对雷达系统赋予了更多的使命任务,也对其性能提出了更高的要求。如更远的探测范围、更高的跟踪精度、更准确的目标识别。而在雷达系统设计过程中,常根据工作环境、目标等的先验信息设计对应参数[15],如极化方式、工作带宽、驻留时间等。这些先验信息包括杂波特性、目标 RCS 特性等。但受到先验信息适用范围的局限,当实际环境、目标参数与先验信息相差较大时,雷达的工作性能下降严重。即使雷达设计中采用多种固定的工作参数组合来适应不同的目标、环境,但依旧难以满足对不断动态变化的外部环境和目标准确匹配的要求。

3)先进软、硬件技术的支持

从 20 世纪 90 年代便逐步兴起的匹配照射 - 接收、波形分集、智能信号处理技术,为智能雷达的软件算法设计提供了参考;而相控阵天线技术、任意波形产生及大规模集成电路等硬件技术,为认知雷达的实现提供了有力的技术支撑。

## 2.3.2 认知雷达的本质

"认知"一词揭示了认知雷达的本质,其可以理解为"获悉、感知并兼具主动思考、分析和推理的一种行为[16]"。Haykin 教授在提出这一概念时明确指出,其需要具备以下特征[12]:①对环境的感知能力;②信号的智能处理能力;③存储环境信息的数据库;④由发射到接收的闭环反馈回路。典型的认知雷达系统[15]如图 2.6 所示。

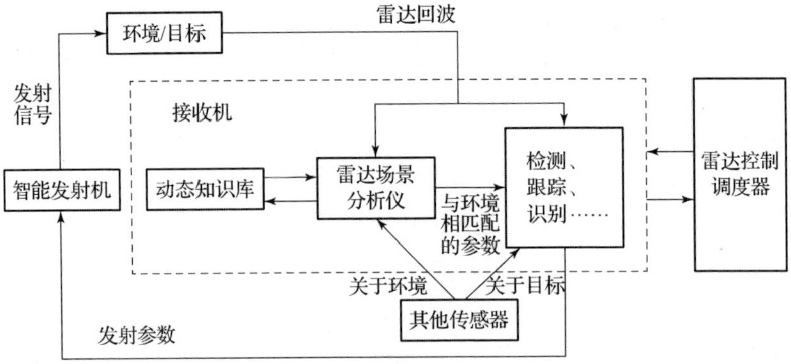


**图 2.6 认知雷达的基本结构**

其中,闭环反馈式的处理流程是认知雷达的突出特点。智能发射机根据上一时刻对环境的感知输出最优发射参数;发射信号经环境、目标后,由接收机进行接收处理。动态知识库用于存储、调用各类先验知识,并根据回波信息,完成自身的更新;雷达场景分析仪需要对当前时刻地理和电磁环境进行分析、识别,以为信号、数据处理和资源分配提供参数和算法的参考;雷达控制调度器负责全局资源的分配和调度;其他传感器则为场景分析和信号、数据处理提供辅助支持。从上述功能可以看出,认知雷达的工作流程暗含了两个闭环回路。一是以智能发射机为起点,发射自适应波形,回波信号被接收后,场景分析仪对环境进行分析,判断,在动态知识库的辅助下,选择最优的目标检测、跟踪及识别方法,以提升雷达的整体性能;在此基础上,雷达根据数据处理结果,选择下一时刻最优的发射参数,从而形成一个闭环反馈系统。二是以上一时刻的动态知识库输出为起点,通过接收到的回波信号对所应用的知识进行评估、分析,并完成知识库的更新,以指导下一时刻的发射。总体而言,认知雷达通过感知环境 - 调节工作参数 - 发射最优波形 - 自我更新,以达到适应环境、提升性能的目的。

与认知雷达的处理流程对应,目前,对于认知技术的研究也主要集中于以下三个方面。一是如何更好地感知环境,如杂波场景、目标动态模型的构建等[16];二是利用自适应机制来提升目标检测、跟踪性能;三是最优波形的设计与选择。

## 2.4 PSO 算法

在工程应用中,由于目标函数、约束条件的复杂性,待优化的问题往往呈现非凸特性,使得传统的凸优化算法难以求解。此时,一般采用凸松弛技术或智能算法来解决非线性、非凸的优化模型。前者先对约束条件或目标函数进行松弛,将其改写为正规的凸优化模型,并采用凸优化算法进行求解。然后,利用启发式算法在此基础上进行搜索,以找到较为精确的解集。而后者一般采用群体优化技术,通过对自然界生物种群行为的模拟,来达到迭代寻优的目的。

PSO 算法[123-126]即为一种典型的群体智能算法,相比于其他智能算法(如遗传算法、模拟退火算法),具有结构简单、易于实现等优势,因而受到广泛关注。算法模拟了鸟群和鱼群在觅食过程中的社会行为,采用以下三条规则对粒子个体进行操作:①飞离最近的个体,以避免碰撞;②飞向目标;③飞向群体中心。在搜索过程中,种群中的每个粒子个体将根据自身经验和与种群中其他个体的信息交互更新自身位置和速度。每个粒子对自身寻得的历史最优解集 $\boldsymbol{p}_{\text{best}}$ 和种群寻得的最优解集 $\boldsymbol{g}_{\text{best}}$ 进行跟踪,通过不断迭代,最终收敛到全局最优解。

在第 $t$ 次迭代中，第 $i$ 个粒子的速度和位置更新公式分别为[126]

$$\tilde{\boldsymbol{v}}_i(t+1)=w\times\tilde{\boldsymbol{v}}_i(t)+c_1\times r_1\times[\boldsymbol{p}_{\text{best}}(t)-\tilde{\boldsymbol{x}}_i(t)]+c_2\times r_2\times[\boldsymbol{g}_{\text{best}}(t)-\tilde{\boldsymbol{x}}_i(t)] \tag{2.60}$$

$$\tilde{\boldsymbol{x}}_i(t+1)=\tilde{\boldsymbol{x}}_i(t)+\tilde{\boldsymbol{v}}_i(t+1) \tag{2.61}$$

式中：$\tilde{\boldsymbol{v}}_i$和 $\tilde{\boldsymbol{x}}_i$分别代表粒子个体的速度和位置矢量；$w$ 为惯性权重，其决定了粒子的局部搜索和全局搜索能力；$c_1$ 和 $c_2$ 为认知参数，其决定了粒子飞向 $\boldsymbol{p}_{\text{best}}$ 和 $\boldsymbol{g}_{\text{best}}$的步长，通常取 $c_1=c_2=2$。$r_1$和 $r_2$是 0 ~ 1 之间服从正态分布的随机数。整个 PSO 算法的流程如图 2.7 所示。

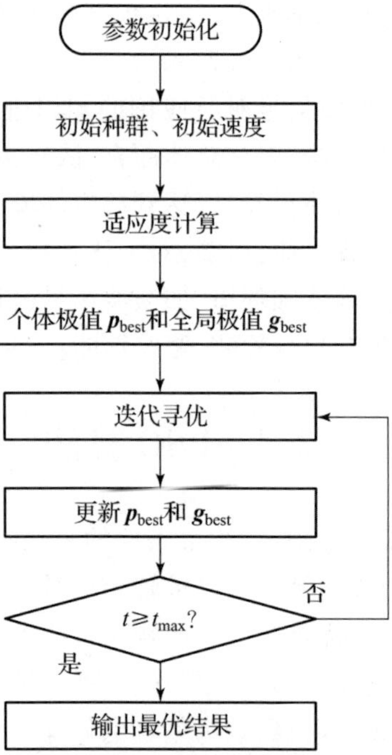


**图 2.7　PSO 算法流程图**

从整个流程可以看出，当所有粒子均抵达已搜索到的最优点后，算法将停止迭代，这也使得 PSO 算法易陷入早熟收敛。因此，在应用中需要对其加以改进。

# 第3章 分布式MIMO雷达中的资源分配

## 3.1 引言

相比于传统的单基地相控阵雷达和多基地组网雷达,分布式 MIMO 雷达具有优越的"四反"潜能,在未来战场中有着广阔的应用前景[127-128]。理论上而言,分布式 MIMO 雷达包含的阵元数量越多,发射功率越高,其检测、参数估计性能越佳[38]。但在实际应用中,过多的阵元会带来较大的数据传输量,给信息融合中心造成计算负担;并且对于常见的车载、机载雷达而言,能量资源十分有限。因此,如何合理分配有限的资源,充分发挥分布式 MIMO 雷达的潜能,是实际应用中的一个重要课题。

针对分布式 MIMO 雷达的发射资源优化问题,文献[23-24]通过推导关于时延估计的克拉美-罗下界[25-26](CRLB),构造了两种单目标定位场景下的功率优化模型:在给定误差的前提下最小化发射功率和在总功率一定的限制下最小化 CRLB。文献[27-28]将其扩展到多目标情形,提出了基于序列参数凸近似(sequential parameter convex approximation,SPCA)的功率-带宽联合分配算法。文献[29]在文献[23-28]的基础上,提出两种新的迭代分解算法,以求解最优功率分配问题。文献[30-32]将阵元资源视为变量,提出了单目标定位场景下阵元的选择算法。文献[33]针对多目标定位问题,对多部雷达进行分组,在相同精度约束下,来最小化选择的雷达数目。文献[34]同时考虑阵元、发射功率和信号带宽的影响,提出一种联合分配机制,以提升目标的定位精度。文献[35]通过推导分布式 MIMO 雷达对速度估计的 CRLB[36-38],来选择最优子阵。文献[39]将 CRLB 作为目标函数,构造了联合发射功率和有效时宽的优化模型。实际中,MIMO 雷达更多用于动目标跟踪,而非对于静止目标的定位。文献[40 - 41]依据得出的关于时延估计的后验 CRLB[42],对分布式 MIMO 雷达在中心式融合跟踪和非中心式融合跟踪两种条件下的性能进行了分析。结果表明,PCRLB 为关于雷达阵元几何分布、目标位置和传输路径损耗等因素的函数。由于 PCRLB 的可预测性,文献[43 - 72]将其与认知思想[12-14]相结合,通过构造由发射机到接收机再到发射机的闭环回路,使得资源得以自适应分配。文献[43 - 44]利用 PCRLB[45]来动态调整发射波形。在此基础上,文献[46]进一步考虑了发射阵元的选取。文献[47 - 49]对多目标跟踪中的功率分配问题进行了探讨。文献[50]结合交互式多模型(interacting - multiple - model, IMM)和扩展卡尔曼滤波(extended Kalman filter, EKF),提出了单个机动目标跟踪中的功率、带宽联合分配算法;文献[51]对其进行改进,利用精度更高的无迹卡尔曼滤波(unscented Kalman filter, UKF)进行跟踪,并进一步考虑了信号的时宽分配。文献[52 - 59]以下一时刻的 PCRLB 为目标函数或约束条件,得到最优的阵元/雷达组合。文献[60]考虑了复杂多径影响下的多目标跟踪问题,并依据 PCRLB 来联合分配传感器和功率。与之类似,文献[61]提出了多雷达聚类与功率分配的联合优化机制。文献[62]提出了一种单目标跟踪中发射子阵、功率、带宽联合分配算法。文献[63 - 65]分别对相控阵雷达网络中的低截获性能、跟踪性能以及低截获和跟踪性能的平衡展开优化,并分别提出了功率 - 带宽分配、检测阈值调整与功率分配以及波束、功率 - 时宽分配算法。文献[66 - 67]针对雷达网络中的功率、时宽等资源分配问题,构建了两种优化模型,并提出相应的求解算法。

尽管上述文献取得了一定成果,但尚存在如下不足。

一是多数文献均关注于某一类任务(如目标定位、跟踪或成像)在执行过程中的资源分配,对于多元任务场景很少涉及。而在实际尤其是军事应用中,MIMO 雷达需要同时执行搜索、跟踪、截获、制导、通信等多重任务。因此,研究多种任务背景下的资源分配,更加符合现实需求。此外,文献[114 - 116]已经证明,分布式 MIMO 雷达的检测性能与阵列配置和发射功率紧密相关。在多元任务场景下,MIMO 雷达的阵列选择和发射参数分配必定与跟踪、定位等单类任务场景中的资源分配有着诸多不同。尽管文献[114]提出了有利于提升分布式 MIMO 雷达检测性能的天线布置与功率优化算法,但需要指出:

(1)所提出的天线布置与功率分配方式均采用穷举搜索(exhaustive search,

ES)机制,此类算法的计算量将随问题规模呈现几何式增长,仅适用于小规模问题的求解;

(2)其认为天线可放置于任意位置,但在实际中,分布式MIMO雷达的天线位置往往是固定的,或难以实时地进行移动。因此,将问题建模为天线选择更符合现实情况。

二是在DTFR收发模式下,分布式MIMO雷达可以通过DBF技术在接收端合成多个高增益的窄波束来照射目标,以获得更高的系统分辨力。但受系统自由度的限制,同时合成的波束总量是一定的,因此,需要对波束资源进行合理分配。尽管文献[57－58,68－69]分别对分布式MIMO雷达、集中式MIMO雷达和集中式MIMO雷达网络在DTFR模式下的波束分配问题进行了研究,其均认为波束指向在整个照射周期内固定指向单个目标。如果在单个照射周期内可以将波束分配给不同的目标,将产生不同的结果。在此,称其为空－时分配问题。更为重要的是,相比于已有的空间波束分配机制,空－时分配通过对时间维度进一步利用,带来了更大的波束分配自由度。

针对问题一,本章选取具有代表性的两类周期性任务——多目标跟踪和潜在威胁空域检测,以此为背景,对分布式MIMO雷达中的功率分配和阵元－功率联合分配问题进行探讨。在求解算法方面,阵元的选取为典型的NP难题[129－130],尽管可以利用ES算法或蛮力搜索(brute－force search,BS)算法进行求解,但当问题规模较大时,两者的计算量相当可观。此外,不同于单独的跟踪任务,检测任务影响了目标函数的凸性。鉴于此,提出一种基于贪婪搜索(multi－start local search,MSLS)[31－32,54－56]的二阶求解算法,以对非凸的优化模型进行求解。

针对问题二,利用认知思想[12－14]来充分利用目标的先验信息,提出一种分布式MIMO雷达多目标跟踪中的接收波束空－时分配策略。通过引入中间变量——单位时间内的照射概率,将空－时分配问题转化为凸优化问题,从而使得模型可以快速求解。

本章剩余部分安排如下:3.2节建立了分布式MIMO雷达的多点检测模型与PCRLB模型,为后续优化模型的构建奠定基础;3.3节和3.4节分别讨论了分布式MIMO多目标跟踪和面向空域检测的功率分配问题,以便与3.5节进行对比;3.5节针对阵元选取与功率分配问题,提出了基于MSLS的二阶求解算法;3.6节对多目标跟踪中的接收波束空－时分配问题进行了研究,提出了有效的波束空－时分配策略。

## 3.2 基本模型

### 3.2.1 多点检测模型

根据 2.1.1 节的推导，将 MIMO 雷达对于确定点的检测概率公式重写如下：

$$P_{\mathrm{d}}=P(T_1(y)>\eta\mid H_1)=1-F_{\chi^2_{2NM}}\left[\frac{\sigma^2_{\tilde{n}}}{h_0^2\sigma^2_{\tilde{a}}+\sigma^2_{\tilde{n}}}F^{-1}_{\chi^2_{2NM}}(1-P_{\mathrm{fa}})\right] \tag{3.1}$$

若在分布式 MIMO 雷达的预警空域周长范围内平均分布 $j$ 个采样点来表示目标的存在与否，则在第 $k$ 次间隔检测到目标的概率为

$$P_{\mathrm{d}k}=1-\prod_{j=1}^{j}(1-P^j_{\mathrm{d}}) \tag{3.2}$$

式中：$P^j_{\mathrm{d}}$为第 $j$ 个采样点的检测概率。

### 3.2.2 PCRLB 模型

**1. 目标运动模型**

假设 MIMO 雷达责任空域内存在 $Q$ 个目标，且目标均在二维平面内做近似匀速运动，则第 $q$ 个目标的运动方程可写为[131]

$$\boldsymbol{x}^q_k=\boldsymbol{F}\boldsymbol{x}^q_{k|k-1}+\boldsymbol{w}^q_k \tag{3.3}$$

式中：目标状态向量用 $\boldsymbol{x}^q_k=[x^q_k,y^q_k,\dot{x}^q_k,\dot{y}^q_k]^{\mathrm{T}}$ 表示；$\boldsymbol{F}$ 和 $\boldsymbol{w}^q_k$ 分别为状态转移矩阵和过程噪声矩阵；$\boldsymbol{w}^q_k\sim\mathcal{N}(\boldsymbol{0},\boldsymbol{Q})$。$\boldsymbol{F}$ 和 $\boldsymbol{Q}$ 的具体形式为

$$\boldsymbol{F}=\begin{bmatrix}1 & T_{\mathrm{s}}\\0 & 1\end{bmatrix}\otimes\boldsymbol{I}_2 \tag{3.4}$$

$$\boldsymbol{Q}=\kappa_q\begin{bmatrix}T^3_{\mathrm{s}}/3 & T^2_{\mathrm{s}}/2\\T^2_{\mathrm{s}}/2 & T_{\mathrm{s}}\end{bmatrix}\otimes\boldsymbol{I}_2 \tag{3.5}$$

式中：$T_{\mathrm{s}}$ 为跟踪间隔；$\otimes$为 Kronecker 积；$\kappa_q$ 为噪声系数，决定过程噪声强度。

**2. 量测模型**

通过合适的信号处理机制可以获得丰富的目标信息。本节关注于目标的时延和多普勒频移，其可通过对所有接收天线的回波信号进行最大似然估计得到[38]。假定量测信息为线性条件下获得的，则量测模型可写为

$$\boldsymbol{z}^q_k=\boldsymbol{H}\boldsymbol{x}^q_k+\boldsymbol{v}^q_k \tag{3.6}$$

式中：$\boldsymbol{H}$ 为 4×4 的单位阵；$\boldsymbol{v}_k^q$ 为量测噪声，服从 $\boldsymbol{v}_k^q \sim \mathcal{N}(\boldsymbol{0},\boldsymbol{R}_k^q)$。此外，$\boldsymbol{R}_k^q$ 是关于时延和多普勒频移联合估计的 CRLB 的函数，将在后续给出。

**3. 卡尔曼滤波**

由于目标状态空间模型是线性的，在此，利用卡尔曼滤波器[132]对目标状态进行递推估计。其流程可归纳为，对于 $q=1,2,\cdots,Q$。

步骤1　对目标状态和估计误差协方差矩阵进行预测：

$$\hat{\boldsymbol{x}}_{k|k-1}^q = \boldsymbol{F}\hat{\boldsymbol{x}}_{k-1|k-1}^q \tag{3.7}$$

$$\boldsymbol{P}_{k|k-1}^q = \boldsymbol{F}\boldsymbol{P}_{k-1|k-1}^q\boldsymbol{F}^{\mathrm{T}} + \boldsymbol{Q} \tag{3.8}$$

步骤2　计算量测预测 $\hat{z}_{k|k-1}^q$、信息协方差矩阵 $\boldsymbol{S}$ 和卡尔曼增益 $\boldsymbol{K}$：

$$\hat{\boldsymbol{z}}_{k|k-1}^q = \boldsymbol{H}\hat{\boldsymbol{x}}_{k|k-1}^q \tag{3.9}$$

$$\boldsymbol{S} = \boldsymbol{H}\boldsymbol{P}_{k|k-1}^q\boldsymbol{H}^{\mathrm{T}} + \boldsymbol{R}_k^q \tag{3.10}$$

$$\boldsymbol{K} = \boldsymbol{P}_{k|k-1}^q\boldsymbol{H}^{\mathrm{T}}\boldsymbol{S}^{-1} \tag{3.11}$$

步骤3　更新状态估计和状态估计误差协方差：

$$\hat{\boldsymbol{x}}_{k|k}^q = \hat{\boldsymbol{x}}_{k|k-1}^q + \boldsymbol{K}(\boldsymbol{z}_k^q - \hat{\boldsymbol{z}}_{k|k-1}^q) \tag{3.12}$$

$$\boldsymbol{P}_{k|k}^q = \boldsymbol{P}_{k|k-1}^q - \boldsymbol{K}\boldsymbol{H}\boldsymbol{P}_{k|k-1}^q \tag{3.13}$$

**4. 关于时延和多普勒频移的 PCRLB**

克拉美-罗不等式为所有估计算法提供了一个性能基准的计算公式。对于式(2.4)所示的观测模型，若假设 $\hat{\boldsymbol{x}}_k^q(\boldsymbol{r}_k^q)$ 为 $\boldsymbol{x}_k^q$ 的估计，则总有式(3.14)成立[42]：

$$\mathbb{E}_{\boldsymbol{x}_k^q,\boldsymbol{r}_k^q}\{[\hat{\boldsymbol{x}}_k^q(\boldsymbol{r}_k^q)-\boldsymbol{x}_k^q][\hat{\boldsymbol{x}}_k^q(\boldsymbol{r}_k^q)-\boldsymbol{x}_k^q]^{\mathrm{T}}\} \geqslant \boldsymbol{J}^{-1}(\boldsymbol{x}_k^q) \tag{3.14}$$

式中：$\mathbb{E}_{\boldsymbol{x}_k^q,\boldsymbol{r}_k^q}$ 表示对目标状态 $\boldsymbol{x}_k^q$ 和观测值 $\boldsymbol{r}_k^q$ 取均值运算。$\boldsymbol{J}(\boldsymbol{x}_k^q)$ 为关于目标状态的贝叶斯信息矩阵（Bayesian information matrix，BIM），计算公式为

$$\boldsymbol{J}(\boldsymbol{x}_k^q) = -\mathbb{E}_{\boldsymbol{x}_k^q,\boldsymbol{r}_k^q}[\nabla_{\boldsymbol{x}_k^q}^{\boldsymbol{x}_k^q}\ln p(\boldsymbol{r}_k^q,\boldsymbol{x}_k^q)] \tag{3.15}$$

式中：$\nabla_{\boldsymbol{\eta}}^{\boldsymbol{\kappa}} = \nabla_{\boldsymbol{\eta}}\nabla_{\boldsymbol{\kappa}}^{\mathrm{T}}$，代表对矢量求二阶偏导。目标状态和观测的联合 PDF $p(\boldsymbol{r}_k^q,\boldsymbol{x}_k^q)$ 能够分解为

$$p(\boldsymbol{r}_k^q,\boldsymbol{x}_k^q) = p(\boldsymbol{x}_k^q)p(\boldsymbol{r}_k^q \mid \boldsymbol{x}_k^q) \tag{3.16}$$

式中：$p(\boldsymbol{x}_k^q)$ 为目标状态的 PDF；$p(\boldsymbol{r}_k^q \mid \boldsymbol{x}_k^q)$ 为目标状态关于观测的 PDF。通过对 BIM 进行分块运算，文献[42]为状态离散系统提出了一种 PCRLB 的迭代计算方法，避免了对大规模矩阵的运算，即

$$\boldsymbol{J}(\boldsymbol{x}_k^q) = \boldsymbol{J}_{\mathrm{P}}(\boldsymbol{x}_k^q) + \boldsymbol{J}_{\mathrm{D}}(\boldsymbol{x}_k^q) \tag{3.17}$$

式中：$\boldsymbol{J}_{\mathrm{P}}(\boldsymbol{x}_k^q)$ 和 $\boldsymbol{J}_{\mathrm{D}}(\boldsymbol{x}_k^q)$ 分别为先验信息和数据的（fisher information matrix，FIM）：

$$\begin{cases}\boldsymbol{J}_{\mathrm{P}}(\boldsymbol{x}_k^q)=-\mathbb{E}_{\boldsymbol{x}_k^q}[\nabla_{\boldsymbol{x}_k^q}^{\boldsymbol{x}_k^q}\ln p(\boldsymbol{x}_k^q)]=[\boldsymbol{D}_{k-1}^{22}-\boldsymbol{D}_{k-1}^{21}(\boldsymbol{J}(\boldsymbol{x}_{k-1}^q)+\boldsymbol{D}_{k-1}^{11})^{-1}\boldsymbol{D}_{k-1}^{12}]\\ \boldsymbol{J}_{\mathrm{D}}(\boldsymbol{x}_k^q)=-\mathbb{E}_{\boldsymbol{x}_k^q,\boldsymbol{r}_k^q}[\nabla_{\boldsymbol{x}_k^q}^{\boldsymbol{x}_k^q}\ln p(\boldsymbol{r}_k^q\mid\boldsymbol{x}_k^q)]\end{cases} \tag{3.18}$$

在 $\boldsymbol{J}_{\mathrm{P}}(\boldsymbol{x}_k^q)$ 中，有式（3.19）成立：

$$\begin{cases}\boldsymbol{D}_{k-1}^{11}=-\mathbb{E}_{\boldsymbol{x}_{k-1}^q,\boldsymbol{x}_k^q}[\nabla_{\boldsymbol{x}_{k-1}^q}^{\boldsymbol{x}_{k-1}^q}\ln p(\boldsymbol{x}_k^q\mid\boldsymbol{x}_{k-1}^q)]\\ \boldsymbol{D}_{k-1}^{12}=-\mathbb{E}_{\boldsymbol{x}_{k-1}^q,\boldsymbol{x}_k^q}[\nabla_{\boldsymbol{x}_k^q}^{\boldsymbol{x}_{k-1}^q}\ln p(\boldsymbol{x}_k^q\mid\boldsymbol{x}_{k-1}^q)]=(\boldsymbol{D}_{k-1}^{21})^{\mathrm{T}}\\ \boldsymbol{D}_{k-1}^{22}=-\mathbb{E}_{\boldsymbol{x}_{k-1}^q,\boldsymbol{x}_k^q}[\nabla_{\boldsymbol{x}_k^q}^{\boldsymbol{x}_k^q}\ln p(\boldsymbol{x}_k^q\mid\boldsymbol{x}_{k-1}^q)]\end{cases} \tag{3.19}$$

将式（3.3）描述的目标运动模型代入式（3.19），并去掉期望符号，可以得到：

$$\begin{cases}\boldsymbol{D}_{k-1}^{11}=\boldsymbol{F}^{\mathrm{T}}\boldsymbol{Q}^{-1}\boldsymbol{F}\\ \boldsymbol{D}_{k-1}^{12}=-\boldsymbol{F}^{\mathrm{T}}\boldsymbol{Q}^{-1}\\ \boldsymbol{D}_{k-1}^{22}=\boldsymbol{Q}^{-1}\end{cases} \tag{3.20}$$

结合矩阵求逆运算，$\boldsymbol{J}_{\mathrm{P}}(\boldsymbol{x}_k^q)$ 可以表示为

$$\boldsymbol{J}_{\mathrm{P}}(\boldsymbol{x}_k^q)=[\boldsymbol{Q}+\boldsymbol{F}\boldsymbol{J}^{-1}(\boldsymbol{x}_{k-1}^q)\boldsymbol{F}^{\mathrm{T}}]^{-1} \tag{3.21}$$

至于 $\boldsymbol{J}_{\mathrm{D}}(\boldsymbol{x}_k^q)$，将式（2.24）代入式（3.18），可得

$$\begin{aligned}\boldsymbol{J}_{\mathrm{D}}(\boldsymbol{x}_k^q)&=(\boldsymbol{R}_k^q)^{-1}=\mathbb{E}_{\boldsymbol{x}_k^q,\boldsymbol{r}_k^q}[-\nabla_{\boldsymbol{x}_k^q}^{\boldsymbol{x}_k^q}\ln p(\boldsymbol{r}_k^q\mid\boldsymbol{x}_k^q)]\\ &=\mathbb{E}_{\boldsymbol{x}_k^q}\{\mathbb{E}_{\boldsymbol{r}_k^q\mid\boldsymbol{x}_k^q}[-\nabla_{\boldsymbol{x}_k^q}^{\boldsymbol{x}_k^q}\ln p(\boldsymbol{r}_k^q\mid\boldsymbol{x}_k^q)]\}\\ &=\mathbb{E}_{\boldsymbol{x}_k^q}[(\boldsymbol{A}_k^q)^{\mathrm{T}}\boldsymbol{J}_{\mathrm{D}}(\boldsymbol{\theta}_k^q)\boldsymbol{A}_k^q]\end{aligned} \tag{3.22}$$

式中：$\boldsymbol{\theta}_k^q=[\boldsymbol{\tau}_k^q,\boldsymbol{\nu}_k^q]^{\mathrm{T}}$；$\boldsymbol{\tau}_k^q=[\tau_{1,1,k}^q,\cdots,\tau_{M,N,k}^q]$；$\boldsymbol{\nu}_k^q=[\nu_{1,1,k}^q,\cdots,\nu_{M,N,k}^q]$；$\boldsymbol{A}_k^q$ 为观测向量 $\boldsymbol{\theta}_k^q$ 关于目标状态 $\boldsymbol{x}_k^q$ 的雅克比矩阵：

$$\boldsymbol{A}_k^q=[\boldsymbol{A}_\tau,\boldsymbol{A}_\nu]^{\mathrm{T}} \tag{3.23}$$

具体形式为

$$\boldsymbol{A}_{\tau m,n}=\frac{1}{c}\begin{bmatrix}\cos\phi_{m,k}^q+\cos\varphi_{n,k}^q\\ \sin\phi_{m,k}^q+\sin\varphi_{n,k}^q\\ 0\\ 0\end{bmatrix} \tag{3.24}$$

$$
\boldsymbol{A}_{\nu m,n} = -\frac{2\pi}{\lambda}\begin{bmatrix} \dfrac{-\dot{x}_k\sin^2\phi^q_{m,k}+\dfrac{1}{2}\dot{y}_k\sin 2\phi^q_{m,k}}{R^q_{m,k}} + \dfrac{-\dot{x}_k\sin^2\varphi^q_{n,k}+\dfrac{1}{2}\dot{y}_k\sin 2\varphi^q_{n,k}}{R^q_{n,k}} \\ \dfrac{-\dot{y}_k\cos^2\phi^q_{m,k}+\dfrac{1}{2}\dot{x}_k\sin 2\phi^q_{m,k}}{R^q_{m,k}} + \dfrac{-\dot{y}_k\cos^2\varphi^q_{n,k}+\dfrac{1}{2}\dot{x}_k\sin 2\varphi^q_{n,k}}{R^q_{n,k}} \\ -\cos\phi^q_{m,k}-\cos\varphi^q_{n,k} \\ -\sin\phi^q_{m,k}-\sin\varphi^q_{n,k} \end{bmatrix} \tag{3.25}
$$

式中：$\boldsymbol{A}_{\tau m,n}$和$\boldsymbol{A}_{\nu m,n}$分别为$\boldsymbol{A}_\tau$和$\boldsymbol{A}_\nu$中的第$mn$列矩阵块。此外，考虑经由每一条路径的回波信号相互独立，则关于$\boldsymbol{\theta}^q_k$的FIM可写为矩阵分块形式：

$$
\boldsymbol{J}_{\mathrm{D}}(\boldsymbol{\theta}^q_k) = \begin{bmatrix} \mathbb{E}_{\boldsymbol{\theta}^q_k|\boldsymbol{x}^q_k}[-\nabla^{\boldsymbol{\tau}^q_k}_{\boldsymbol{\tau}^q_k}\ln p(\boldsymbol{y}^q_k|\boldsymbol{x}^q_k)] & \mathbb{E}_{\boldsymbol{\theta}^q_k|\boldsymbol{x}^q_k}[-\nabla^{\boldsymbol{\tau}^q_k}_{\boldsymbol{f}^q_{\mathrm{d}k}}\ln p(\boldsymbol{y}^q_k|\boldsymbol{x}^q_k)] \\ \mathbb{E}_{\boldsymbol{\theta}^q_k|\boldsymbol{x}^q_k}[-\nabla^{\boldsymbol{f}^q_{\mathrm{d}k}}_{\boldsymbol{\tau}^q_k}\ln p(\boldsymbol{y}^q_k|\boldsymbol{x}^q_k)] & \mathbb{E}_{\boldsymbol{\theta}^q_k|\boldsymbol{x}^q_k}[-\nabla^{\boldsymbol{f}^q_{\mathrm{d}k}}_{\boldsymbol{f}^q_{\mathrm{d}k}}\ln p(\boldsymbol{y}^q_k|\boldsymbol{x}^q_k)] \end{bmatrix}
$$

$$
= \begin{bmatrix} \mathbf{diag}(8\pi^2|\tilde{a}^q_{m,n,k}|^2(h^q_{m,n,k})^2\beta^2_m/\sigma^2_{\tilde{n}}) & \mathbf{0} \\ \mathbf{0} & \mathbf{diag}(8\pi^2|\tilde{a}^q_{m,n,k}|^2(h^q_{m,n,k})^2T^2_m/\sigma^2_{\tilde{n}}) \end{bmatrix} \tag{3.26}
$$

式中：$\mathbf{diag}(\cdot)$代表$MN\times MN$维对角矩阵。从而，可以得到BIM的最终表达式：

$$
\boldsymbol{J}(\boldsymbol{x}^q_k) = [\boldsymbol{Q}+\boldsymbol{F}\boldsymbol{J}^{-1}(\boldsymbol{x}^q_{k-1})\boldsymbol{F}^{\mathrm{T}}]^{-1} + \mathbb{E}_{\boldsymbol{x}^q_k}[(\boldsymbol{A}^q_k)^{\mathrm{T}}\boldsymbol{J}_{\mathrm{D}}(\boldsymbol{\theta}^q_k)\boldsymbol{A}^q_k] \tag{3.27}
$$

从推导过程可以看出，$\boldsymbol{J}_{\mathrm{P}}(\boldsymbol{x}^q_k)$仅与目标的运动模型有关，而阵元选取与功率分配通过影响$\boldsymbol{R}^q_k$进而影响PCRLB。因此，可以通过改变子阵和功率来获取最佳的PCRLB。但式(3.27)中的第二项是一个求期望的过程，这意味着，为达到PCRLB，需要利用蒙特卡罗方法求取均值。为满足资源分配中的实时性要求，在此做如下近似[133]：

$$
\hat{\boldsymbol{J}}(\boldsymbol{x}^q_k) = [\boldsymbol{Q}+\boldsymbol{F}\boldsymbol{J}^{-1}(\boldsymbol{x}^q_{k-1})\boldsymbol{F}^{\mathrm{T}}]^{-1} + \underbrace{(\hat{\boldsymbol{A}}^q_k)^{\mathrm{T}}\boldsymbol{J}_{\mathrm{D}}(\hat{\boldsymbol{\theta}}^q_k)\hat{\boldsymbol{A}}^q_k}_{\hat{\boldsymbol{J}}_{\mathrm{D}}(\boldsymbol{x}^q_k)} \tag{3.28}
$$

式中：$\hat{\boldsymbol{A}}^q_k$和$\boldsymbol{J}_{\mathrm{D}}(\hat{\boldsymbol{\theta}}^q_k)$分别表示雅克比矩阵和关于$\boldsymbol{\theta}^q_k$的数据FIM在目标状态预测点$\hat{\boldsymbol{x}}^q_{k|k-1}$处的估计值。

# 3.3 多目标跟踪中的功率分配算法

## 3.3.1 优化模型构建

首先,引入功率分配矢量 $\boldsymbol{P}_{\mathrm{T}k}=[P_{\mathrm{T}1,k},\cdots,P_{\mathrm{T}m,k},\cdots,P_{\mathrm{T}M,k}]^{\mathrm{T}}$,以便描述功率分配问题。对于目标跟踪,PCRLB 为状态估计提供了一个紧致、稳定的下界,并且具有可预测性。因此,3.2.2 节推导得出的 PCRLB 对于多目标跟踪中资源分配优化指标的构建是一个合适的选择[43-72]。

根据式(3.22),$\boldsymbol{J}_{\mathrm{D}}(\boldsymbol{x}_k^q)$可以写为经由所有路径接收的数据 FIM 之和,则功率分配变量通过影响 $\hat{\boldsymbol{J}}_{\mathrm{D}}(\boldsymbol{x}_k^q)$来影响预测的 BIM:

$$\hat{\boldsymbol{J}}_{\mathrm{D}}(\boldsymbol{x}_k^q,\boldsymbol{P}_{\mathrm{T}k})=\sum_{m=1}^{M}\sum_{n=1}^{N}(\hat{\boldsymbol{A}}_{m,n,k}^q)^{\mathrm{T}}\boldsymbol{J}_{\mathrm{D}}(\hat{\boldsymbol{\theta}}_{m,n,k}^q)\hat{\boldsymbol{A}}_{m,n,k}^q \tag{3.29}$$

结合式(3.21),关于功率分配的 BIM 可表示为

$$\hat{\boldsymbol{J}}(\boldsymbol{x}_k^q,\boldsymbol{P}_{\mathrm{T}k})=\boldsymbol{J}_{\mathrm{P}}(\boldsymbol{x}_k^q)+\hat{\boldsymbol{J}}_{\mathrm{D}}(\boldsymbol{x}_k^q,\boldsymbol{P}_{\mathrm{T}k}) \tag{3.30}$$

在多目标跟踪过程中,资源应优先分配给较为紧迫的任务。在此,选择多批目标中最差的 PCRLB 为优化指标,以保证目标的整体跟踪精度,则目标函数写为

$$\dashv(\boldsymbol{P}_{\mathrm{T}k})=\max_{q\in Q}\{\mathrm{tr}_{\mathrm{pos}}[\hat{\boldsymbol{J}}^{-1}(\boldsymbol{x}_k^q,\boldsymbol{P}_{\mathrm{T}k})]\} \tag{3.31}$$

式中:$\mathrm{tr}_{\mathrm{pos}}(\boldsymbol{A})$为对矩阵 $\boldsymbol{A}$ 中的位置元素进行求迹运算。由于位置和速度的 PCRLB 量纲不同,直接相加并无意义,因此,提取位置的 PCRLB 作为目标函数。

多目标跟踪中分布式 MIMO 雷达的功率分配问题则可建立为功率总量约束及分配变量上、下限约束下的优化问题:

$$\begin{aligned}&\min_{\boldsymbol{P}_{\mathrm{T}k}}\mathbb{F}(\boldsymbol{P}_{\mathrm{T}k})\\&\mathrm{s.t.}\ \boldsymbol{1}_M^{\mathrm{T}}\boldsymbol{P}_{\mathrm{T}k}\leqslant P_{\mathrm{total}}\\&P_{\mathrm{Tmin}}\leqslant P_{\mathrm{T}m,k}\leqslant P_{\mathrm{Tmax}}\end{aligned} \tag{3.32}$$

式中:$P_{\mathrm{total}}$为功率总量;$P_{\mathrm{Tmin}}$和 $P_{\mathrm{Tmax}}$分别为功率分配变量的上限和下限,二者主要来自于完全检测的要求和阵元散热的限制。可以证明,式(3.32)所表示的最优化模型是凸的,具体证明见附录 A,因此,可采用典型的凸优化算法求解,如内点法[134]。

### 3.3.2 仿真校验

考虑 $M=10$，$N=10$ 的分布式MIMO雷达跟踪 $Q=4$ 批目标的场景。雷达参数设置为：发射功率 $P_{\text{tot}}=100\text{kW}$；单次照射有效脉冲宽度 $\tau_{\text{c}}=0.2\text{ms}$；载频 $f_{\text{c}}=1\text{GHz}$；发射、接收增益 $G_{\text{t}}=G_{\text{r}}=20\text{dB}$；散射衰落和接收机衰落 $L_{\text{c}}=L_{\text{r}}=34.7\text{dB}$；接收机处理增益 $I_{\text{p}}=20\text{dB}$；有效带宽 $\beta_m=1\text{MHz}$；有效时宽 $T_m=1\mu\text{s}$；跟踪间隔 $T_{\text{s}}=2\text{s}$。各目标的初始状态为：$\boldsymbol{x}_0^1=[-3000,3500,100\times(11/12)^{1/2},-100\times(1/12)^{1/2}]^{\text{T}}$；$\boldsymbol{x}_0^2=[-3000,-4500,100\times(11/12)^{1/2},100\times(1/12)^{1/2}]^{\text{T}}$；$\boldsymbol{x}_0^3=[3000,4000,-100\times(5/12)^{1/2},-100\times(7/12)^{1/2}]^{\text{T}}$；$\boldsymbol{x}_0^4=[5000,-2000,-100\times(1/12)^{1/2},100\times(11/12)^{1/2}]^{\text{T}}$。$K=30$ 帧数据用于每次仿真。分布式MIMO雷达与目标的几何位置如图3.1所示。

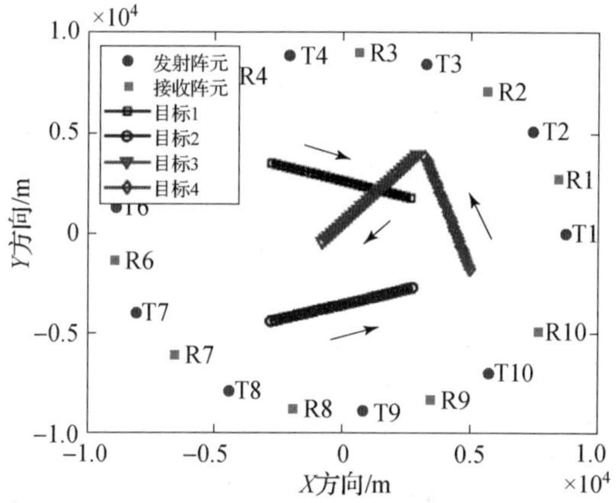


图3.1 目标与分布式MIMO雷达的几何位置

仿真过程中，引入平均功率分配算法进行对比，即对于 $\forall m$，功率分配为 $P_{\text{T}m,k}=P_{\text{total}}/M$。以 $Q$ 个目标中最差的PCRLB与对应的均方根误差(root mean square root error，RMSE)为衡量算法性能的指标。其中，第 $k$ 次跟踪间隔的最差RMSE定义为

$$\text{RMSE}_k=\max_{q\in Q}\left\{\sqrt{\frac{1}{N_{\text{sim}}}\sum_{j=1}^{N_{\text{sim}}}\left[(x_k^q-\hat{x}_{k,j}^q)^2+(y_k^q-\hat{y}_{k,j}^q)^2\right]}\right\} \tag{3.33}$$

式中：$N_{\text{sim}}=100$ 为仿真次数；$(\hat{x}_{k,j}^q,\hat{y}_{k,j}^q)$ 为第 $j$ 次仿真中对于目标位置的估计值。

图3.2为利用所提出的功率分配算法与平均功率分配算法所得的最差

PCRLB 与 RMSE 对比。从图 3.2 中可以看出,两种算法中的 RMSE 与 PCRLB 十分接近,间接证明了以预测 PCRLB 为优化指标的正确性。图 3.3 为各批目标在两种算法条件下取得的 SNR;图 3.4 给出了不同时刻所提算法发射阵元的归一化功率分配结果,其定义为

$$r_{m,k}^{\mathrm{power}} = P_{\mathrm{T}m,k}/P_{\mathrm{total}} \tag{3.34}$$

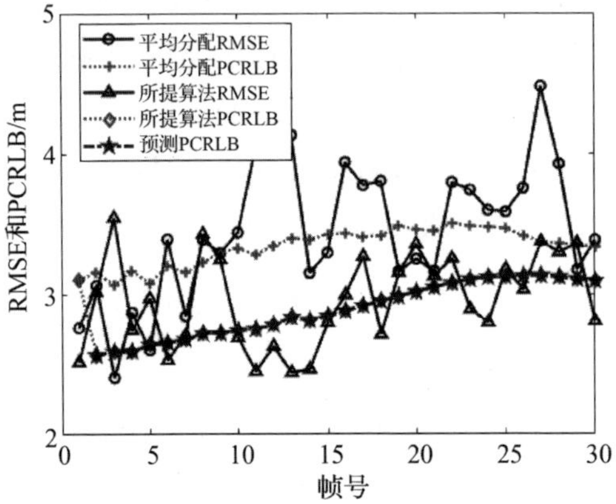


**图 3.2　最差 PCRLB 与最差 RMSE 对比**

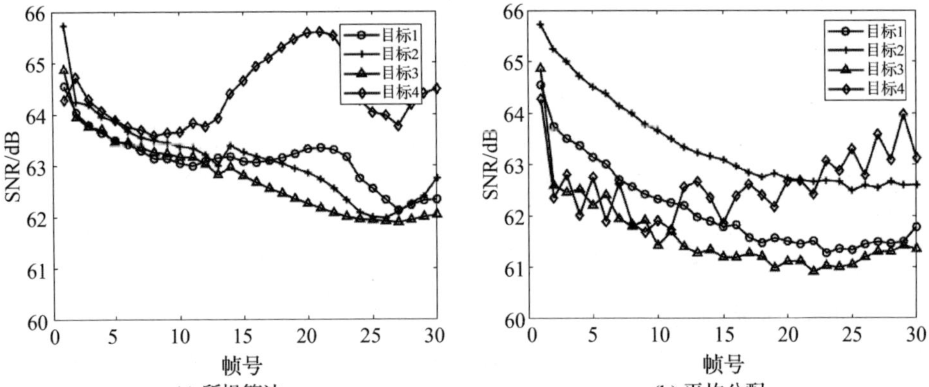


(a) 所提算法　　(b) 平均分配

**图 3.3　不同目标的 SNR 对比**

在整个仿真过程中,目标 3 和目标 1 的 SNR 先后达到最低,为提升整体的跟踪精度,分布式 MIMO 雷达系统必须对二者分配更多的功率。因此,图 3.4 中的功率分配总体以目标 1、3 为主导,沿着目标 1、3 的运动轨迹,选择靠近的阵元分配更多的功率,如阵元 2、4、5、9、10、6。而平均分配算法由于没有进行功率优化,$Q$ 个目标中最差的 SNR 要低于所提算法。此外,结合图 3.2 和图 3.3 可知,由于

分布式 MIMO 雷达实时对各发射阵元进行功率分配,相比于平均功率分配算法,有效提升了多批目标的最差跟踪精度。

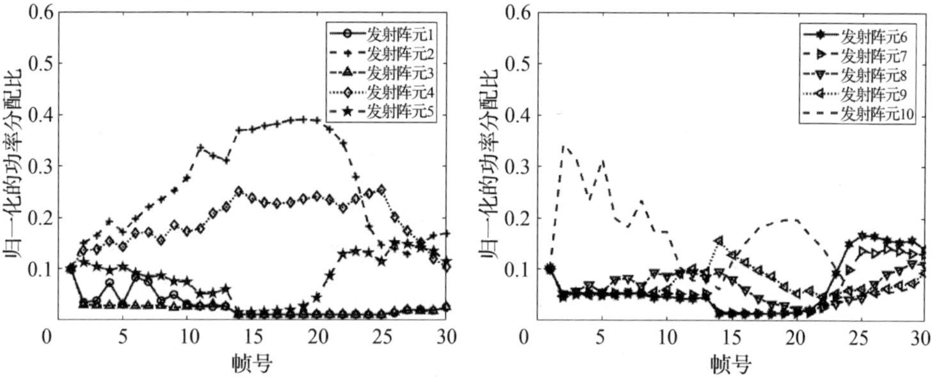


(a) 发射阵元1~5功率分配结果　(b) 发射阵元6~10功率分配结果

**图 3.4　发射功率分配结果**

针对分布式 MIMO 雷达多目标跟踪中的功率分配问题,以估计精度最差目标的位置 PCRLB 为目标函数,构建了优化模型。由于模型为凸,可采用内点法直接求得最优解。仿真结果表明,相对于平均功率分配算法,所提算法可有效提升目标的整体跟踪精度。

## 3.4　多点检测功率分配算法

### 3.4.1　优化模型构建

首先引入功率分配矢量 $\boldsymbol{P}_{\mathrm{T}k}=[P_{\mathrm{T}1,k},\cdots,P_{\mathrm{T}m,k},\cdots,P_{\mathrm{T}M,k}]^{\mathrm{T}}$ 来描述面向检测的功率分配问题。根据 3.2.1 节的多点检测模型,式(3.2)表示的检测概率为分布式 MIMO 雷达的检测性能提供了较好的优化指标。则分布式 MIMO 雷达面向检测的功率分配问题可构建为

$$
\begin{aligned}
&\min_{\boldsymbol{P}_{\mathrm{T}k}} \mathbb{F}(\boldsymbol{P}_{\mathrm{T}k})\\
&\mathrm{s.t.}\ \mathbf{1}_M^{\mathrm{T}}\boldsymbol{P}_{\mathrm{T}k}\leqslant P_{\mathrm{total}}\\
&\qquad P_{\mathrm{Tmin}}\leqslant P_{\mathrm{T}m,k}\leqslant P_{\mathrm{Tmax}}
\end{aligned}
\tag{3.35}
$$

式中:目标函数$\mathbb{F}(\boldsymbol{P}_{\mathrm{T}k})=1/P_{\mathrm{d}}(\boldsymbol{P}_{\mathrm{T}k})$;$P_{\mathrm{total}}$为功率总量;$P_{\mathrm{Tmin}}$和 $P_{\mathrm{Tmax}}$分别为功率分配变量的上、下限,二者主要来自于阵元利用率的要求和阵元散热的限制。由于目标函数$\mathbb{F}(\boldsymbol{P}_{\mathrm{T}k})$相对于 $\boldsymbol{P}_{\mathrm{T}k}$的二阶导数难以确定,式(3.35)表示的优化模型

非凸。但目标函数值随着功率变量的增加而逐渐下降,利用这一性质,可构建改进的梯度投影法[134],以获得较为满意的可行解。算法具体步骤将在后续表 3.2 中给出。

### 3.4.2 仿真校验

考虑一部 $M=10, N=10$ 的分布式 MIMO 雷达系统,参数设置为:发射功率 $P_{tot}=10\text{kW}$;单次照射有效脉冲宽度 $\tau_c=0.2\text{ms}$;载频 $f_c=1\text{GHz}$;发射、接收增益 $G_t=G_r=20\text{dB}$;散射衰落和接收机衰落 $L_c=L_r=34.7\text{dB}$;接收机处理增益 $I_p=20\text{dB}$;有效带宽 $\beta_m=1\text{MHz}$;有效时宽 $T_m=1\mu\text{s}$;跟踪间隔 $T_s=2\text{s}$。$K=30$ 帧数据用于每次仿真。分布式 MIMO 雷达与搜索边界的几何位置如图 3.5 所示,雷达按照图中所示方向对空域进行周期性扫描。仿真中,引入平均功率分配算法进行对比。

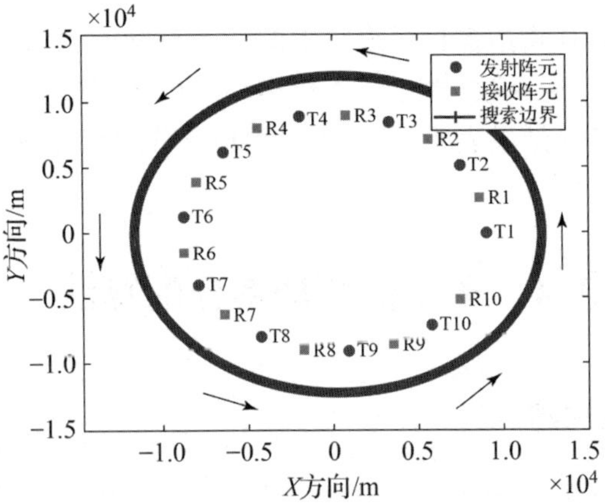


**图 3.5 检测范围与分布式 MIMO 雷达的几何位置**

图 3.6 给出了各阵元的发射功率分配结果。由于空域的扫描呈现周期性,功率优化结果也呈现周期性。为提升检测性能,分布式 MIMO 雷达对靠近搜索边界的阵元分配更多的功率资源。图 3.7 为两种算法的检测性能对比,可以看出,由于采用了功率优化机制,相比于平均功率分配算法,雷达对搜索区域的检测概率得到明显提升。

本节构建了面向检测的分布式 MIMO 雷达最优功率分配模型,利用目标函数的单调递减性质,采用改进的梯度投影法进行求解。仿真结果表明,相比于平均功率分配算法,所提算法能够有效提升目标空域的检测性能。

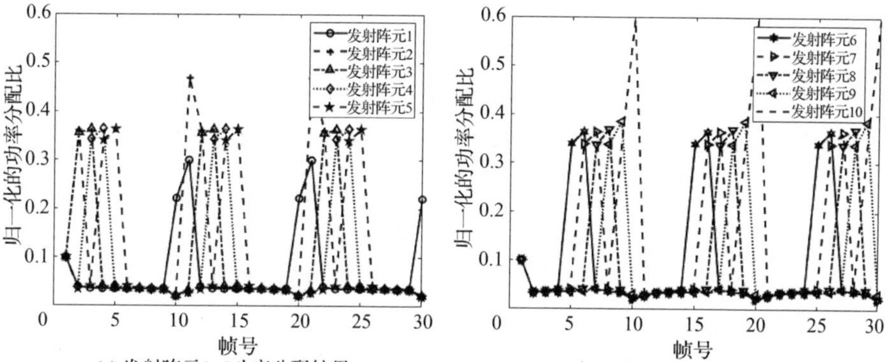

(a) 发射阵元1~5功率分配结果　　(b) 发射阵元6~10功率分配结果

**图 3.6　发射功率分配结果**

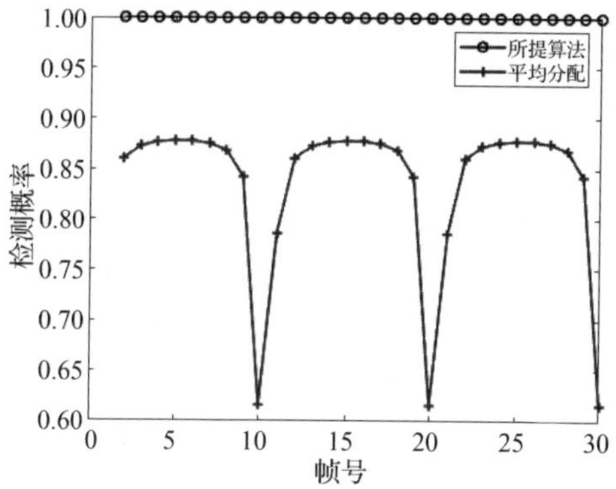


**图 3.7　检测性能对比**

## 3.5　跟踪与探测背景下阵元选择与功率分配联合优化算法

### 3.5.1　优化模型构建

为描述天线选择与功率分配问题，首先引入如下矢量：

$$\begin{cases}\boldsymbol{u}_{\mathrm{T}k}=[u_{\mathrm{T}k}^{1},\cdots,u_{\mathrm{T}k}^{m},\cdots,u_{\mathrm{T}k}^{M}]^{\mathrm{T}}\\ \boldsymbol{u}_{\mathrm{R}k}=[u_{\mathrm{R}k}^{1},\cdots,u_{\mathrm{R}k}^{n},\cdots,u_{\mathrm{R}k}^{N}]^{\mathrm{T}}\\ \boldsymbol{P}_{\mathrm{T}k}=[P_{\mathrm{T}1,k},\cdots,P_{\mathrm{T}m,k},\cdots,P_{\mathrm{T}M,k}]^{\mathrm{T}}\end{cases} \tag{3.36}$$

式中：$u_{\mathrm{T}k}^{m}$ 和 $u_{\mathrm{R}k}^{n}$ 分别代表发射、接收阵元的选择与否；$P_{\mathrm{T}m,k}$ 代表第 $m$ 个天线分配所得的功率。

对于目标跟踪而言，3 个资源分配变量通过影响 $\hat{\boldsymbol{J}}_{\mathrm{D}}(\boldsymbol{x}_{k}^{q})$ 来影响预测的

PCRLB：

$$\hat{\boldsymbol{J}}_{\mathrm{D}}(\boldsymbol{x}_k^q,\boldsymbol{u}_{\mathrm{T}k},\boldsymbol{u}_{\mathrm{R}k},\boldsymbol{P}_{\mathrm{T}k}) = \sum_{m=1}^{M}\sum_{n=1}^{N} u_{\mathrm{T}k}^m u_{\mathrm{R}k}^n (\hat{\boldsymbol{A}}_{m,n,k}^q)^{\mathrm{T}} \boldsymbol{J}_{\mathrm{D}}(\hat{\boldsymbol{\theta}}_{m,n,k}^q)\hat{\boldsymbol{A}}_{m,n,k}^q \tag{3.37}$$

结合式(3.21)，关于天线选择与功率分配的预测 BIM 可表示为

$$\hat{\boldsymbol{J}}(\boldsymbol{x}_k^q,\boldsymbol{u}_{\mathrm{T}k},\boldsymbol{u}_{\mathrm{R}k},\boldsymbol{P}_{\mathrm{T}k}) = \boldsymbol{J}_{\mathrm{P}}(\boldsymbol{x}_k^q) + \hat{\boldsymbol{J}}_{\mathrm{D}}(\boldsymbol{x}_k^q,\boldsymbol{u}_{\mathrm{T}k},\boldsymbol{u}_{\mathrm{R}k},\boldsymbol{P}_{\mathrm{T}k}) \tag{3.38}$$

同3.3 节，选择最差的 PCRLB 为目标跟踪的优化指标；此外，由式(3.2)得，可以通过改变阵元和功率分配来优化检测性能。因此，跟踪与探测联合执行场景下的目标函数可分别写为

$$\begin{cases} \lrcorner_1(\boldsymbol{u}_{\mathrm{T}k},\boldsymbol{u}_{\mathrm{R}k},\boldsymbol{P}_{\mathrm{T}k}) = \max\limits_{q\in Q}\{\mathrm{tr}_{\mathrm{pos}}[\boldsymbol{J}^{-1}(\boldsymbol{x}_k^q,\boldsymbol{u}_{\mathrm{T}k},\boldsymbol{u}_{\mathrm{R}k},\boldsymbol{P}_{\mathrm{T}k})]\} \\ \lrcorner_2(\boldsymbol{u}_{\mathrm{T}k},\boldsymbol{u}_{\mathrm{R}k},\boldsymbol{P}_{\mathrm{T}k}) = 1/P_{\mathrm{d}k}(\boldsymbol{u}_{\mathrm{T}k},\boldsymbol{u}_{\mathrm{R}k},\boldsymbol{P}_{\mathrm{T}k}) \end{cases} \tag{3.39}$$

从式(3.39)可以看出，子阵选择与功率分配为双目标优化问题，其帕累托前沿存在一系列解集。在求解过程中，着重考虑以下两点：①若罗列出任意时刻的所有解集，则需要求解每个解集对应的下一时刻的优化模型，当观测时间周期较长时，待求解的模型数量过于庞大；②PCRLB 和检测概率的大小和单位均不相同，直接相加无任何意义。因此，引入加权系数 $\lambda_1$ 来平衡二者的量纲，并将双目标优化问题转化为单目标优化问题。则对应的目标函数为

$$\lrcorner(\boldsymbol{u}_{\mathrm{T}k},\boldsymbol{u}_{\mathrm{R}k},\boldsymbol{P}_{\mathrm{T}k}) = \max_{q\in Q}\{\mathrm{tr}_{\mathrm{pos}}[\boldsymbol{J}^{-1}(\boldsymbol{x}_k^q,\boldsymbol{u}_{\mathrm{T}k},\boldsymbol{u}_{\mathrm{R}k},\boldsymbol{P}_{\mathrm{T}k})]\} + \lambda_1/P_{\mathrm{d}k}(\boldsymbol{u}_{\mathrm{T}k},\boldsymbol{u}_{\mathrm{R}k},\boldsymbol{P}_{\mathrm{T}k}) \tag{3.40}$$

式中：$\lambda_1$ 为比例系数，且 $\lambda_1 \in (0, +\infty)$。其不仅平衡了跟踪与检测性能，而且统一了二者的意义。

对于多目标跟踪与预警空域探测联合执行过程中的阵元选择与功率分配问题，可以描述为如何在有限阵元和功率的约束下最优化雷达的跟踪与检测性能。首先，由于通信带宽和融合中心计算能力的限制，可选取的阵元总数受到限制：

$$\mathbf{1}_M^{\mathrm{T}}\boldsymbol{u}_{\mathrm{T}k} + \mathbf{1}_N^{\mathrm{T}}\boldsymbol{u}_{\mathrm{R}k} = G \tag{3.41}$$

式中：$G$ 代表最大可选择阵元数量，且 $u_{\mathrm{T}k}^m \in \{0,1\}$，$u_{\mathrm{R}k}^n \in \{0,1\}$。并且，为保证系统的有效性，发射、接收阵元的选择数量最少为 1，且不能超过系统最大数量。该约束表示为

$$\begin{cases} 1 \leqslant \mathbf{1}_M^{\mathrm{T}}\boldsymbol{u}_{\mathrm{T}k} \leqslant M \\ 1 \leqslant \mathbf{1}_N^{\mathrm{T}}\boldsymbol{u}_{\mathrm{R}k} \leqslant N \end{cases} \tag{3.42}$$

式中：$\mathbf{1}_M^{\mathrm{T}}$ 为 $1 \times M$ 维的全 1 矢量。其次，系统总的功率资源是一定的：

$$\mathbf{1}_M^{\mathrm{T}}\boldsymbol{P}_{\mathrm{T}k} \leqslant P_{\mathrm{total}} \tag{3.43}$$

而分配给每个阵元的功率存在上、下限约束：

$$\begin{cases} P_{\mathrm{Tmin}} \leqslant P_{\mathrm{T}m,k} \leqslant P_{\mathrm{Tmax}}, & u_{\mathrm{T}k}^{m}=1 \\ P_{\mathrm{T}m,k}=0, & u_{\mathrm{T}k}^{m}=0 \end{cases} \tag{3.44}$$

此外，检测性能要用一定的虚警概率来描述：

$$P_{\mathrm{fa}}=P_{\mathrm{fa0}} \tag{3.45}$$

综上，优化模型可表示为

$$\begin{aligned} &\min_{\boldsymbol{u}_{\mathrm{T}k},\boldsymbol{u}_{\mathrm{R}k},\boldsymbol{P}_{\mathrm{T}k}} \mathbb{F}(\boldsymbol{u}_{\mathrm{T}k},\boldsymbol{u}_{\mathrm{R}k},\boldsymbol{P}_{\mathrm{T}k}) \\ &\text{s. t. } \mathbf{1}_M^{\mathrm{T}}\boldsymbol{u}_{\mathrm{T}k}+\mathbf{1}_N^{\mathrm{T}}\boldsymbol{u}_{\mathrm{R}k}=G \\ &\quad 1 \leqslant \mathbf{1}_M^{\mathrm{T}}\boldsymbol{u}_{\mathrm{T}k} \leqslant M \\ &\quad 1 \leqslant \mathbf{1}_N^{\mathrm{T}}\boldsymbol{u}_{\mathrm{R}k} \leqslant N \\ &\quad u_{\mathrm{T}k}^{m} \in \{0,1\}, \forall m=1,2,\cdots,M \\ &\quad u_{\mathrm{R}k}^{n} \in \{0,1\}, \forall n=1,2,\cdots,N \\ &\quad \mathbf{1}_M^{\mathrm{T}}\boldsymbol{P}_{\mathrm{T}k} \leqslant P_{\mathrm{total}} \\ &\quad \begin{cases} P_{\mathrm{Tmin}} \leqslant P_{\mathrm{T}m,k} \leqslant P_{\mathrm{Tmax}}, & u_{\mathrm{T}k}^{m}=1 \\ P_{\mathrm{T}m,k}=0, & u_{\mathrm{T}k}^{m}=0 \end{cases} \\ &\quad P_{\mathrm{fa}}=P_{\mathrm{fa0}} \end{aligned} \tag{3.46}$$

### 3.5.2　基于贪婪搜索的二阶算法

式(3.46)为二元变量与连续型变量的混合优化问题，也是典型的 NP 难题[129]。尽管可以通过穷举搜索罗列出所有可行解，其计算量将随问题规模呈指数型增长；当阵元总数较多时，计算量相当可观。此外，由于检测部分的引入，使得目标函数的凹凸性难以判定。为解决该问题，提出一种基于贪婪搜索的二阶算法。

1)基于平均功率分配的贪婪搜索阵元选择算法

首先，假定各发射阵元的功率为平均分配：$P_{\mathrm{T}m,k}=P_{\mathrm{total}}/M$，此时，优化模型变为

$$\begin{aligned} &\min_{\boldsymbol{u}_{\mathrm{T}k},\boldsymbol{u}_{\mathrm{R}k}} \mathbb{F}(\boldsymbol{u}_{\mathrm{T}k},\boldsymbol{u}_{\mathrm{R}k}) \\ &\text{s. t. } \quad \mathbf{1}_M^{\mathrm{T}}\boldsymbol{u}_{\mathrm{T}k}+\mathbf{1}_N^{\mathrm{T}}\boldsymbol{u}_{\mathrm{R}k}=G \\ &\qquad\quad u_{\mathrm{T}k}^{m} \in \{0,1\}, \forall m=1,2,\cdots,M \\ &\qquad\quad u_{\mathrm{R}k}^{n} \in \{0,1\}, \forall n=1,2,\cdots,N \end{aligned} \tag{3.47}$$

式(3.47)中仅对于选择阵元总数进行了限制,在求解过程中需要考虑具体的发射、接收阵元选择数量。因此,将问题转化为

$$
\begin{aligned}
&\min_{g\in\{g_{\mathrm{TL}},\cdots,g_{\mathrm{TU}}\}}\left\{\min_{\boldsymbol{u}_{\mathrm{T}k,g},\boldsymbol{u}_{\mathrm{R}k,g}}\mathbb{F}\left(\boldsymbol{u}_{\mathrm{T}k,g},\boldsymbol{u}_{\mathrm{R}k,g}\right)\right\}\\
&\text{s.t.}\quad \mathbf{1}_M^{\mathrm{T}}\boldsymbol{u}_{\mathrm{T}k,g}+\mathbf{1}_N^{\mathrm{T}}\boldsymbol{u}_{\mathrm{R}k,g}=G\\
&\qquad\ \ \mathbf{1}_M^{\mathrm{T}}\boldsymbol{u}_{\mathrm{T}k,g}=g\\
&\qquad\ \ u_{\mathrm{T}k,g}^{m}\in\{0,1\},\ \forall m=1,2,\cdots,M\\
&\qquad\ \ u_{\mathrm{R}k,g}^{n}\in\{0,1\},\ \forall n=1,2,\cdots,N
\end{aligned}
\tag{3.48}
$$

式中:$g_{\mathrm{TL}}=\max\{G-N,1\}$,$g_{\mathrm{TU}}=\min\{G-1,M\}$。考虑目标函数非凸,每次针对具体 $g$ 值,采用贪婪搜索算法对二元选择变量求解。每次选择的过程中,在满足约束条件的前提下采用遍历形式尝试加入一根天线,并求得加入天线的最优位置;如此循环,直至求得最优的收、发天线。算法的具体步骤见算法 3.1。最优的阵元选择结果($\boldsymbol{u}_{\mathrm{T}k}^{\mathrm{opt}}$,$\boldsymbol{u}_{\mathrm{R}k}^{\mathrm{opt}}$)可通过对比 $g_{\mathrm{TU}}-g_{\mathrm{TL}}$个备选解集得出。

**算法 3.1　贪婪搜索阵元选择算法**

---

(1)参数初始化:$\bar{\boldsymbol{u}}_{\mathrm{T}k,g}=\mathbf{0}_{M\times 1}$,$\boldsymbol{u}_{\mathrm{R}k,g}=\mathbf{1}_{N\times 1}$。

(2)**while** sum($\bar{\boldsymbol{u}}_{\mathrm{T}k,g}$) <1 && sum($\bar{\boldsymbol{u}}_{\mathrm{T}k,g}$) <$M$

　　set $\bar{\boldsymbol{u}}_{\mathrm{T}k,g}(l)=1$

　　$\bar{\boldsymbol{u}}_{\mathrm{T}k,g}=\arg\min_{\bar{u}_{\mathrm{T}k,g}(l)}\mathbb{F}(\bar{\boldsymbol{u}}_{\mathrm{T}k,g},\boldsymbol{u}_{\mathrm{R}k,g})$

　**end while**

(3)令 $\boldsymbol{u}_{\mathrm{T}k,g}=\bar{\boldsymbol{u}}_{\mathrm{T}k,g}$,$\bar{\boldsymbol{u}}_{\mathrm{R}k,g}=\mathbf{0}_{N\times 1}$。

(4)**while** sum($\bar{\boldsymbol{u}}_{\mathrm{R}k,g}$) <$g$ − sum($\boldsymbol{u}_{\mathrm{T}k,g}$)&& sum($\bar{\boldsymbol{u}}_{\mathrm{R}k,g}$) <$N$

　　set $\bar{\boldsymbol{u}}_{\mathrm{R}k,g}(l)=1$

　　$\bar{\boldsymbol{u}}_{\mathrm{R}k,g}=\arg\min_{\bar{u}_{\mathrm{R}k,g}(l)}\mathbb{F}(\boldsymbol{u}_{\mathrm{T}k,g},\bar{\boldsymbol{u}}_{\mathrm{R}k,g})$

　**end while**

(5)令 $\boldsymbol{u}_{\mathrm{T}k,g}=\bar{\boldsymbol{u}}_{\mathrm{T}k,g}$。

(6)输出:$\boldsymbol{u}_{\mathrm{T}k,g}$,$\boldsymbol{u}_{\mathrm{R}k,g}$。

---

2)改进的梯度投影算法

在进行阵元选择之后,优化模型(3.46)可表示为

$$
\begin{aligned}
&\min_{\boldsymbol{P}_{\mathrm{T}k}} \mathbb{F}(\boldsymbol{P}_{\mathrm{T}k}) \\
&\text{s.t.} \quad \mathbf{1}_M^{\mathrm{T}} \boldsymbol{P}_{\mathrm{T}k} = P_{\text{total}} \\
&\qquad\ \begin{cases} P_{\text{Tmin}} \leqslant P_{\mathrm{T}m,k} \leqslant P_{\text{Tmax}}, & u_{\mathrm{T}k}^m = 1 \\ P_{\mathrm{T}m,k} = 0, & u_{\mathrm{T}k}^m = 0 \end{cases}
\end{aligned}
\tag{3.49}
$$

虽然目标函数非凸,但表征跟踪精度的目标函数$\lrcorner_1(\boldsymbol{u}_{\mathrm{T}k}, \boldsymbol{u}_{\mathrm{R}k}, \boldsymbol{P}_{\mathrm{T}k})$和表征检测性能的目标函数$\lrcorner_2(\boldsymbol{u}_{\mathrm{T}k}, \boldsymbol{u}_{\mathrm{R}k}, \boldsymbol{P}_{\mathrm{T}k})$均随着功率的增加而减小。利用这一性质,可以构建改进的梯度投影算法,算法具体步骤见算法 3.2。

**算法 3.2　改进的梯度投影算法**

---

(1)初始化可行点:$\boldsymbol{P}_{\mathrm{T}k}^0 = P_{\text{total}} / (\mathbf{1}_M^{\mathrm{T}} \boldsymbol{u}_{\mathrm{T}k}^{\text{opt}}) \times \mathbf{1}_{\mathbf{1}_M^{\mathrm{T}} \boldsymbol{u}_{\mathrm{T}k}^{\text{opt}}}$;设置搜索步长 $\Delta P$ 和停止准则 $\varepsilon$;令迭代次数 $l=0$。

(2)将式(3.49)中的约束分离为:$\boldsymbol{A}_1 \boldsymbol{P}_{\mathrm{T}k}^l = \boldsymbol{b}_1$ 与 $\boldsymbol{A}_2 \boldsymbol{P}_{\mathrm{T}k}^l > \boldsymbol{b}_2$。然后,将积极约束写为:$\boldsymbol{A}_a \boldsymbol{P}_{\mathrm{T}k}^l = [\boldsymbol{A}_1^{\mathrm{T}}, 1]^{\mathrm{T}}, \boldsymbol{P}_{\mathrm{T}k}^l = [\boldsymbol{b}_1^{\mathrm{T}}, P_{\text{total}}]^{\mathrm{T}}$。

(3)计算投影矩阵:$\mathbf{Pr} = \boldsymbol{I}_{\mathbf{1}_M^{\mathrm{T}} \boldsymbol{u}_{\mathrm{T}k}^{\text{opt}}} - \boldsymbol{A}_a^{\mathrm{T}} (\boldsymbol{A}_a \boldsymbol{A}_a^{\mathrm{T}})^{-1} \boldsymbol{A}_a$。

(4)选择 $\hat{\boldsymbol{P}}_{\mathrm{T}k}^{l+1} = \operatorname{argmin}\{\mathbb{F}(\boldsymbol{P}_{\mathrm{T}k}^{m,l+1})^+\}$。其中,$(\boldsymbol{P}_{\mathrm{T}k}^{m,l+1})^+$ 为分配功率矢量之间的贪婪搜索,且 $(\boldsymbol{P}_{\mathrm{T}k}^{m,l+1})^+$ 定义为:$(\boldsymbol{P}_{\mathrm{T}k}^{m,l+1})^+ = \boldsymbol{P}_{\mathrm{T}k}^l + \mathbf{Pr} \times (\mathbf{e}_{\mathbf{1}_M^{\mathrm{T}} \boldsymbol{u}_{\mathrm{T}k}^{\text{opt}}}^m \Delta P), m = 1, 2, \cdots, \mathbf{1}_M^{\mathrm{T}} \boldsymbol{u}_{\mathrm{T}k}^{\text{opt}}$。

(5)归一化:$\boldsymbol{P}_{\mathrm{T}k}^{l+1} = \hat{\boldsymbol{P}}_{\mathrm{T}k}^{l+1} \times P_{\text{total}} / (\mathbf{1}_{\mathbf{1}_M^{\mathrm{T}} \boldsymbol{u}_{\mathrm{T}k}^{\text{opt}}}^{\mathrm{T}} \hat{\boldsymbol{P}}_{\mathrm{T}k}^{l+1})$。

(6)当 $\left|\mathbb{F}(\boldsymbol{P}_{\mathrm{T}k}^{l+1}) - \mathbb{F}(\boldsymbol{P}_{\mathrm{T}k}^l)\right| \leqslant \varepsilon$ 时,置 $\boldsymbol{P}_{\mathrm{T}k}^{\text{opt}} = \boldsymbol{P}_{\mathrm{T}k}^{l+1}$;否则,转(2),置 $l = l+1$。

---

最后,对所提算法的计算复杂度进行对比分析。基于贪婪搜索的二阶算法主要包含两个阶段:①利用贪婪搜索算法进行阵元选择;②利用改进的梯度投影算法进行功率分配。在第①阶段,算法的计算复杂度为 $\mathcal{O}(G(M+N)(g_{\mathrm{TU}} - g_{\mathrm{TL}}))$,可写为 $\mathcal{O}(G(M+N))$。在第②阶段,采用梯度投影算法,若需达到给定精度 $\varepsilon$,其计算复杂度为 $\mathcal{O}(\sqrt{G_0}\log(1/\varepsilon))$,其中,$G_0$ 为最终选择的发射阵元数量。因此,所提算法的综合计算复杂度为:$\mathcal{O}(G(M+N) + \sqrt{G_0}\log(1/\varepsilon))$。若采用穷举搜索算法进行阵元选择,则算法的计算复杂度为 $\mathcal{O}\left(\sum_{g=2}^{G} C_{M+N}^g (MNQ)^3\right) \approx \mathcal{O}((MN)^{\text{ex}}(MNQ)^3)$,其中,$\text{ex} = \min\left\{\text{ceil}\left(\frac{M+N}{2}\right), G\right\}$;$\mathcal{O}\left(\sum_{g=2}^{G} C_{M+N}^g\right)$ 来源于罗列阵元的备选方案;$\mathcal{O}((MNQ)^3)$ 来源于目标函数(矩阵的求逆)的计算。当 $G = M+N$ 时情况最差,此时的计算复杂度为 $\mathcal{O}(2^{M+N}(MNQ)^3)$。显然,所提算法的计算复杂度大大减小。计算复杂度对比结果如表 3.1 所列。

**表 3.1 计算复杂度对比**

| 算法类型 | 穷举搜索 | 基于贪婪搜索的二阶算法 |
|---|---|---|
| 计算复杂度 | $\mathcal{O}((MN)^{\mathrm{ex}}(MNQ)^3)$ | $\mathcal{O}(G(M+N)+\sqrt{G_0}\log(1/\varepsilon))$ |

### 3.5.3 仿真校验

**1. 参数设置**

仿真场景设置与 3.3.2 节相同，另外假设在目标跟踪过程中，MIMO 雷达将按照发射子阵 1 到接收子阵 10 的方向对警戒区域进行扫描。最优化模型中，系数 $\lambda_1=10$；选择的子阵数量限制为 $G=12$。图 3.8 展示了 $Q=4$ 批目标和搜索边界与分布式 MIMO 雷达的几何关系。

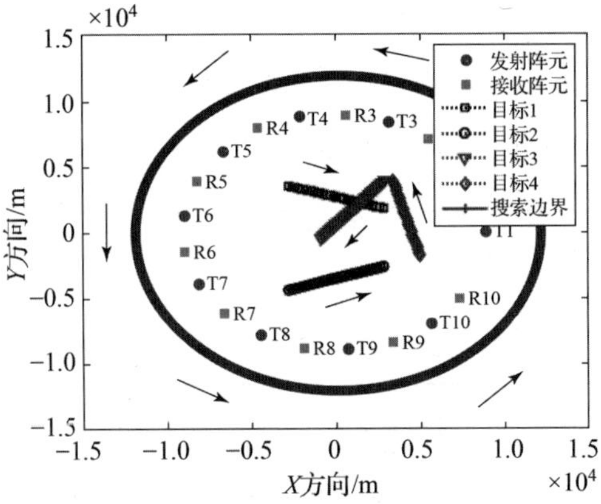


图 3.8 目标与 MIMO 雷达的几何关系

仿真中，引入以下基准算法进行对比。①穷举阵元选择结合最优功率分配算法(exhaustive search selection with optimal power allocation algorithm, ES－OPA)；②多起点贪婪阵元选择结合平均功率分配算法(multi－start local search selection with uniform power allocation algorithm, MSLS－UPA)；③随机阵元选择结合最优功率分配算法(random selection with optimal power allocation algorithm, RS－OPA)。

**2. 仿真结果及分析**

1)性能对比

本小节对所提算法与 3 种基准算法的性能进行对比。假定所有目标对于发射阵元和接收阵元的反射系数均为 1。

图 3.9(a)、图 3.9(b)、图 3.9(c)分别为 4 种算法的跟踪性能、检测性能和目标函数值对比。从中可以看出，所提基于贪婪搜索的二阶算法性能与 ES - OPA 性能相近，并且，相比于其他两种算法，优势明显。这主要是所提算法采用了贪婪搜索进行阵元选择和改进梯度投影算法对功率进行优化。由于更多优化变量的引入，优化自由度增加，雷达对资源的利用率得到有效提升。

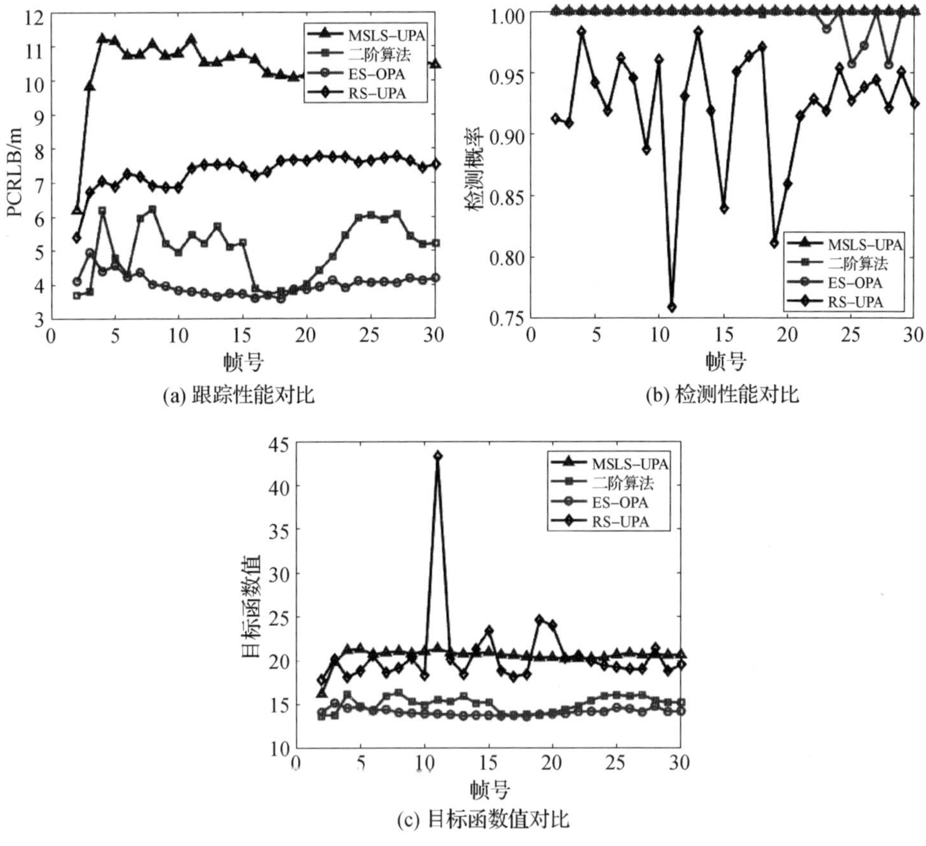


(a) 跟踪性能对比　(b) 检测性能对比

(c) 目标函数值对比

**图 3.9　$\lambda_1 = 10$ 时算法性能对比**

2) 计算运行时间对比

为显示所提算法的高效性，对 ES - OPA、MSLS - UPA 和所提算法的运行时间进行对比，结果如图 3.10 所示。

从中可以看出，ES - OPA 在阵元选取与功率分配过程中有着过高的处理器运行时间，维持在 205s 左右，已基本失去实用价值。MSLS - UPA 运行时间最短，在 0.9s 左右，但性能欠佳。所提算法相比于 MSLS - UPA，运行时间稍有增

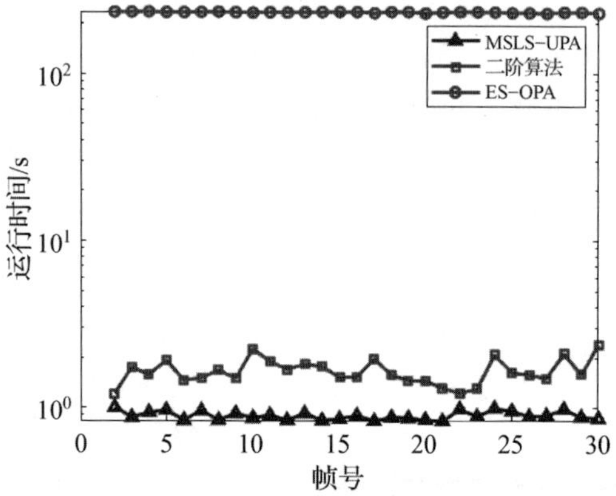


**图 3.10　算法运行时间对比**

加,在 1.1s 左右,但增加幅度不大。结合图 3.9 能够看出,算法在增加计算量的同时,性能提升更为明显。所以,以部分计算量来换取更高的性能是值得的。

3)算法的稳健性

然后,对所提算法的稳健性进行分析。图 3.11 和图 3.12 给出了 $\lambda_1$ 调整情况下跟踪与检测性能的对比。显然,所提算法依旧优于 MSLS - UPA 和 RS - OPA,并且与 ES - OPA 性能相近,展示了较强的稳健特性。此外,通过图 3.9、图 3.11 和图 3.12 也能够发现,$\lambda_1$ 较小时,系统的优化目标偏向于跟踪性能;当 $\lambda_1$ 较大时,系统的优化目标偏向于检测性能。

4)目标反射系数的影响

本小节探究目标反射系数对于资源分配结果的影响。图 3.13 为所提基于贪婪搜索的二阶算法在无 RCS 起伏条件下的阵元选择与功率分配结果。图 3.13(a)、图 3.13(b)给出了各发射阵元归一化的功率分配结果,定义为

$$r_{m,k}^{\text{power}} = P_{\text{T}m,k}/P_{\text{total}} \tag{3.50}$$

相应的,图 3.13(c)、图 3.13(d)给出了各接收阵元的选择频率,定义为

$$r_{n,k}^{\text{frequency}} = N_{\text{R}n,k}/N_{\text{sim}} \tag{3.51}$$

式中:$N_{\text{R}n,k}$代表第 $n$ 个接收阵元被选取的次数;$N_{\text{sim}}$为仿真次数。从仿真结果可以看出,所提出的基于贪婪搜索的二阶算法通常选择 1、3、9 号发射阵元和 1、2、3、8、10 号接收阵元;并且,更多的功率资源被分配给 1、3、9 号发射阵元。通过 3.3.2 节的分析,目标 1、3 主导了面向跟踪的资源分配,而 1、3、9 号发射阵元可以兼顾目标 1、3 和搜索区域,可以充分利用功率优势提升 SNR;对应地,选择 1、2、3、8、10 号接收阵元可充分利用多路分集优势,并减少路径衰落,由此可以得到更佳的跟踪和检测性能。

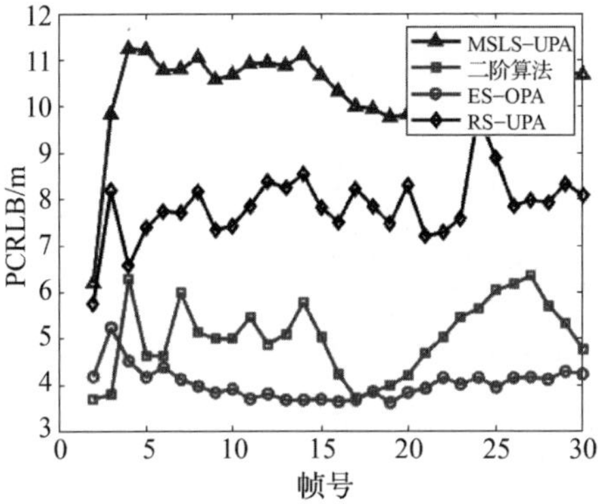

(a) 跟踪性能

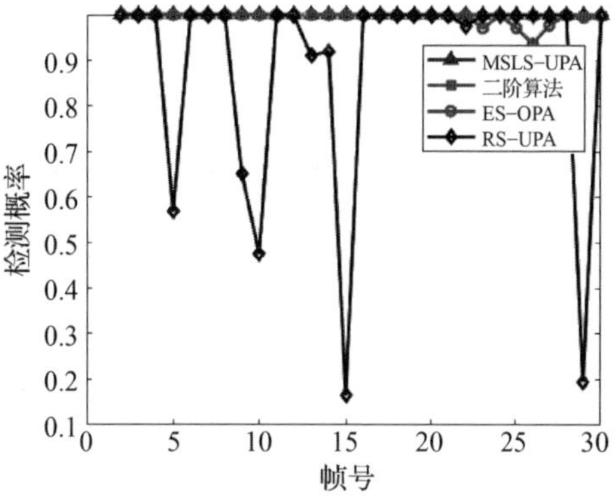

(b) 检测性能

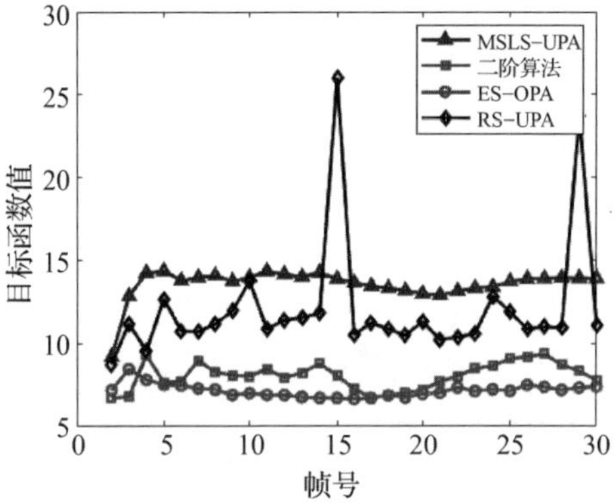

(c) 目标函数值

**图 3.11　$\lambda_1=3$ 时算法性能对比**

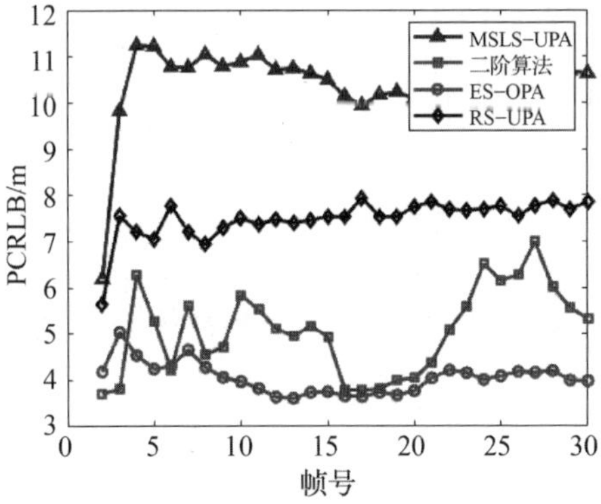

(a) 跟踪性能

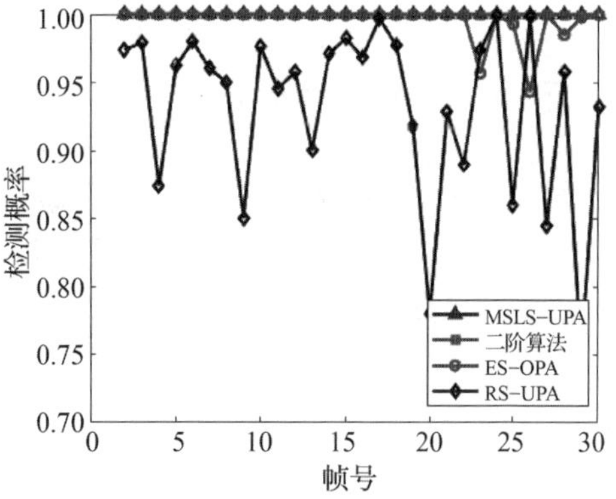

(b) 检测性能

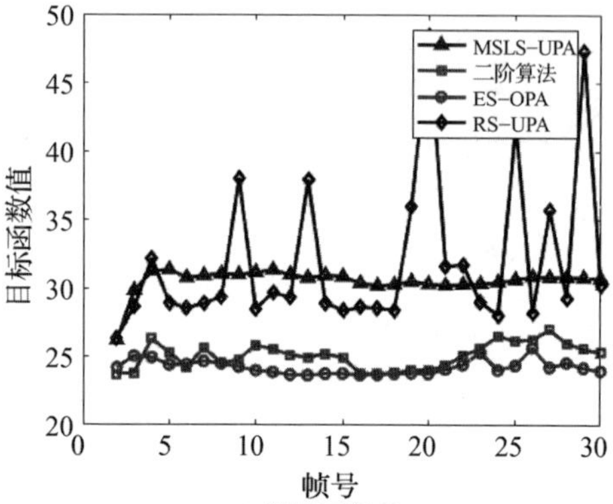


(c) 目标函数值

**图 3.12 $\lambda_1=20$ 时算法性能对比**

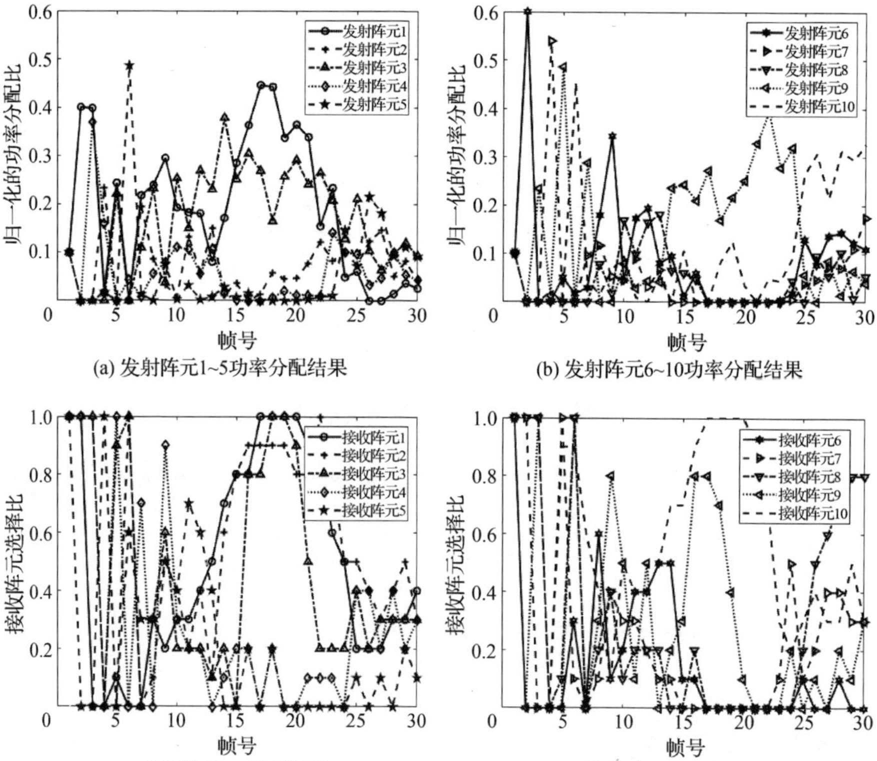


(a) 发射阵元1~5功率分配结果 (b) 发射阵元6~10功率分配结果

(c) 接收阵元1~5选择结果 (d) 接收阵元6~10选择结果

**图 3.13 无 RCS 起伏条件下的资源分配结果**

接下来考虑第二种 RCS 起伏模型。各目标相对于发射阵元 1、3 的反射系数如图 3.14 所示,相对于其他发射阵元和接收阵元的反射系数均为 1。该模型显示,所有目标对1号和3号发射阵元有着较低的RCS。

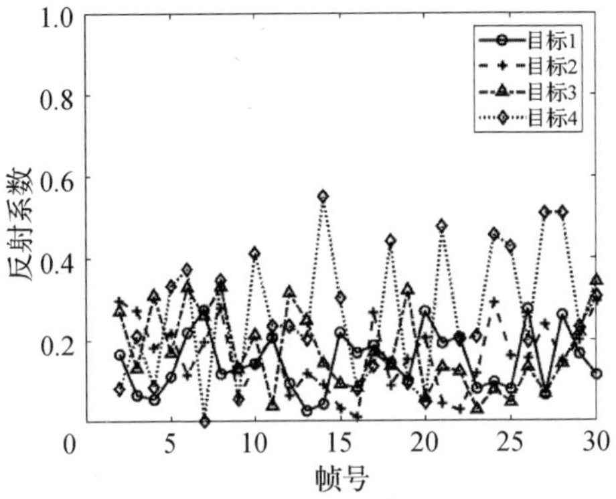

(a) 相对于发射阵元1

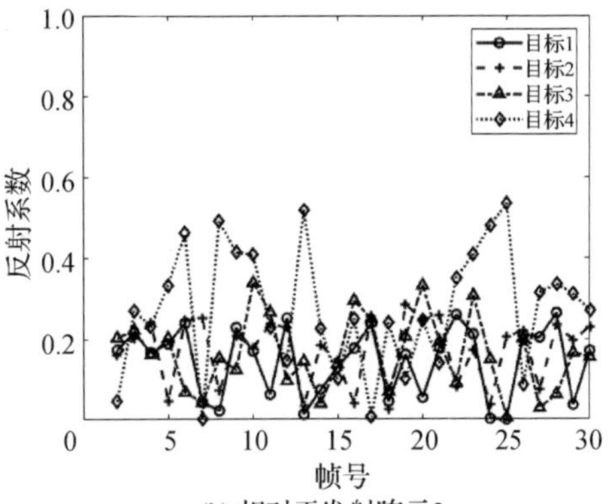

(b) 相对于发射阵元3

**图3.14 第二种目标RCS模型**

图3.15给出了第二种RCS模型下的资源分配结果。与图3.13(a)、图3.13(b)不同,此时算法不再选择1、3号发射阵元,而是用其他具有较强反射系数的发射阵元进行代替,如2、10号发射阵元。与之对应,更多的功率被分配给这些阵元,以利用其反射系数较强的优势。相比于图3.13(c)、图3.13(d),接收阵元的选择频率变化不大,主要是由于反射系数的衰减在发射端。以上结果也显示了所提算法的自适应性。

5)结论

从仿真结果中可以得出以下结论。

(1)对于阵元选择和功率分配问题,所提出的基于贪婪搜索的二阶算法具有良好的性能和较高的求解效率。并且,面对经过权重调整的目标函数以及时变的RCS模型时,算法展示了较强的稳健性和自适应性。

(2)对于已有目标跟踪与潜在威胁探测而言,具有较强路径衰减特性的阵元通常不被选择,算法一般会选取具有较好传播条件的阵元。

(3)在所提模型框架下,距跟踪误差最大的目标和检测中心最近的阵元将被分配给较多的功率资源,由于其对于SNR的贡献最大。

本节针对分布式MIMO雷达多目标跟踪与潜在威胁探测场景下的阵元与功率联合分配问题进行了研究,并提出了基于贪婪搜索的二阶算法进行求解。仿真验证了所提算法的稳健性。此外,仿真结果表明,具有较好传播条件的阵元具有更大被选择的概率,更多功率资源将分配给距离目标和检测点较近、反射系数较强的阵元,以充分利用功率资源。

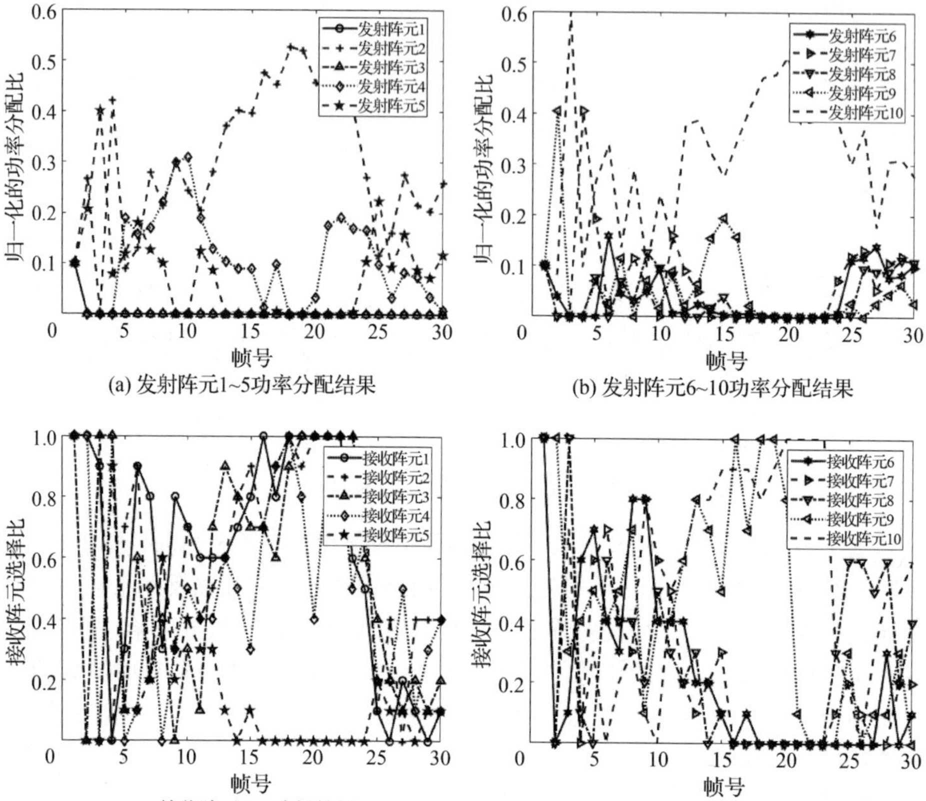


(a) 发射阵元1~5功率分配结果　(b) 发射阵元6~10功率分配结果

(c) 接收阵元1~5选择结果　(d) 接收阵元6~10选择结果

**图 3.15　第二种 RCS 模型条件下的资源分配结果**

## 3.6　多目标跟踪中的波束空 - 时分配算法

在跟踪多个空间上充分分开的点目标时，受波束宽度的限制，可以认为单个接收波束仅可覆盖一个目标。为充分利用接收波束资源，需要对波束进行合理分配。在现有文献的基础上，本节提出一种空 - 时分配算法。相比于已有的空间分配算法[57-58,68-69]，空 - 时分配算法进一步对整个照射周期内的时间单元进行划分，将带来更大的资源分配自由度。

### 3.6.1　优化模型构建

考虑单部具有 $M$ 个发射阵元和 $N$ 个接收阵元的分布式 MIMO 雷达系统负责跟踪 $Q$ 个目标的场景。为简化问题分析，在此做出以下假设：

(1)雷达责任空域内目标数量 $Q$ 为已知量;

(2)$Q$ 个目标在空间上充分分开,且无航迹交叉;

(3)目标反射系数在单次照射时间内保持恒定;

(4)一个接收阵元最多可合成一个接收波束。

在以上假设的基础上,首先,引入二元变量来描述波束的空间分配问题:

$$u_{qn}^{k}=\begin{cases}1, & \text{第 } n \text{ 个接收波束指向第 } q \text{ 个目标}\\ 0, & \text{其他}\end{cases} \tag{3.52}$$

从而,有如下的空间分配矩阵 $\boldsymbol{U}_k$:

$$\boldsymbol{U}_k=\begin{bmatrix}\boldsymbol{u}_k^1\\ \vdots\\ \boldsymbol{u}_k^q\\ \vdots\\ \boldsymbol{u}_k^Q\end{bmatrix}=\begin{bmatrix}u_{11}^k & \cdots & u_{1n}^k & \cdots & u_{1N}^k\\ \vdots & & \vdots & & \vdots\\ u_{q1}^k & \cdots & u_{qn}^k & \cdots & u_{qN}^k\\ \vdots & & \vdots & & \vdots\\ u_{Q1}^k & \cdots & u_{Qn}^k & \cdots & u_{QN}^k\end{bmatrix} \tag{3.53}$$

若考虑空-时分配问题,基于照射概率将整个照射周期划分为相等的 $L$ 个时间单元,则在第 $l$ 个时间单元,第 $q$ 个目标是否被照射表示为

$$u_{qn}^{k(l)}=\begin{cases}1, & \text{第 } n \text{ 个接收波束在第 } l \text{ 个时间单元指向第 } q \text{ 个目标}\\ 0, & \text{其他}\end{cases} \tag{3.54}$$

在每个时间单元内,若认为接收波束以某一特定概率来随机选择目标进行照射,从而,优化目标即为求取最优的照射概率。在此,引入照射概率 $p_{qn}^{k(l)}$ 来表示 $u_{qn}^{k(l)}=1$;对于每一个照射单元 $l$,有 $\sum_{q=1}^{Q}p_{qn}^{k(l)}=1$ 成立。则结合PCRLB的表达式,有

$$\begin{aligned}\boldsymbol{J}(\boldsymbol{x}_{k(l)}^q)&=(\boldsymbol{Q}+\boldsymbol{F}\boldsymbol{J}^{-1}(\boldsymbol{x}_{k-1}^q)\boldsymbol{F}^{\mathrm{T}})^{-1}+\mathbb{E}\left[\sum_{n=1}^{N}u_{qn}^{k(l)}(\hat{\boldsymbol{A}}_{k(l)}^q)^{\mathrm{T}}\boldsymbol{J}_{\mathrm{D}}(\hat{\boldsymbol{\theta}}_{k(l)}^q)\hat{\boldsymbol{A}}_{k(l)}^q\right]\\ &=(\boldsymbol{Q}+\boldsymbol{F}\boldsymbol{J}^{-1}(\boldsymbol{x}_{k-1}^q)\boldsymbol{F}^{\mathrm{T}})^{-1}+\sum_{n=1}^{N}p_{qn}^{k(l)}(\hat{\boldsymbol{A}}_{k(l)}^q)^{\mathrm{T}}\boldsymbol{J}_{\mathrm{D}}(\hat{\boldsymbol{\theta}}_{k(l)}^q)\hat{\boldsymbol{A}}_{k(l)}^q\end{aligned} \tag{3.55}$$

式中:$\boldsymbol{J}_{\mathrm{D}}(\hat{\boldsymbol{\theta}}_{k(l)}^q)\propto P_{tk}^q\tau_c/L$。此时,引入照射概率矩阵 $\boldsymbol{P}_{k(l)}$ 来描述第 $l$ 个时间单元的空-时分配问题:

$$\boldsymbol{P}_{k(l)}=\begin{bmatrix}(\boldsymbol{p}_{k(l)}^1)^{\mathrm{T}}\\ \vdots\\ (\boldsymbol{p}_{k(l)}^q)^{\mathrm{T}}\\ \vdots\\ (\boldsymbol{p}_{k(l)}^Q)^{\mathrm{T}}\end{bmatrix}=\begin{bmatrix}p_{11}^{k(l)} & \cdots & p_{1n}^{k(l)} & \cdots & p_{1N}^{k(l)}\\ \vdots & & \vdots & & \vdots\\ p_{q1}^{k(l)} & \cdots & p_{qn}^{k(l)} & \cdots & p_{qN}^{k(l)}\\ \vdots & & \vdots & & \vdots\\ p_{Q1}^{k(l)} & \cdots & p_{Qn}^{k(l)} & \cdots & p_{QN}^{k(l)}\end{bmatrix} \tag{3.56}$$

则第 $k$ 次跟踪间隔的空－时分配矩阵为

$$\boldsymbol{P}_k=[\boldsymbol{P}_{k(1)},\cdots,\boldsymbol{P}_{k(l)},\cdots,\boldsymbol{P}_{k(L)}] \tag{3.57}$$

同 3.5 节，选取跟踪精度最差的目标来描述系统的性能，目标函数写为

$$\mathbb{F}(\boldsymbol{P}_k)=\max_{q\in Q}\{\mathrm{tr}_{\mathrm{pos}}[\hat{\boldsymbol{J}}^{-1}(\boldsymbol{x}_k^q,\boldsymbol{p}_k^q)]\} \tag{3.58}$$

式中：

$$\hat{\boldsymbol{J}}(\boldsymbol{x}_k^q,\boldsymbol{p}_k^q)=(\boldsymbol{Q}+\boldsymbol{F}\boldsymbol{J}^{-1}(\boldsymbol{x}_{k-1}^q)\boldsymbol{F}^{\mathrm{T}})^{-1}+\sum_{l=1}^{L}\sum_{n=1}^{N}p_{qn}^{k(l)}\hat{\boldsymbol{A}}_{k(l)}^q\boldsymbol{J}_{\mathrm{D}}(\hat{\boldsymbol{\theta}}_{k(l)}^q)(\hat{\boldsymbol{A}}_{k(l)}^q)^{\mathrm{T}} \tag{3.59}$$

在 DTFR 工作模式下，接收波束的空－时分配问题需要考虑多个约束条件。首先，为保证对每个目标的完全检测，需要设置一个照射概率下界：

$$\sum_{l=1}^{L}\sum_{n=1}^{N}p_{qn}^{k(l)}>p_{\min},q=1,2,\cdots,Q \tag{3.60}$$

式中：$p_{\min}$ 为最小照射概率。此外，单位时间内某一波束对于所有目标的照射概率之和为 1，即

$$\sum_{q=1}^{Q}p_{qn}^{k(l)}=1,n=1,2,\cdots,N \tag{3.61}$$

则空时分配的最优化模型写为

$$\begin{aligned}&\min_{\boldsymbol{P}_k}\mathbb{F}(\boldsymbol{P}_k)\\&\text{s.t.}\ \sum_{l=1}^{L}\sum_{n=1}^{N}p_{qn}^{k(l)}>p_{\min},q=1,2,\cdots,Q\\&\qquad\sum_{q=1}^{Q}p_{qn}^{k(l)}=1,n=1,2,\cdots,N,l=1,2,\cdots,L\\&\qquad 0\leqslant p_{qn}^{k(l)}\leqslant 1,q=1,2,\cdots,Q,n=1,2,\cdots,N,l=1,2,\cdots,L\end{aligned} \tag{3.62}$$

## 3.6.2 求解算法

观察式(3.55)，可以发现，对于给定的第 $q$ 个目标和第 $n$ 个接收波束，在第 $l$ 个时间单元内，数据的 FIM 保持恒定，即 $p_{qn}^{k(l)}$ 的改变不会影响函数的其他部分。因此，在考虑整个照射周期的情况下，可以认为 $p_{qn}^{k(l)}$ 为一定值：

$$p_{qn}^{k(l)}=p_{qn}^{k} \tag{3.63}$$

则最优化模型可转换为

$$\begin{aligned}&\min_{\boldsymbol{P}_k}\mathbb{F}(\boldsymbol{P}_k)\\&\text{s.t.}\ \sum_{n=1}^{N}p_{qn}^{k}>p_{\min}/L,q=1,2,\cdots,Q\end{aligned}$$

$$\sum_{q=1}^{Q} p_{qn}^{k} = 1, n = 1,2,\cdots,N$$
$$0 \leqslant p_{qn}^{k} \leqslant 1, q = 1,2,\cdots,Q, n = 1,2,\cdots,N \tag{3.64}$$

至此,在每个时间单元内,第 $n$ 个接收波束已经以概率 $p_{qn}^{k}$ 分配给了第 $q$ 个目标。若考虑整个照射周期为包含 $u_{qn}^{k(1)}, u_{qn}^{k(2)}, \cdots, u_{qn}^{k(L)}$ 的时间序列,且整个照射过程可以视为以 $u_{qn}^{k(l)}$ 表示的随机过程,则结合式(3.55)和式(3.63),可得 $u_{qn}^{k(l)}$ 与 $p_{qn}^{k}$ 的关系:

$$\mathbb{E}\left[u_{qn}^{k(l)}\right] = p_{qn}^{k} \tag{3.65}$$

式中:$l = 1,2,\cdots,L$。接下来,为将照射概率转化为照射时间,给出以下引理。

引理1:第 $n$ 个接收波束对第 $q$ 个目标的整个照射过程可看作具有遍历性的随机过程:

$$\lim_{L\to\infty} \frac{1}{L} \sum_{l=1}^{L} u_{qn}^{k(l)} = p_{qn}^{k} \tag{3.66}$$

证明详见附录B。

根据引理1,当 $L$ 充分大时,序列$\{u_{qn}^{k(l)} \mid l = 1,2,\cdots,L\}$的时间均值等于整体均值。在此条件下,第 $n$ 个接收波束对于第 $q$ 个目标的照射时间可计算为

$$t_{qn}^{k} = \sum_{l=1}^{L} u_{qn}^{k(l)} \times t_{\text{unit}} \approx L \times p_{qn}^{k} \times t_{\text{unit}} = \tau_{\text{c}} \times p_{qn}^{k} \tag{3.67}$$

式中:$t_{\text{unit}}$为单次照射周期内的时间单元。

通过将照射概率转化为照射时间,可实现波束的空－时分配。此外,式(3.64)中的优化模型很容易证明是凸的,证明同附录A,从而可以利用典型的凸优化算法高效求解,如Zoutendijk可行方向法[134]。算法步骤如算法3.3所示。

**算法3.3　Zoutendijk可行方向法**

(1)将优化问题改写为标准形式:

$$\min_{x} f(\boldsymbol{x})$$
$$\text{s.t.}\ \boldsymbol{A}\boldsymbol{x} \geqslant \boldsymbol{b}$$
$$\boldsymbol{E}\boldsymbol{x} = \boldsymbol{e}$$

给出可行起始点:$\boldsymbol{x}^{(1)} = \boldsymbol{1}_{Q\times 1} \times \boldsymbol{1}_{1\times N}/Q$,并置 $l = 1$。

(2)在点 $\boldsymbol{x}^{(l)}$ 处将 $\boldsymbol{A}$ 和 $\boldsymbol{b}$ 分离为$[\boldsymbol{A}_1, \boldsymbol{A}_2]^{\mathrm{T}}$和$[\boldsymbol{b}_1, \boldsymbol{b}_2]^{\mathrm{T}}$,且满足 $\boldsymbol{A}_1\boldsymbol{x}^{(l)} = \boldsymbol{b}_1$;$\boldsymbol{A}_2\boldsymbol{x}^{(l)} > \boldsymbol{b}_2$。计算 $\nabla f(\boldsymbol{x}^{(l)})$。

(3)求解下列线性规划问题:

$$\min\ \nabla f(\boldsymbol{x}^{(l)})^{\mathrm{T}}\boldsymbol{d}$$
$$\text{s.t.}\ \ \boldsymbol{A}_1\boldsymbol{d} \geqslant \boldsymbol{0}$$

续表

$$\boldsymbol{E}\boldsymbol{d}=\boldsymbol{0}$$
$$-1\leqslant d_j\leqslant 1 \quad j=1,2,\cdots,n$$

并得到最优点 $\boldsymbol{d}^{(l)}$。

(4)当 $\nabla f(\boldsymbol{x}^{(l)})^{\mathrm{T}}\boldsymbol{d}^{(k)}=0$ 时,算法停止,$\boldsymbol{x}^{(l)}$ 为 $K-T$ 点;否则,转(5)。

(5)计算最大步长 $\psi_{\max}$:

$$\hat{\boldsymbol{b}}=\boldsymbol{b}_2-\boldsymbol{A}_2\boldsymbol{x}^{(l)}$$

$$\hat{\boldsymbol{d}}=\boldsymbol{A}_2\boldsymbol{d}^{(l)}$$

$$\psi_{\max}=\begin{cases}\infty, \hat{\boldsymbol{d}}\geqslant\boldsymbol{0}\\ \min\left\{\dfrac{\hat{b}_i}{\hat{d}_i}\,\middle|\,\hat{d}_i<0\right\},\text{其他}\end{cases}$$

然后,在区间$[0,\psi_{\max}]$上进行一维搜索

$$\min f(\boldsymbol{x}^{(l)}+\psi\boldsymbol{d}^{(l)})$$
$$\text{s. t.}\quad 0\leqslant\psi\leqslant\psi_{\max}$$

获得最优 $\psi_{(l)}$ 值,令

$$\boldsymbol{x}^{(l+1)}=\boldsymbol{x}^{(l)}+\psi_{(l)}\boldsymbol{d}^{(l)}$$

(6)置 $l=l+1$,返回(2)。

### 3.6.3 分配机理及计算复杂度分析

**1. 不同资源分配策略阐释**

为进一步说明不同资源分配策略的机理,将所提出的空-时分配算法、平均空间分配算法、空间分配算法、平均时间分配算法和时间分配算法进行对比。

图 3.16 为 5 种算法在相邻两次跟踪间隔内跟踪两批目标时的波束资源分配图示。其中,MIMO 雷达有 6 个接收波束,每次照射周期被划分为 4 个时间单元。图 3.16(a)为平均空间分配算法,在不同的跟踪间隔内,其利用固定波束照射两个目标。图 3.16(b)为空间分配算法,其可以在不同的跟踪间隔内改变对目标的波束指向。图 3.16(c)为平均时间分配算法,其对于两个目标在时间维度进行依次照射,且照射时间相同。在此基础上,图 3.16(d)所示的时间分配算法将时间维度进一步进行划分,两个目标的照射时间不再相等。而图 3.16(e)中的空-时分配算法整合了空间分配和时间分配,因而可以获得更大的波束分配灵活性。

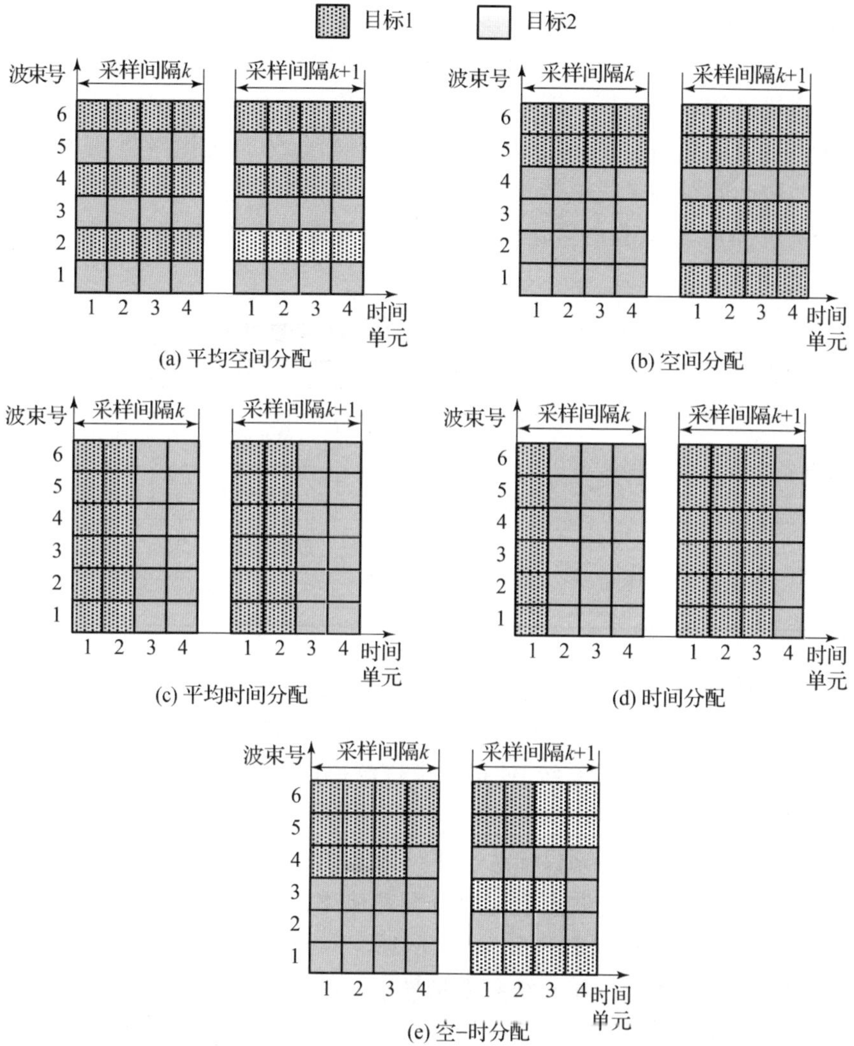


图 3.16 不同波束分配算法机理

**2. 计算复杂度分析**

本小节对所提出的空－时分配算法的计算复杂度进行分析。由于现有文献对于时间维度的波束分配研究尚不深入，因此，仅对空－时分配算法和空间分配算法的计算复杂度进行对比。

式(3.64)中的最优化模型是凸的，可以用典型的凸优化算法进行求解。对于内点法而言，需要 $\mathcal{O}(\sqrt{NQ})$ 次迭代才能达到所需精度[134]，在每次迭代中需要 $\mathcal{O}((NQ)^3)$ 的复杂度[135]。因此，算法总的计算量为 $\mathcal{O}((NQ)^{3.5})$。与之对比的是，波束的空间分配问题为 NP 难题[129]，典型的求解算法有 ES 算法[129]和 MSLS 算法[32]，二者分别需要 $\mathcal{O}(2^N Q)$ 和 $\mathcal{O}(NQ)$ 次迭代方可求解。每次迭代过程中，仍需考虑矩阵的求逆运算。近来，文献[58]对空间分配提出了基于凸松弛的求解算法。主要原理为运用凸松弛技术将原问题转化为凸优化问题，然后运用启发式算法将凸问题的最优解转化为原问题的可行解。其中，凸优化问题可用标准算法求解，但后续解集的转化仍需一定的计算量。从而，有表 3.2 中的计算复杂度对比。

**表 3.2　波束分配算法的计算复杂度对比**

<table>
<tr><td rowspan="1">分配算法</td><td>问题类别</td><td colspan="3">求解方法与计算复杂度</td></tr>
<tr><td rowspan="2">空间分配</td><td rowspan="2">NP 难题</td><td>ES 算法</td><td>MSLS 算法</td><td>凸松弛算法[58]</td></tr>
<tr><td>$\mathcal{O}(2^N N^3 Q^4)$</td><td>$\mathcal{O}(N^4 Q^4)$</td><td>$>\mathcal{O}((NQ)^{3.5})$</td></tr>
<tr><td rowspan="2">空 - 时分配</td><td rowspan="2">凸优化问题</td><td colspan="3">标准凸优化算法</td></tr>
<tr><td colspan="3">$\mathcal{O}((NQ)^{3.5})$</td></tr>
</table>

**3. 闭环跟踪系统流程**

由于预测的 PCRLB 传递了对环境状态的感知，参考认知技术[12-14]，可建立从发射到接收的闭环反馈系统，使得波束资源得以自适应分配。整个系统流程如下：

步骤 1　获得当前时刻目标状态并对 PCRLB 进行预测；

步骤 2　运用提出的波束空 - 时分配算法来照射目标，并利用卡尔曼滤波来获得下一时刻的目标状态；

步骤 3　根据资源分配的结果来指导下一时刻的资源分配，完成系统的闭环反馈跟踪，转步骤 1。

### 3.6.4　仿真结果及分析

本节选取 $M=3$，$N=10$ 的分布式 MIMO 雷达系统进行仿真分析。雷达阵元与目标的几何位置如图 3.17 所示。其中，$Q=2$ 批目标运动模型为近似匀速模型。目标初始状态为：$\boldsymbol{x}_0^1=[3000, -82, (5/12)^{1/2}, -(1/2)^{1/2}]^{\mathrm{T}}$；$\boldsymbol{x}_0^2=[2000, -442, (1/4)^{1/2}, (3/4)^{1/2}]^{\mathrm{T}}$。分布式 MIMO 雷达参数为：单个发射阵元的发射功率 $P_{\mathrm{tot}}=10\mathrm{kW}$；单次照射有效脉冲宽度 $\tau_{\mathrm{c}}=0.2\mathrm{ms}$；载频 $f_{\mathrm{c}}=1\mathrm{GHz}$；发射、接收增益 $G_{\mathrm{t}}=G_{\mathrm{r}}=20\mathrm{dB}$；散射衰落和接收机衰落 $L_{\mathrm{c}}=L_{\mathrm{r}}=34.7\mathrm{dB}$；接收机处理增益

$I_p = 20\text{dB}$；有效带宽 $\beta_m = 1\text{MHz}$；跟踪间隔 $T_s = 2\text{s}$。

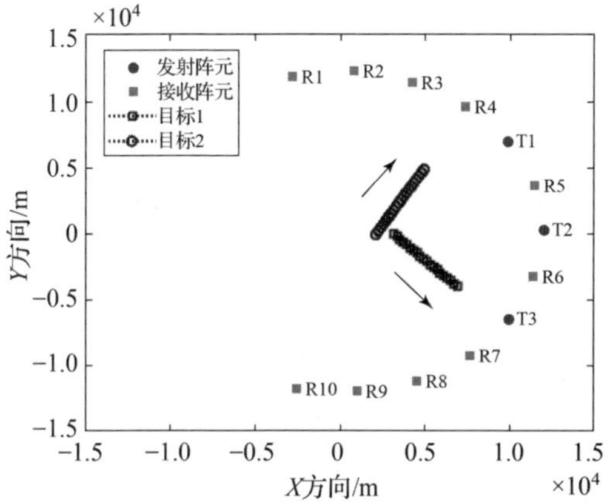


图 3.17 MIMO 雷达与目标的几何关系

为证明空－时分配(space－time allocation,STA)算法的优势,选取以下算法进行对比:平均空间分配(uniform space allocation,USA)算法、平均时间分配(uniform time allocation,UTA)算法和空间分配(space－only allocation,SOA)[58]算法。其中,USA 算法利用接收阵元 1、3、5、7、9 来观测目标 1,利用接收阵元 2、4、6、8、10 来观测目标 2。仿真中,以最差的 PCRLB 与对应的均方根误差(root mean square root error,RMSE)作为衡量算法性能的指标。其中,第 $k$ 次跟踪间隔的 RMSE 定义为

$$\text{RMSE}_k = \max_{q \in Q}\left\{\sqrt{\frac{1}{N_{\text{sim}}}\sum_{j=1}^{N_{\text{sim}}}\left[(x_k^q - \hat{x}_{k,j}^q)^2 + (y_k^q - \hat{y}_{k,j}^q)^2\right]}\right\} \tag{3.68}$$

式中:$N_{\text{sim}} = 100$ 为仿真次数,$(\hat{x}_{k,j}^q, \hat{y}_{k,j}^q)$ 为第 $j$ 次仿真中对于目标位置的估计值。$K = 20$ 帧的数据用于单次仿真。

为探究影响资源分配结果的因素,本节考虑以下 3 种情况。

**1. 目标反射系数的影响**

以下两种 RCS 模型用于仿真:

$A_1$:2 批目标的 RCS 保持恒定,即在仿真时间内,有 $|\tilde{a}_{m,n,k}^q|^2 = 1, q = 1,2, m = 1,2,\cdots,M, n = 1,2,\cdots,N, k = 1,2,\cdots,K$。

$A_2$:$|\tilde{a}_{m,n,k}^q|^2 = 1$,$q = 1$ 时,$m \neq 4$,$q = 2$ 时,$n \neq 1$,$k = 1,2,\cdots,K$。目标相对于其他接收阵元的 RCS 模型如图 3.18 所示。即目标 1 对于接收阵元 4 和目标 2 对于接收阵元 1 的反射系数相比于其他接收阵元要小。

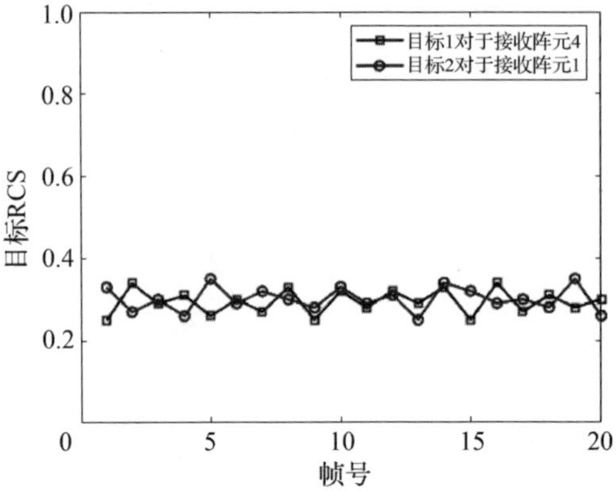


**图 3.18　目标相对于其他阵元的 RCS 模型**

1) $A_1$条件

在此条件下,两批目标对于所有接收阵元的 RCS 相同,因此,接收波束的分配仅与目标相对于接收阵元的几何位置有关。图 3.19 展示了多批目标中最差 PCRLB 和 RMSE 的对比。从中可以看出,USA 算法的性能最差。这是由于 USA 算法忽略了目标与接收阵元的几何关系,仅对所有可用波束在空间上进行平均分配。UTA 在单次照射时间内利用所有可用波束对目标进行依次照射,相比于 USA,性能稍有提升。与之不同的是,SOA 算法在单次照射周期内寻求最优接收波束与目标之间的分配关系,因此,取得了更低的 PCRLB 和 RMSE。在此基础上,STA 算法进一步对时间维度进行划分,使得波束分配更加灵活,从而取得了最佳的性能。

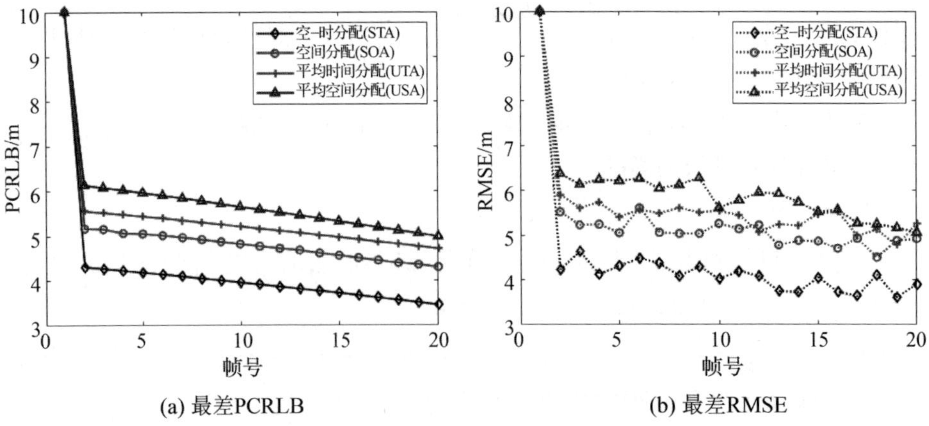


**图 3.19　$A_1$条件下不同算法性能对比**

为进一步阐释 STA 算法与 SOA 算法的区别，图 3.20 和图 3.21 给出了两种算法的波束分配结果。图中，纵坐标代表单次照射周期内的时间分配比例，即

$$p_{qn}^{k} = t_{qn}^{k} / \tau_{\mathrm{c}} \tag{3.69}$$

式中：$t_{qn}^{k}$为第 $n$ 个接收波束对第 $q$ 个目标的照射时间；$\tau_{\mathrm{c}}$ 为波束照射时间长度。从中可以看出，两种算法均主要利用接收波束 4、5、8、9 来照射目标 1，接收波束 1、2、3、6、7、10 来照射目标 2。但是，SOA 算法在整个照射过程中将波束固定于一个目标；STA 算法通过引入照射概率来进一步对时间维度进行分配，目标－波束分配矩阵中的元素可以是小数，从而获得了更大的分配自由度。

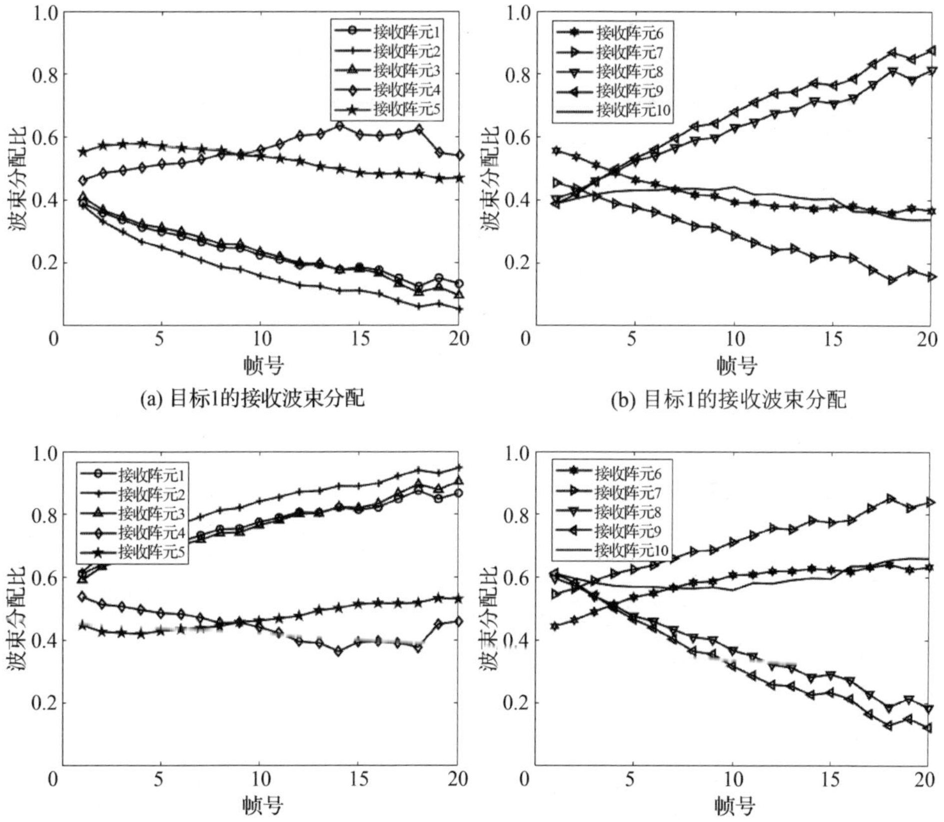


(a) 目标1的接收波束分配　　(b) 目标1的接收波束分配

(c) 目标2的接收波束分配　　(d) 目标2的接收波束分配

**图 3.20　$A_1$条件下 STA 算法的波束分配结果**

2）$A_2$条件

在此条件下，目标具有时变的 RCS 模型，且目标的 RCS 对于各接收阵元而言有所不同。图 3.22 对比了不同算法的性能，从中可以看出，所有算法的跟踪

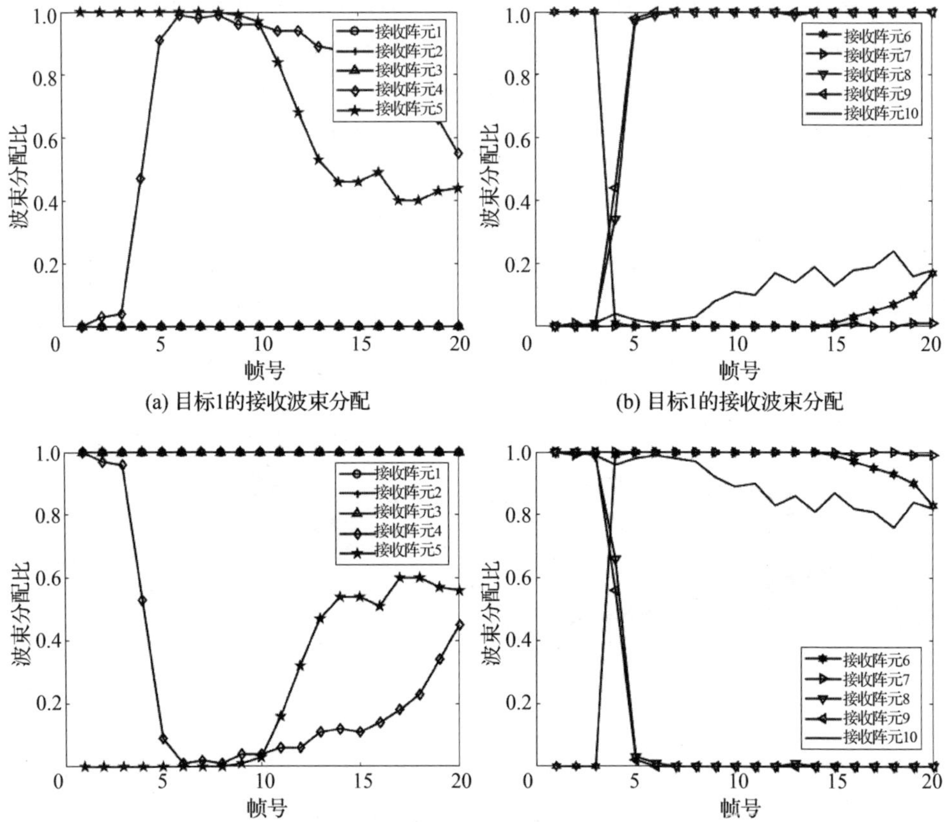


(a) 目标1的接收波束分配　(b) 目标1的接收波束分配

(c) 目标2的接收波束分配　(d) 目标2的接收波束分配

**图 3.21　$A_1$ 条件下 SOA 算法的波束分配结果**

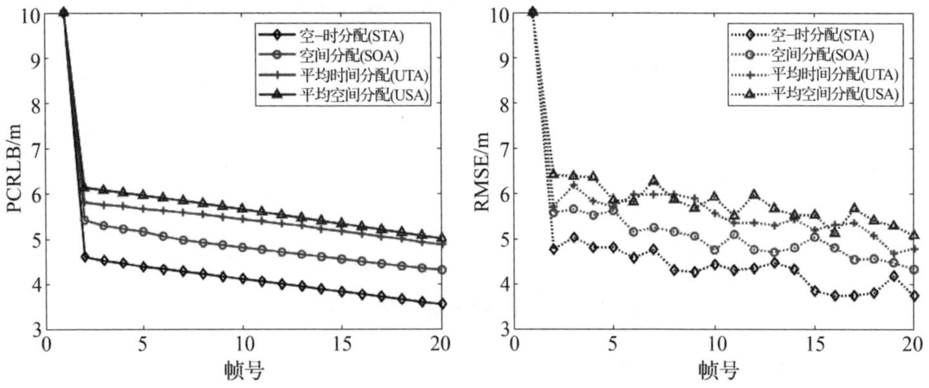


(a) 最差PCRLB　(b) 最差RMSE

**图 3.22　$A_2$ 条件下不同算法性能对比**

精度均有一定程度的下降,但STA算法依旧取得了最佳的性能。此外,图3.23和图3.24分别给出了STA算法和SOA算法的资源分配结果。相比于$A_1$,两种算法均会以反射系数较强的接收阵元来替代反射系数较弱的阵元。对于目标1,用接收阵元1代替接收阵元4;对于目标2,用接收阵元4代替阵元1。由此可知:目标相对于接收阵元的几何位置以及目标的RCS均会影响波束分配的结果。

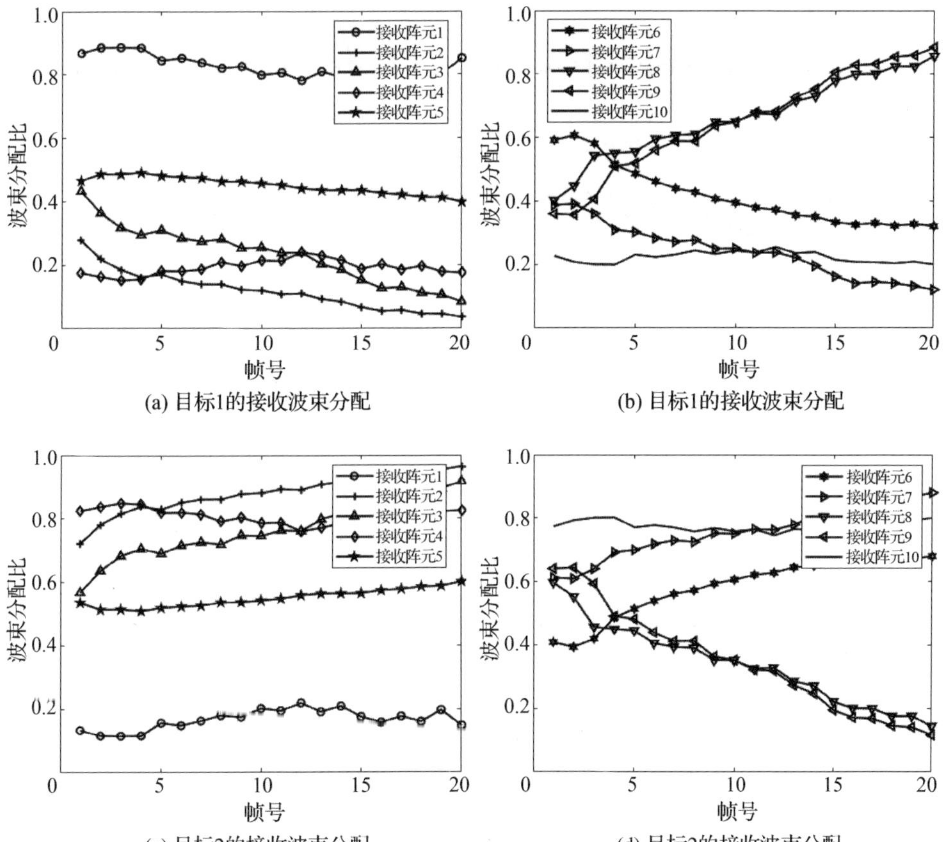


(a) 目标1的接收波束分配　(b) 目标1的接收波束分配

(c) 目标2的接收波束分配　(d) 目标2的接收波束分配

**图3.23　$A_2$条件下STA算法的波束分配结果**

### 2. 驻留时间的影响

随后,对波束驻留时间对于算法性能的影响进行研究。图3.25给出了波束驻留时长与算法性能的关系。从中可知,随着波束驻留时间的延长,SNR提高,4种算法的跟踪精度均有所提升。但由于STA算法在空间维度和时间维度同时对波束资源进行分配,因此,性能提升更加明显。

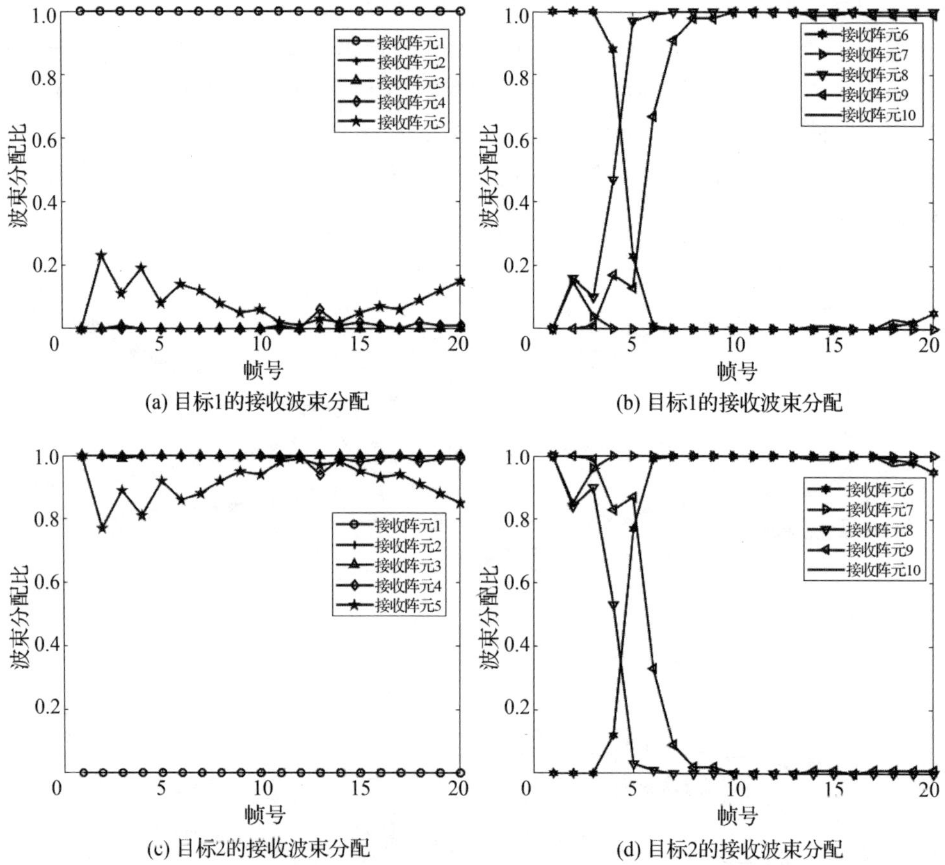


**图 3.24　$A_2$条件下 SOA 算法的波束分配结果**

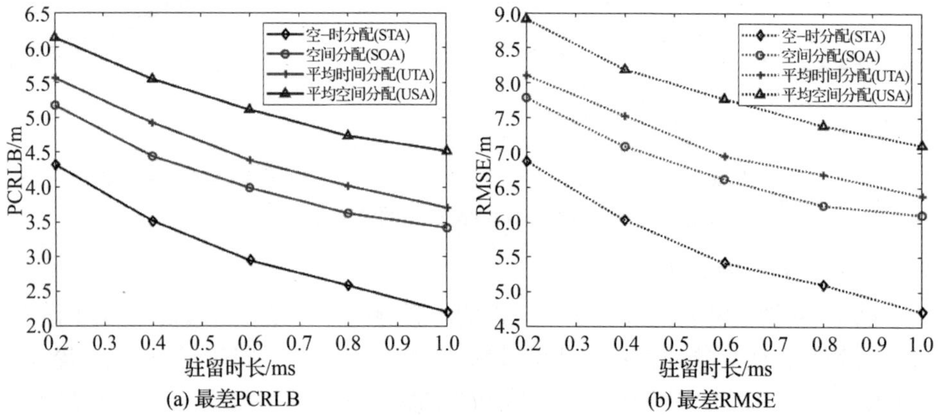


**图 3.25　算法性能与波束驻留时间的关系**

**3. 目标数量的影响**

最后,探究跟踪目标数量与四种算法性能间的关系。仿真过程中,目标轨迹均为随机产生。图 3.26 给出了随着跟踪目标数量的增加,各算法最差 PCRLB 与 RMSE 的对比。由此可知,所提出的 STA 算法性能下降程度最小,展示了较强的稳健性。

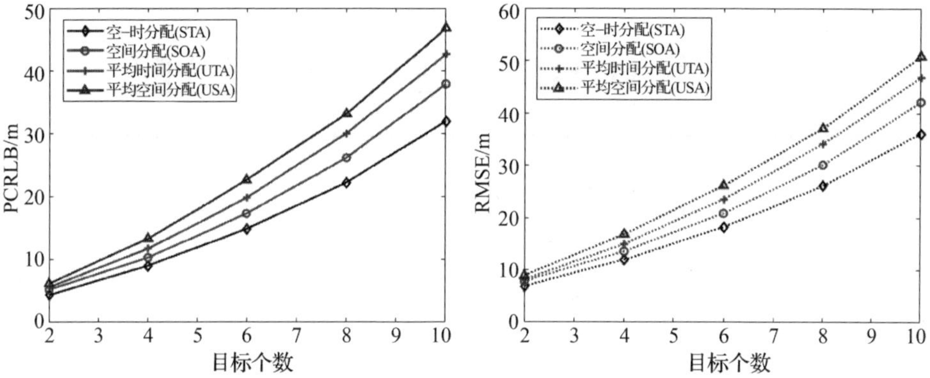

(a) 最差PCRLB (b) 最差RMSE

**图 3.26 算法性能与目标数量的关系**

由以上仿真结果,可以得出:

(1)在所建立的最优化模型中,距离和 RCS 均会对资源分配结果产生影响,并且,空-时分配算法将优先选择距离最近、反射系数最强的阵元来照射目标;

(2)当照射有效时间延长后,空-时分配算法的性能提升更加明显;

(3)空-时分配算法的性能明显优于平均空间分配、平均时间分配和空间分配算法;尤其在面对多批次目标时,空-时分配算法展现了较强的稳健性。

本节针对分布式 MIMO 雷达接收波束的分配问题,提出一种空-时分配算法。其在空间维度与时间维度对波束资源进行同时分配,提升了资源分配的灵活性。仿真结果表明,所提出的空-时分配策略能够充分利用接收波束资源,性能优于平均空间分配、平均时间分配和空间分配策略。另外,面对多批次目标时,算法展现了较强的稳健特性。

# 第4章 集中式MIMO雷达中的资源分配

## 4.1 引　言

相比于传统相控阵雷达，集中式MIMO雷达具备以下明显优势。

（1）灵活的工作模式。集中式MIMO雷达可以通过对各个发射通道的电磁能量进行管理，合成多种期望的发射方向图。例如，执行搜索任务时可采用宽波束辐射方式，扩大覆盖空域；而进行目标跟踪时采用多波束机制，不同波束指向多个目标，实现真正意义上的同时跟踪。

（2）良好的干扰和杂波抑制性能。集中式MIMO雷达利用发射-接收联合自适应波束形成技术，可对干扰或杂波方向进行自适应置零，实现强干扰或杂波背景下的目标检测和参数估计。

（3）更高的参数辨识和估计精度。发射信号的灵活性和多样性使得集中式MIMO雷达拥有更大的信号处理自由度[136]，通过对发射、接收阵列孔径的综合利用来提升角度分辨力、参数估计精度和系统最大可探测目标数量。

然而，对于集中式MIMO雷达的资源分配问题，现有研究成果较少。文献[68-72]分别针对理想检测与杂波环境中的多目标跟踪问题，提出了功率优化机制。通过DBF技术，将多目标跟踪转化为多个单目标跟踪问题，以降低问题的复杂性。针对集中式MIMO雷达的阵列管理，文献[73]提出了单目标、多目标定位中的阵列自适应调整算法，其依据是时延-DOA估计的联合CRLB[74]。文献[75]针对相控阵-MIMO雷达中的成像问题，提出一种启发式的多资源分配算法。此外，为提升压缩感知MIMO雷达的检测性能，文献[76-77]提出了功率与波形的联合优化机制。

尽管上述文献取得了一定成果，但仍存在一些不足，具体如下。

一是关于集中式 MIMO 雷达阵列配置的研究，仅限于文献[73]。类似于分布式 MIMO 雷达中的阵元分配，对于集中式 MIMO 雷达而言，通过实时选取发射、接收天线，不仅可以降低阵元损耗，满足军事上的低截获需求，而且可以提升系统性能。虽然文献[73]对此进行了相关研究，需要指出如下几点。

(1)文献[73]针对的场景是静止目标定位。实际运用中，目标的先验信息往往是未知的，因此，目标跟踪场景更符合现实需求。在目标定位中，文献[73]得出了关于时延和 DOA 估计的 CRLB。但在目标跟踪中，速度同样是需要关注的因素。

(2)文献[73]研究的是天线放置问题。当集中式 MIMO 雷达的设计完成后，天线位置往往固定不动，因而，天线的动态选择模型与实际更加相符。

(3)多篇文献[73-74,137-138]推导得出了关于 DOA 估计的 CRLB。但在推导过程中，均认为接收信号为单脉冲情形，未对多脉冲条件下的 CRLB 进行探讨。在多脉冲条件下，雷达可以通过相干处理来提升信号的 SNR，以获得更优的检测和跟踪性能。此外，在 DOA 估计中，也往往需要多脉冲积累来获得较高的估计精度。

二是针对集中式 MIMO 雷达的发射参数选择，已有文献[68-72]多集中于功率的分配，对于其他参数未进行过多研究。而由于集中式 MIMO 雷达具有较高的系统自由度，其他发射参数的调整，如带宽、波形等[139]也必定会给系统性能带来影响。

三现有的资源分配算法场景涉及目标检测[76-77]、目标定位[73]、稳态目标跟踪[68-72]、目标成像[75]等，但较少考虑目标机动情况。在跟踪过程中，目标的机动性过强将给资源分配算法带来两方面问题：一是需要寻求稳定、精确的优化指标。现有的资源分配算法基于 PCRLB 来构造优化指标。在目标跟踪中，PCRLB 为所有滤波器提供了一个稳定的性能下界；然而，目标的机动很可能使得 PCRLB 失效[131]。这主要是由于，PCRLB 的推导需要对从初始时刻到当前时刻的目标状态和量测求取均值，使得已取得的有效量测信息被平均，PCRLB 变为一个离线的性能界，难以适应机动目标这一高速动态背景。二是如何设计高效的求解机制。在实际应用中，防空雷达对机动目标的跟踪一般采用精跟踪模式，数据率为 10Hz 左右，即资源分配需要在远小于 0.1s 内完成。尽管部分文献[50-51,140-143]讨论了机动目标跟踪中的资源分配算法，以上两点问题尚未得到有效解决，如文献[140]采用的遗传算法过于费时；文献[140,142-143]讨论的目标运动状态过于简单，仅涵盖了匀速和转弯模型，在这种条件下，采用交互式多模型算法很容易实现对目标的精确跟踪。

本章着重讨论目标跟踪背景下的资源分配问题。这主要是由于：①目标跟踪一直是军事需求中的重点和难点问题[144-146]；②集中式 MIMO 雷达可以发挥其特有的 DOA 估计优势；③区别于相控阵雷达的时分复用工作模式，借助于同时多波束模式，单部集中式 MIMO 雷达可实现真正意义上的多目标同时跟踪。在此种模式下，可以降低雷达的峰值功率，满足低截获需求；同时，可以延长对于每个目标的波束驻留时间，进而提升多普勒分辨力。

本章将针对以上问题，对集中式 MIMO 雷达中的阵列分配、发射参数选择、机动目标跟踪中的功率分配问题分别进行讨论。余下内容为：4.2 节研究了集中式 MIMO 雷达多目标跟踪中的天线选择问题，依据推导得出的关于多普勒频移和 DOA 估计的联合 CRLB 来构建目标函数，并提出一种凸松弛技术与局部搜索相结合的算法进行求解；4.3 节针对多目标跟踪中的 MIMO 雷达功率和带宽联合分配问题，以多批目标的 PCRLB 之和为优化准则，采用凸松弛技术结合循环最小化算法求解；4.4 节提出了集中式 MIMO 雷达多目标跟踪背景下的波束、功率和波形联合分配算法，经过严格推导，证明了该问题可以转化为一系列凸优化问题，从而可以快速求解；4.5 节针对机动目标跟踪中的功率分配问题，采用 PC-CRLB 来构造目标函数，并提出一种高效的顺序松弛技术对同时多波束模式下的功率分配问题进行求解。

## 4.2 多目标跟踪中的阵列分配

首先建立集中式 MIMO 雷达在多目标跟踪中的基本模型，以为后续最优化模型的构建奠定基础。

### 4.2.1 基本模型

**1. 信号模型**

由于本节更关注于天线的动态选择策略，为简化问题分析，首先做出如下假设：

(1) 集中式 MIMO 雷达位于 $x-y$ 二维平面，且天线间距远小于雷达与目标间距；

(2) 多批目标的回波信号可以分离，且每批目标到雷达的传播时间总是与雷达的零时延对齐；

(3) 多普勒频移不影响发射信号的正交性。

考虑单部集中式 MIMO 雷达,其阵列中心位于(0,0)点。第 $m$ 个发射天线和第 $n$ 个接收天线的位置分别为$(x_{tm},y_{tm})$和$(x_{rn},y_{rn})$。其中,$m=1,2,\cdots,M$;$n=1,2,\cdots,N$。$M$ 和 $N$ 分别为发射、接收天线数量。每个发射天线发射相互正交的相干脉冲串信号,脉冲宽度为 $t_c$,脉冲重复周期为 $T_p$。第 $m$ 个天线的发射信号为 $s_m(t)$,载波波长为 $\lambda$,单次发射的相干脉冲串数量为 $L$。在第 $k$ 次跟踪间隔内,第 $m$ 个发射天线发射的第 $l$ 个脉冲基带信号可表示为

$$s_{k,m,l}(t')=s_{k,m}(t'+(l-1)T_p),0\leqslant t'\leqslant t_c \tag{4.1}$$

式中:$t'$和$(l-1)T_p$ 分别代表快时间和慢时间。假设雷达预警空域内共有 $Q$ 个目标,第 $q$ 个目标在 $k$ 次跟踪间隔的波达角度为 $\theta_k^q$,目标的 RCS 在一个脉冲重复周期内可视为定值。通过时延补偿,接收到的第 $l$ 个脉冲回波信号可表示为

$$\boldsymbol{s}_{rk,l}^q(t')=\alpha_{k,l}^q\boldsymbol{a}_r(\theta_k^q)\boldsymbol{a}_t^H(\theta_k^q)\boldsymbol{s}_{k,l}(t')e^{-j2\pi\nu_k^q t}+\boldsymbol{n}_{k,l}(t) \tag{4.2}$$

式中:$\alpha_{k,l}^q$为目标的复反射增益;$\boldsymbol{\nu}_k^q$ 为目标的多普勒频移;$\boldsymbol{a}_r(\theta_k^q)$和$\boldsymbol{a}_t(\theta_k^q)$分别为接收和发射导向矢量;$(\cdot)^H$ 代表 Hermition 共轭转置运算;$\boldsymbol{s}_{k,l}(t')$为发射信号矢量;且有[73]

$$\begin{cases}[\boldsymbol{a}_r(\theta_k^q)]_n=\exp\left[-j\dfrac{2\pi}{\lambda}(\sin(\theta_k^q)x_{rn}+\cos(\theta_k^q)y_{rn})\right]\\ [\boldsymbol{a}_t(\theta_k^q)]_m=\exp\left[-j\dfrac{2\pi}{\lambda}(\sin(\theta_k^q)x_{tm}+\cos(\theta_k^q)y_{tm})\right]\\ [\boldsymbol{s}_{k,l}(t')]_m=s_{k,m,l}(t')\end{cases} \tag{4.3}$$

式中:$[\cdot]_i$ 代表矢量中的第 $i$ 个元素;$\boldsymbol{a}_r(\theta_k^q)$、$\boldsymbol{a}_t(\theta_k^q)$和 $\boldsymbol{s}_{k,l}(t')$分别为 $N\times1$、$M\times1$ 和 $M\times1$ 维矢量;$\boldsymbol{n}_{k,l}(t)$为噪声项,且服从高斯分布。

通过匹配滤波对接收信号进行处理:

$$\begin{aligned}\boldsymbol{Y}_{k,l}^q&=\int_0^{t_c}\boldsymbol{s}_{rk,l}^q(t')\ (\boldsymbol{s}_{k,l}^q(t'))^H dt'\\ &=\alpha_{k,l}^q\boldsymbol{a}_r(\theta_k^q)\boldsymbol{a}_t^T(\theta_k^q)\int_0^{t_c}\boldsymbol{s}_{k,l}(t')\boldsymbol{s}_{k,l}^H(t')e^{-j2\pi\nu_k^q t'}dt'e^{-j2\pi\nu_k^q(l-1)T_p}+\boldsymbol{N}_{k,l}\end{aligned} \tag{4.4}$$

基于假设(3),多普勒频移不影响信号的正交性,则有

$$\int_0^{t_c}[\boldsymbol{s}_{k,l}(t')]_{m_1}[\boldsymbol{s}_{k,l}^H(t')]_{m_2}e^{-j2\pi\nu_k^q t'}dt'=\begin{cases}1, & m_1=m_2\\ 0, & m_1\neq m_2\end{cases} \tag{4.5}$$

然后,将矩阵 $\boldsymbol{Y}_{k,l}^q$按列进行拉伸为 $NM\times1$ 维矢量:

$$\begin{aligned}\boldsymbol{r}_{k,l}^q&=\alpha_{k,l}^q e^{-j2\pi\nu_k^q(l-1)T_p}\mathrm{vec}(\boldsymbol{a}_r(\theta_k^q)\boldsymbol{a}_t^H(\theta_k^q))+\boldsymbol{v}_{k,l}\\ &=\alpha_{k,l}^q e^{-j2\pi\nu_k^q(l-1)T_p}\boldsymbol{g}_k^q+\boldsymbol{v}_{k,l}\end{aligned} \tag{4.6}$$

式中:vec$(\cdot)$表示对矩阵拉伸为列向量的操作;$\boldsymbol{v}_{k,l}\sim\mathcal{N}(\boldsymbol{0},\sigma_v^2\boldsymbol{I}_{MN})$,$\boldsymbol{I}_{MN}$为 $MN\times$

$MN$ 维的单位矩阵。根据 2.1.2 节的推导，$\boldsymbol{g}_k^q$ 的表达式为

$$\boldsymbol{g}_k^q = \exp\left[ -\mathrm{j}\frac{2\pi}{\lambda}[\cos\theta_k^q, \sin\theta_k^q](\boldsymbol{1}_M \otimes \boldsymbol{B}_{\mathrm{r}} + \boldsymbol{B}_{\mathrm{t}} \otimes \boldsymbol{1}_N)\right] \tag{4.7}$$

$$\begin{cases} \boldsymbol{B}_{\mathrm{r}} = [\boldsymbol{b}_{\mathrm{r}1}, \boldsymbol{b}_{\mathrm{r}2}, \cdots, \boldsymbol{b}_{\mathrm{r}N}]^{\mathrm{T}}, \boldsymbol{b}_{\mathrm{r}n} = [x_{\mathrm{r}n}, y_{\mathrm{r}n}]^{\mathrm{T}} \\ \boldsymbol{B}_{\mathrm{t}} = [\boldsymbol{b}_{\mathrm{t}1}, \boldsymbol{b}_{\mathrm{t}2}, \cdots, \boldsymbol{b}_{\mathrm{t}M}]^{\mathrm{T}}, \boldsymbol{b}_{\mathrm{t}m} = [x_{\mathrm{t}m}, y_{\mathrm{t}m}]^{\mathrm{T}} \end{cases} \tag{4.8}$$

式中：$\otimes$为 Kronecker 积；$\boldsymbol{1}_M$表示 $M\times 1$ 维的全 1 矢量；$\boldsymbol{1}_N$表示 $N\times 1$ 维的全 1 矢量。$\boldsymbol{b}_{\mathrm{t}m}$为发射天线 $m$ 的位置矢量；$\boldsymbol{b}_{\mathrm{r}n}$为接收天线 $n$ 的位置矢量。

**2. 目标运动模型**

于此，认为目标运动模型符合近似常加速运动模型[131]：

$$\boldsymbol{x}_k^q = \boldsymbol{F}_q \boldsymbol{x}_{k-1}^q + \boldsymbol{w}_{k-1}^q \tag{4.9}$$

式中：$\boldsymbol{x}_k^q = [x_k^q, \dot{x}_k^q, \ddot{x}_k^q, y_k^q, \dot{y}_k^q, \ddot{y}_k^q]^{\mathrm{T}}$，为目标状态矢量；$(x_k^q, y_k^q)$、$(\dot{x}_k^q, \dot{y}_k^q)$和$(\ddot{x}_k^q, \ddot{y}_k^q)$分别表示目标的位置、速度和加速度；$\boldsymbol{w}_{k-1}^q \sim \mathcal{N}(\boldsymbol{0}, \boldsymbol{Q}_q)$。$\boldsymbol{F}_q$ 和 $\boldsymbol{Q}_q$ 的具体形式分别为

$$\boldsymbol{F}_q = \boldsymbol{I}_2 \otimes \begin{bmatrix} 1 & T_{\mathrm{s}} & T_{\mathrm{s}}^2/2 \\ 0 & 1 & T_{\mathrm{s}} \\ 0 & 0 & 1 \end{bmatrix} \tag{4.10}$$

$$\boldsymbol{Q}_q = \kappa_q \boldsymbol{I}_2 \otimes \begin{bmatrix} T_{\mathrm{s}}^5/20 & T_{\mathrm{s}}^4/8 & T_{\mathrm{s}}^3/6 \\ T_{\mathrm{s}}^4/8 & T_{\mathrm{s}}^3/3 & T_{\mathrm{s}}^2/2 \\ T_{\mathrm{s}}^3/6 & T_{\mathrm{s}}^2/2 & T_{\mathrm{s}} \end{bmatrix} \tag{4.11}$$

式中：$T_{\mathrm{s}}$ 为跟踪间隔；$\kappa_q$ 为表征过程噪声强度的常系数。

**3. 量测模型**

从式(4.6)所示的接收信号中，获取的目标信息可表示为

$$\boldsymbol{z}_k^q = h(\boldsymbol{x}_k^q) + \boldsymbol{\eta}_k^q \tag{4.12}$$

式中：$h(\cdot)$为关于目标多普勒频移和角度的非线性变换，满足 $h(\boldsymbol{x}_k^q) = [\nu_k^q, \theta_k^q]^{\mathrm{T}}$，各元素可写为

$$\begin{cases} \nu_k^q = -\dfrac{2(x_k^q \dot{x}_k^q + y_k^q \dot{y}_k^q)}{\lambda\sqrt{(x_k^q)^2 + (y_k^q)^2}} \\ \theta_k^q = \mathrm{atan2}(y_k^q, x_k^q) \end{cases} \tag{4.13}$$

$\boldsymbol{\eta}_k^q$ 可以视为服从零均值、协方差矩阵为 $\boldsymbol{R}_k^q$ 的高斯分布。在高 SNR 条件下，$\boldsymbol{R}_k^q$ 可以用 CRLB 矩阵来近似，其解析式将在下文给出。

**4. PCRLB 的推导**

PCRLB 为目标跟踪算法确定了一个性能界限。若用 $\hat{\boldsymbol{x}}_k^q(\boldsymbol{r}_k^q)$ 表示对 $\boldsymbol{x}_k^q$ 的无

偏估计,则总有下式成立[42]:

$$\mathbb{E}_{\boldsymbol{x}_k^q,\boldsymbol{r}_k^q}[(\hat{\boldsymbol{x}}_k^q(\boldsymbol{r}_k^q)-\boldsymbol{x}_k^q)(\hat{\boldsymbol{x}}_k^q(\boldsymbol{r}_k^q)-\boldsymbol{x}_k^q)^{\mathrm{T}}]\geqslant \boldsymbol{J}^{-1}(\boldsymbol{x}_k^q) \tag{4.14}$$

根据前文的推导,PCRLB 的逆矩阵,即 BIM 可写为

$$\begin{aligned}\boldsymbol{J}(\boldsymbol{x}_k^q)&=\boldsymbol{J}_{\mathrm{P}}(\boldsymbol{x}_k^q)+\boldsymbol{J}_{\mathrm{D}}(\boldsymbol{x}_k^q)\\&=[\boldsymbol{Q}_q+\boldsymbol{F}_q\boldsymbol{J}^{-1}(\boldsymbol{x}_{k-1}^q)\boldsymbol{F}_q^{\mathrm{T}}]^{-1}+\mathbb{E}_{\boldsymbol{x}_k^q}\{-\mathbb{E}_{\boldsymbol{r}_k^q|\boldsymbol{x}_k^q}[\nabla_{\boldsymbol{x}_k^q}^{\boldsymbol{x}_k^q}\ln p(\boldsymbol{r}_k^q|\boldsymbol{x}_k^q)]\}\\&=[\boldsymbol{Q}_q+\boldsymbol{F}_q\boldsymbol{J}^{-1}(\boldsymbol{x}_{k-1}^q)\boldsymbol{F}_q^{\mathrm{T}}]^{-1}+\mathbb{E}_{\boldsymbol{x}_k^q}\{(\boldsymbol{H}_k^q)^{\mathrm{T}}\mathbb{E}_{\boldsymbol{r}_k^q|\boldsymbol{x}_k^q}[-\nabla_{\boldsymbol{\xi}_k}^{\boldsymbol{\xi}_k}\ln p(\boldsymbol{r}_k^q|\boldsymbol{x}_k^q)]\boldsymbol{H}_k^q\}\\&=[\boldsymbol{Q}_q+\boldsymbol{F}_q\boldsymbol{J}^{-1}(\boldsymbol{x}_{k-1}^q)\boldsymbol{F}_q^{\mathrm{T}}]^{-1}+\mathbb{E}_{\boldsymbol{x}_k^q}[(\boldsymbol{H}_k^q)^{\mathrm{T}}(\boldsymbol{R}_k^q)^{-1}\boldsymbol{H}_k^q]\end{aligned} \tag{4.15}$$

式中:$\boldsymbol{H}_k^q$ 为量测函数 $h(\boldsymbol{x}_k^q)$ 关于目标状态的雅克比矩阵,且有

$$(\boldsymbol{H}_k^q)^{\mathrm{T}}=[\nabla_{\boldsymbol{x}_k^q}\nu_k^q,\nabla_{\boldsymbol{x}_k^q}\theta_k^q] \tag{4.16}$$

式中:$\nabla_{\boldsymbol{x}_k^q}\nu_k^q$ 为多普勒频移关于目标状态 $\boldsymbol{x}_k^q$ 的雅可比矩阵,即

$$\nabla_{\boldsymbol{x}_k^q}\nu_k^q=[\gamma_1\quad\gamma_2\quad\gamma_3\quad\gamma_4\quad\gamma_5\quad\gamma_6]^{\mathrm{T}} \tag{4.17}$$

各元素写为

$$\begin{cases}\gamma_1=\dfrac{2}{\lambda}[\dot{x}_k^q r_k^q-(x_k^q\dot{x}_k^q+y_k^q\dot{y}_k^q)x_k^q/r_k^q]/(r_k^q)^2\\\gamma_2=\dfrac{2}{\lambda}(x_k^q r_k^q)/(r_k^q)^2\\\gamma_3=\gamma_6=0\\\gamma_4=\dfrac{2}{\lambda}[\dot{y}_k^q r_k^q-(x_k^q\dot{x}_k^q+y_k^q\dot{y}_k^q)y_k^q/r_k^q]/(r_k^q)^2\\\gamma_5=\dfrac{2}{\lambda}(y_k^q r_k^q)/(r_k^q)^2\\r_k^q=\sqrt{(x_k^q)^2+(y_k^q)^2}\end{cases} \tag{4.18}$$

$\nabla_{\boldsymbol{x}_k^q}\theta_k^q$为角度关于目标状态 $\boldsymbol{x}_k^q$ 的雅可比矩阵:

$$\nabla_{\boldsymbol{x}_k^q}\theta_k^q=[y_k^q/(r_k^q)^2\quad 0\quad 0\quad -x_k^q/(r_k^q)^2\quad 0\quad 0]^{\mathrm{T}} \tag{4.19}$$

关于$(\boldsymbol{R}_k^q)^{-1}$的详细推导,在附录 C 中给出。结合$(\boldsymbol{R}_k^q)^{-1}$的表达式以及采用 3.3.1 节中的近似思想,在去掉均值符号后,式(4.15)的预测形式可写为

$$\hat{\boldsymbol{J}}(\boldsymbol{x}_k^q)=[\boldsymbol{Q}_q+\boldsymbol{F}_q\boldsymbol{J}^{-1}(\boldsymbol{x}_{k-1}^q)\boldsymbol{F}_q^{\mathrm{T}}]^{-1}+(\hat{\boldsymbol{H}}_k^q)^{\mathrm{T}}(\hat{\boldsymbol{R}}_k^q)^{-1}\hat{\boldsymbol{H}}_k^q \tag{4.20}$$

式中:$\hat{\boldsymbol{H}}_k^q$和 $\hat{\boldsymbol{R}}_k^q$分别表示量测函数 $h(\boldsymbol{x}_k^q)$关于目标状态的雅克比矩阵和量测协方差矩阵 $\boldsymbol{R}_k^q$ 在目标状态预测点 $\hat{\boldsymbol{x}}_{k|k-1}$处的近似值。

### 4.2.2 优化模型构建

通过$(\boldsymbol{R}_k^q)^{-1}$的解析式可以看出,目标跟踪的 PCRLB 与发射、接收天线的选取密切相关。为满足军事应用中的低截获要求,并减小收、发阵元损耗,最大程度上发挥集中式 MIMO 雷达的系统性能,在跟踪过程中需要考虑天线的实时选取问题。认知思想通过建立发射机到接收机的闭环反馈,能够实时感知外部环境的变化并自适应的调整工作参数,显示出了巨大优越性。此外,认知思想已广泛运用于集中式 MIMO 雷达的资源分配[68-72]。本节结合认知思想,建立一个由发射到接收的闭环反馈系统。

首先,引入二元选择矢量:

$$\begin{cases}\boldsymbol{u}_{\mathrm{T}k}=[u_{\mathrm{T}k}^1,\cdots,u_{\mathrm{T}k}^m,\cdots,u_{\mathrm{T}k}^M]^{\mathrm{T}}\\ \boldsymbol{u}_{\mathrm{R}k}=[u_{\mathrm{R}k}^1,\cdots,u_{\mathrm{R}k}^n,\cdots,u_{\mathrm{R}k}^N]^{\mathrm{T}}\end{cases} \tag{4.21}$$

来表示 $k$ 时刻发射、接收天线的选择与否。式中,$u_{\mathrm{T}k}^m\in\{0,1\}$;$u_{\mathrm{R}k}^n\in\{0,1\}$。为描述对于多个目标的跟踪精度,本节选取多个目标中估计精度最差目标的位置 PCRLB 为代价函数:

$$\mathbb{F}(\boldsymbol{u}_{\mathrm{T}k},\boldsymbol{u}_{\mathrm{R}k})=\max_{q\in Q}\{\mathrm{tr}_{\mathrm{pos}}[\hat{\boldsymbol{J}}^{-1}(\boldsymbol{x}_k^q,\boldsymbol{u}_{\mathrm{T}k},\boldsymbol{u}_{\mathrm{R}k})]\} \tag{4.22}$$

式中:$\mathrm{tr}_{\mathrm{pos}}(\boldsymbol{A})$为提取矩阵 $\boldsymbol{A}$ 中位置元素进行求迹运算。

在实际操作中,天线阵列的选取需要满足多个约束。例如,当使用周期较长时,天线损耗成为主要考虑因素,因此,选取的天线总数往往是一定的:

$$\sum_{m=1}^{M}u_{\mathrm{T}k}^m+\sum_{n=1}^{N}u_{\mathrm{R}k}^n=G \tag{4.23}$$

式中:$G$ 为选择的天线总数。此外,为保证系统的有效性,至少选择一个发射天线和一个接收天线:

$$\sum_{m=1}^{M}u_{\mathrm{T}k}^m\geqslant 1,\ \sum_{n=1}^{N}u_{\mathrm{R}k}^n\geqslant 1 \tag{4.24}$$

因此,优化问题可以描述为

$$\begin{aligned}&\min_{\boldsymbol{u}_{\mathrm{T}k},\boldsymbol{u}_{\mathrm{R}k}}\ \mathbb{F}(\boldsymbol{u}_{\mathrm{T}k},\boldsymbol{u}_{\mathrm{R}k})\\ &\mathrm{s.t.}\ \sum_{m=1}^{M}u_{\mathrm{T}k}^m+\sum_{n=1}^{N}u_{\mathrm{R}k}^n=G\\ &\qquad\sum_{m=1}^{M}u_{\mathrm{T}k}^m\geqslant 1,\ \sum_{n=1}^{N}u_{\mathrm{R}k}^n\geqslant 1\\ &\qquad u_{\mathrm{T}k}^m\in\{0,1\},u_{\mathrm{R}k}^n\in\{0,1\}\end{aligned} \tag{4.25}$$

考虑到选择矢量的二元性,式(4.25)构建的优化模型为NP难题[129]。尽管可以通过穷举搜索来获得最优解,但计算量相当可观。因此,下文提出一种结合凸松弛与局部搜索的优化算法,不仅效率更高,而且性能与穷举搜索算法相当。

### 4.2.3 基于凸松弛与局部搜索的天线选择算法

**1. 求解算法**

首先,对二元变量进行松弛,将式(4.25)改写为

$$\begin{aligned}&\min_{\boldsymbol{u}_{\mathrm{T}k},\boldsymbol{u}_{\mathrm{R}k}} \mathbb{F}(\boldsymbol{u}_{\mathrm{T}k},\boldsymbol{u}_{\mathrm{R}k})\\&\text{s.t.} \sum_{m=1}^{M} u_{\mathrm{T}k}^{m}+\sum_{n=1}^{N} u_{\mathrm{R}k}^{n}=G\\&\quad\sum_{m=1}^{M} u_{\mathrm{T}k}^{m}\geqslant 1,\sum_{n=1}^{N} u_{\mathrm{R}k}^{n}\geqslant 1\\&\quad 0\leqslant u_{\mathrm{T}k}^{m}\leqslant 1,0\leqslant u_{\mathrm{R}k}^{n}\leqslant 1\end{aligned}\tag{4.26}$$

通过附录C,可以看到,选择变量$\boldsymbol{u}_{\mathrm{T}k}$和$\boldsymbol{u}_{\mathrm{R}k}$仅在目标函数中存在耦合。对于该类问题,可采用循环最小化思想[147]求解,即通过固定单一变量优化另一变量,再整体循环优化的方式求得最优解。需要指明的是,当固定其中一个变量$\boldsymbol{u}_{\mathrm{T}k}$或$\boldsymbol{u}_{\mathrm{R}k}$时,式(4.26)表示的优化模型变为凸优化模型,证明同附录A。因此,可以通过标准的凸优化算法求解,如内点法[134]。从式(4.26)中求得的最优选择变量可以是小数,因此,松弛后的问题与原问题不再等价。但是,由于原问题的可行解集包含在松弛后问题的可行解中,则后者的最小值不会大于原问题的最小值。基于此,当式(4.26)的最优解为整数时,可以直接得到最优的天线选择结果。然而,在大多数情况下,式(4.26)的最优解为小数。此时,需要结合局部搜索算法来获得近似最优解。

整个算法流程如表4.1所列。首先,利用凸松弛技术来获得高质量的初始解。其实质是在满足约束的条件下选择最具希望的天线子集。然后,算法利用局部搜索策略来提升求解精度。考虑到解集的邻域结构影响局部搜索的效率,在每次迭代过程中,算法仅改变当前解邻域中的单个天线。假设当前选择的天线集合为$S_{\mathrm{cur}}=\{S_{\mathrm{cur}}(1),S_{\mathrm{cur}}(2),\cdots,S_{\mathrm{cur}}(g)\}$,其中,$S_{\mathrm{cur}}(g)$代表选择天线的位置,则所有邻域集合可表示为:$S_{\mathrm{nei}}^{i}=\{S_{\mathrm{nei}}^{i}(1),S_{\mathrm{nei}}^{i}(2),\cdots,S_{\mathrm{nei}}^{i}(g)\}$。其中,$S_{\mathrm{nei}}^{i}$代表将$S_{\mathrm{cur}}(g)$置换出当前天线集合并用余下天线取代后所有的可行解。例如,若将$S_{\mathrm{cur}}(1)$用余下的$M+N-G$中任一天线取代,则有$M+N-G$种$S_{\mathrm{nei}}^{i}$。因此,若用邻域中的任意一根天线取代$S_{\mathrm{cur}}$中的任意一根天线,则总共有$(M+N-G)\times G$

种可行解。

由于式(4.26)的解集表征了各天线被选择的合适程度,局部搜索算法将用$S_{\text{nei}}^{i}$中排序较高的天线对$S_{\text{cur}}$中排序较低的天线进行依次置换,直至目标函数值有所下降,单次循环终止。当初始解集中的所有天线均被检验后,局部搜索算法终止。

在运用算法 4.1 中的搜索策略时,有如下附注。

附注 1:所提算法是可收敛的。首先,当固定$\boldsymbol{u}_{\text{T}k}$或$\boldsymbol{u}_{\text{R}k}$时,式(4.26)转化为凸优化问题,利用标准的凸优化算法可以得到问题的最优解。其次,在局部搜索过程中,当无法再在邻域中搜索到更优解集时,算法将停止迭代。因此,算法是可收敛的。

附注 2:为求得更高精度的解集,可以从当前解集$S_{\text{cur}}$中同时置换更多的天线,但邻域数量增大,也会带来更大的计算负担。若同时置换两个天线,则邻域个数为$C_{M+N-G}^{2}\times C_{G}^{2}$,其中,$C_{G}^{i}$为从$G$个候选方案中无顺序地选取$i$个的排列组合数。

附注 3:单次循环中,搜索的停止条件可用其他标准代替,例如,式(4.25)中的目标函数值不再下降,即针对当前解中某一天线的位置,必须遍历所有剩余天线,但这也意味着更大的计算量。

**算法 4.1　基于凸松弛与局部搜索的天线选择算法**

1. 凸松弛结合循环最小化算法

(1)初始化$k$时刻的天线选择矢量:$\boldsymbol{u}_{\text{T}0}=\boldsymbol{0},\boldsymbol{u}_{\text{R}0}-\boldsymbol{0}$;

for $m_k=1:G-1$

①将发射阵元选择矢量$\boldsymbol{u}_{\text{T}k}$置为平均选择:$\boldsymbol{u}_{\text{T}k,m_k,\text{temp}}=m_k\boldsymbol{1}_M/M$;

②令$\boldsymbol{u}_{\text{T}k,m_k}=\boldsymbol{u}_{\text{T}k,m_k,\text{temp}}$,利用内点法优化式(4.26)中的变量$\boldsymbol{u}_{\text{R}k,m_k}$,并得到最优解$\boldsymbol{u}_{\text{R}k,m_k,\text{temp}}$;

③令$\boldsymbol{u}_{\text{R}k,m_k}=\boldsymbol{u}_{\text{R}k,m_k,\text{temp}}$,利用内点法优化式(4.26)中的变量$\boldsymbol{u}_{\text{T}k,m_k}$,并得到最优解$\boldsymbol{u}_{\text{T}k,m_k,\text{temp}}$;

④对(ii)和(iii)进行循环迭代,直至两次迭代输出的目标函数之差小于预设阈值,算法停止。

end for

(2)从(1)中求得的$G-1$个最优解中查找最优选择矢量$\boldsymbol{u}_{\text{T}}$和$\boldsymbol{u}_{\text{R}}$,置$\boldsymbol{u}_{\text{T}0}=\boldsymbol{0},\boldsymbol{u}_{\text{R}0}=\boldsymbol{0}$;

(3)选择$m=\text{argmax}\{\boldsymbol{u}_{\text{T}}\},n=\text{argmax}\{\boldsymbol{u}_{\text{R}}\}$;

(4)更新$\boldsymbol{u}_{\text{T}}(m)=0,\boldsymbol{u}_{\text{T}0}(m)=1;\boldsymbol{u}_{\text{R}}(n)=0,\boldsymbol{u}_{\text{R}0}(n)=1$;

(5)构建矢量$\boldsymbol{s}=[\boldsymbol{u}_{\text{T}},\boldsymbol{u}_{\text{R}}]$和$\boldsymbol{s}_0=[\boldsymbol{u}_{\text{T}0},\boldsymbol{u}_{\text{R}0}]$;

(6)对$\boldsymbol{s}$中的元素从大到小进行排序,选择最大的$G-2$个元素,将其对应在$\boldsymbol{s}_0$中的位置置 1,并获得排序指针 ind;

(7)获得$\boldsymbol{u}_{\text{T}0}$和$\boldsymbol{u}_{\text{R}0}$作为局部搜索算法的初始解集。

续表

| |
|---|
| 2. 局部搜索算法<br>(1)计算初始解集对应的目标函数 $obj_{cur}$,定义利用暂态天线子集求得的暂态目标函数值为 $obj_{temp}$,置迭代次数 ite = 0;<br>(2)**for** $i=1:G-2$<br>  $s_0(ind(G-1-i))=0$<br>  **for** $j=1:M+N-G$<br>    $s_0(ind(G-2+j))=1$<br>    利用暂态天线子集 $s_0$ 计算 $obj_{temp}$<br>    **if** $obj_{temp} < obj_{cur}$<br>    $obj_{cur} = obj_{temp}$,改变天线子集为 $s_0$<br>    **break**<br>   **end if**<br>  **end for**<br>**end for**<br>(3)应用(2)对 $s_0(m)$ 和 $s_0(n)$ 进行置换,以获得更优的天线子集。 |

### 2. 计算复杂度分析

从算法4.1中可以看出,求解松弛后的问题在整个算法中占有较多的计算量,而局部搜索算法仅作为补充。当运用内点法求解时,至多需要 $\mathcal{O}(\sqrt{MNQ})$ 次迭代方能满足所需精度[134]。在每次迭代中的运算量为 $\mathcal{O}((MNQ)^3)$[135]。而穷举搜索算法[129]和启发式搜索算法[32]分别需要 $\mathcal{O}(2^{M+N})$ 和 $\mathcal{O}(G(M+N))$ 次迭代,考虑每次迭代过程中的运算量,则有表4.1中的计算量对比。

表4.1 不同算法计算量对比

| 算法 | 穷举搜索[129] | 启发式搜索[32] | 所提算法 |
|---|---|---|---|
| 计算复杂度 | $\mathcal{O}(2^{M+N}(MNQ)^3)$ | $\mathcal{O}(G(M+N)(MNQ)^3)$ | $\mathcal{O}((MNQ)^{3.5})$ |

### 3. 状态估计算法-SCKF

由于雷达系统的量测数据是在极坐标系下获得的,而卡尔曼滤波器仅适用于线性系统,因此,需要对非线性变换进行处理。近来,一系列基于高斯采样点的滤波方案被提出,典型的如无迹卡尔曼滤波[148](unscented Kalman filter, UKF)、高斯-阿米特积分滤波[149-150](Gauss-Hermite quadrature filter, GHQF)和容积卡尔曼滤波[151](cubature Kalman filter, CKF)等。相比于其他滤波器,

CKF 具有计算量小、稳健性强等优势。SCKF 算法[152]在 CKF 的基础上引入正交三角分解,通过对误差协方差矩阵的平方根进行迭代运算,保证了协方差矩阵的对称性和半正定性,进一步提高了滤波精度和稳定性。因此,选用 SCKF 对目标状态进行估计。

为描述 SCKF 的滤波流程,首先,对 Tria( · )运算做出如下定义:设 $\boldsymbol{R}$ 为对矩阵 $\boldsymbol{A}^{\mathrm{T}}$ 进行 QR 分解所得到的上三角矩阵,则矩阵 $\boldsymbol{A}$ 的 QR 分解算法可表示为 $\boldsymbol{S}=\mathrm{Tria}(a)=\boldsymbol{R}^{\mathrm{T}}$,$\boldsymbol{S}$ 为下三角矩阵。则 SCKF 算法可归纳为以下。

步骤 1　时间更新

步骤 1.1　分解状态估计误差协方差阵:

$$\boldsymbol{P}_{k|k}=\boldsymbol{S}_{k|k}(\boldsymbol{S}_{k|k})^{\mathrm{T}} \tag{4.27}$$

步骤 1.2　计算容积点并进行非线性变换:

$$\boldsymbol{x}_{k|k}^{i}=\hat{\boldsymbol{x}}_{k|k}+\boldsymbol{S}_{k|k}\boldsymbol{\xi}_{i},i=1,2,\cdots,m \tag{4.28}$$

$$\boldsymbol{x}_{k+1|k}^{i*}=\boldsymbol{F}\boldsymbol{x}_{k|k}^{i} \tag{4.29}$$

式中:$\boldsymbol{x}_{k|k}^{i}$、$\boldsymbol{x}_{k+1|k}^{i*}$ 为容积点;$m$ 为容积点总数;$n$ 为状态向量 $\boldsymbol{x}$ 的维数;$\boldsymbol{\xi}_{i}=\sqrt{m/2}[\boldsymbol{1}]$,$[\boldsymbol{1}]$ 为对 $n$ 维空间的单位向量进行全排列或取反所生成的点集,满足:

$$[\boldsymbol{1}]=\left\{\begin{pmatrix}1\\0\\\vdots\\0\end{pmatrix},\begin{pmatrix}0\\1\\\vdots\\0\end{pmatrix},\cdots,\begin{pmatrix}0\\0\\\vdots\\1\end{pmatrix},\begin{pmatrix}-1\\0\\\vdots\\0\end{pmatrix},\begin{pmatrix}0\\-1\\\vdots\\0\end{pmatrix},\cdots,\begin{pmatrix}0\\0\\\vdots\\-1\end{pmatrix}\right\} \tag{4.30}$$

步骤 1.3　计算状态预测均值和预测误差协方差阵的平方根:

$$\hat{\boldsymbol{x}}_{k+1|k}=\frac{1}{m}\sum_{i=1}^{m}\boldsymbol{x}_{k+1|k}^{i*} \tag{4.31}$$

$$\boldsymbol{S}_{k+1|k}=\mathrm{Tria}([\boldsymbol{x}_{k+1|k}^{*},\mathrm{Chol}(\boldsymbol{Q}_{k})]) \tag{4.32}$$

式中:Chol( · )代表对矩阵进行 Cholesky 分解。加权的中心矩阵 $\boldsymbol{x}_{k+1|k}^{*}$ 定义为

$$\boldsymbol{x}_{k+1|k}^{*}=\frac{1}{\sqrt{m}}[\boldsymbol{x}_{k+1|k}^{1*}-\hat{\boldsymbol{x}}_{k+1|k},\boldsymbol{x}_{k+1|k}^{2*}-\hat{\boldsymbol{x}}_{k+1|k},\cdots,\boldsymbol{x}_{k+1|k}^{m*}-\hat{\boldsymbol{x}}_{k+1|k}] \tag{4.33}$$

步骤 2　量测更新

步骤 2.1　计算容积点并根据量测模型进行非线性变换:

$$\boldsymbol{x}_{k+1|k}^{i}=\hat{\boldsymbol{x}}_{k+1|k}+\boldsymbol{S}_{k+1|k}\boldsymbol{\xi}_{i} \tag{4.34}$$

$$\boldsymbol{z}_{k+1|k}^{i}=h(\boldsymbol{x}_{k+1|k}^{i}) \tag{4.35}$$

步骤 2.2　计算量测预测均值:

$$\hat{z}_{k+1|k} = \frac{1}{m}\sum_{i=1}^{m} z_{k+1|k}^{i} \tag{4.36}$$

步骤 2.3 计算新息(残差)协方差阵平方根系数：

$$S_{k+1|k}^{zz} = \text{Tria}([z_{k+1|k}, \text{Chol}(\boldsymbol{R}_{k+1})]) \tag{4.37}$$

式中:加权的中心矩阵 $z_{k+1|k}$ 为

$$z_{k+1|k} = \frac{1}{\sqrt{m}}[z_{k+1|k}^{1} - \hat{z}_{k+1|k}, z_{k+1|k}^{2} - \hat{z}_{k+1|k}, \cdots, z_{k+1|k}^{m} - \hat{z}_{k+1|k}] \tag{4.38}$$

步骤 2.4 计算新息协方差阵和量测自协方差阵：

$$\boldsymbol{P}_{k+1|k}^{zz} = \boldsymbol{S}_{k+1|k}^{zz}(\boldsymbol{S}_{k+1|k}^{zz})^{\mathrm{T}} \tag{4.39}$$

步骤 2.5 计算状态与量测间的互协方差阵：

$$\boldsymbol{P}_{k+1|k}^{xz} = \boldsymbol{x}_{k+1|k}(z_{k+1|k})^{\mathrm{T}} \tag{4.40}$$

加权中心矩阵 $\boldsymbol{X}_{k+1|k}$ 满足：

$$\boldsymbol{x}_{k+1|k} = \frac{1}{\sqrt{m}}[\boldsymbol{x}_{k+1|k}^{1} - \hat{\boldsymbol{x}}_{k+1|k}, \boldsymbol{x}_{k+1|k}^{2} - \hat{\boldsymbol{x}}_{k+1|k}, \cdots, \boldsymbol{x}_{k+1|k}^{m} - \hat{\boldsymbol{x}}_{k+1|k}] \tag{4.41}$$

步骤 2.6 计算滤波增益：

$$\boldsymbol{K}_{k+1} = \boldsymbol{P}_{k+1|k}^{xz}(\boldsymbol{P}_{k+1|k}^{zz})^{-1} \tag{4.42}$$

步骤 2.7 后验状态估计值及估计误差协方差阵平方根系数分别为

$$\hat{\boldsymbol{x}}_{k+1|k+1} = \hat{\boldsymbol{x}}_{k+1|k} + \boldsymbol{K}_{k+1}(z_{k+1} - \hat{z}_{k+1|k}) \tag{4.43}$$

$$\boldsymbol{S}_{k+1|k+1} = \text{Tria}([\boldsymbol{x}_{k+1|k} - \boldsymbol{K}_{k+1}z_{k+1|k}, \boldsymbol{K}_{k+1}\text{Chol}(\boldsymbol{R}_{k+1})]) \tag{4.44}$$

### 4.2.4 仿真结果及分析

选取单部集中式 MIMO 雷达($M = N = 25$)进行分析,其天线在 $X - Y$ 平面内 $[-2,2]\text{m} \times [-2,2]\text{m}$ 的范围内均匀布置,间距为 1m,每个天线均可发射或接收正交信号。载波长度为 $\lambda = 2\text{m}$,待选取的天线数量为 $G = 20$。目标数量 $Q = 3$,跟踪间隔 $T_s = 5\text{s}$,$K = 30$ 帧的数据用于每次仿真。目标与雷达的几何关系如图 4.1 所示。目标的初始状态见表 4.2,其运动符合近似常加速运动模型。单次照射的脉冲数 $L = 300$,脉冲重复间隔 $T_p = 1 \times 10^{-4}\text{s}$。引入以下算法用于仿真对比。

(1)随机配置,即随机选取 20 个发射、接收天线；

(2)穷举搜索算法[129],其利用穷举搜索来求解式(4.25)；

(3)启发式搜索算法[32],其利用多起点贪婪搜索算法求解式(4.25)。

算法性能评估指标为 PCRLB 与对应的 RMSE,后者定义为

$$\mathrm{RMSE}_k = \max_{q\in Q}\left\{\sqrt{\frac{1}{N_{\mathrm{sim}}}\sum_{j=1}^{N_{\mathrm{sim}}}\left[(x_k^q-\hat{x}_{k,j}^q)^2+(y_k^q-\hat{y}_{k,j}^q)^2\right]}\right\} \tag{4.45}$$

式中:$N_{\mathrm{sim}}=100$ 为仿真次数;$(\hat{x}_{k,j}^q,\hat{y}_{k,j}^q)$ 为在第 $j$ 次仿真中对于第 $q$ 个目标的位置估计值。

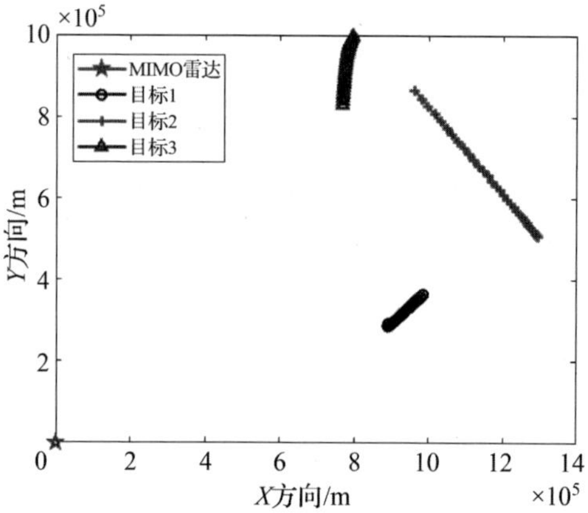


**图 4.1　MIMO 雷达与目标的几何关系**

**表 4.2　目标初始参数**

| 目标编号 | 1 | 2 | 3 |
|---|---|---|---|
| 位置/km | (893.2,290.1) | (1284,519.1) | (790.2,994.1) |
| 速度/(m/s) | (−39.82,−121.2) | (−957.0,1016) | (−414.7,−247.9) |
| 加速度/(m/s²) | (12.07,16.76) | (−33.94,29.69) | (−8.535,−2.14) |

**1. Ⅰ型目标**

当目标的 RCS 符合Ⅰ类模型时,有 $\alpha_{k,l}^q=\alpha_k^q,\mathbb{E}(|\alpha_k^q|^2)=1,q=1,2,\cdots,Q,k=1,2,\cdots,K,l=1,2,\cdots,L$。算法性能对比如图 4.2 所示。从中可以看出,在初始误差相同的条件下,相比于随机选择和启发式搜索算法,所提算法取得了更低的 PCRLB 和 RMSE,且性能与穷举搜索算法相近。这是由于动态天线选择算法能够根据预测所得的 PCRLB 提供最小的量测误差,以获得更高的跟踪精度。此点也可以从图 4.2(a)中看出,真实 PCRLB 与预测 PCRLB 非常接近,间接证明了所提算法的有效性。而随机配置未能有效利用目标信息来调节工作参数,因此,所取得的 PCRLB 和 RMSE 最大。此外,由于所提算法结合了凸松弛与局部

搜索技术,前者可以提供高质量的初始解集,后者则可以进一步提升求解精度,因此,性能比启发式搜索算法有明显提升。

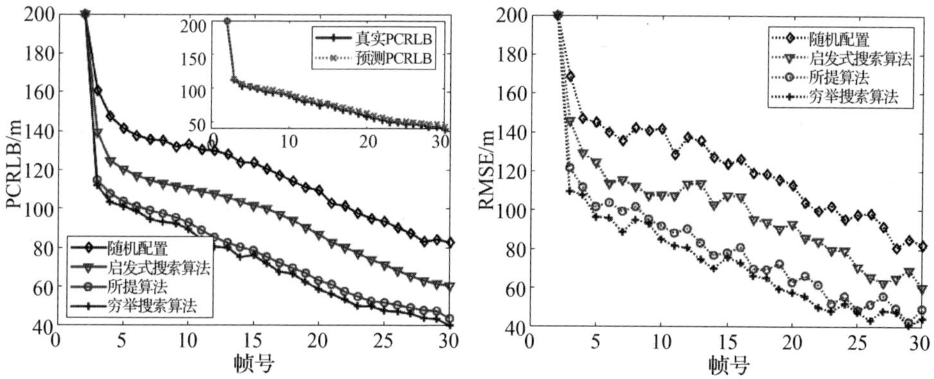


(a) PCRLB对比　　(b) RMSE对比

**图 4.2　算法性能对比**

3 种求解算法的 CPU 运行时间结果如图 4.3 所示。从中可知,在 $M = N = 25$ 的条件下,所提算法的计算量在穷举搜索和启发式搜索算法的计算量之间。但穷举搜索算法的计算量过大,难以实际应用;所提算法的性能与穷举搜索相近,且计算量适中,更适用于资源分配。

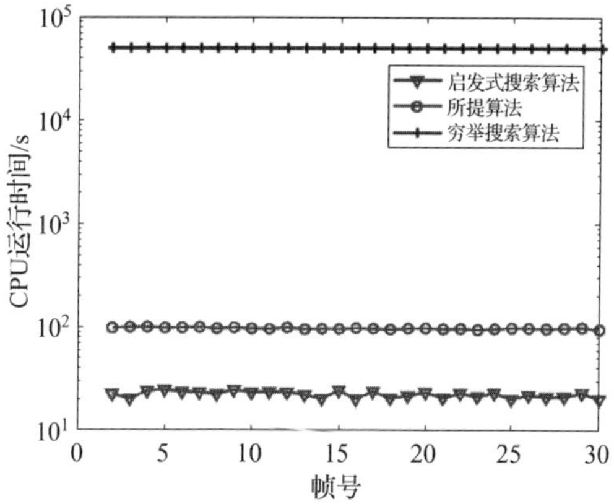


**图 4.3　算法运行时间对比**

为进一步分析 SNR 对于算法性能的影响,图 4.4 给出了不同算法的 PCRLB 和 RMSE 随 SNR 调整的变化。从中可知,当 SNR 提升后,所有算法的 PCRLB 和 RMSE 均显著下降,跟踪精度提升明显。但所提算法的性能依旧优于随机配置和启发式搜索算法,且与穷举搜索算法接近,由此证明了所提算法的稳健性。

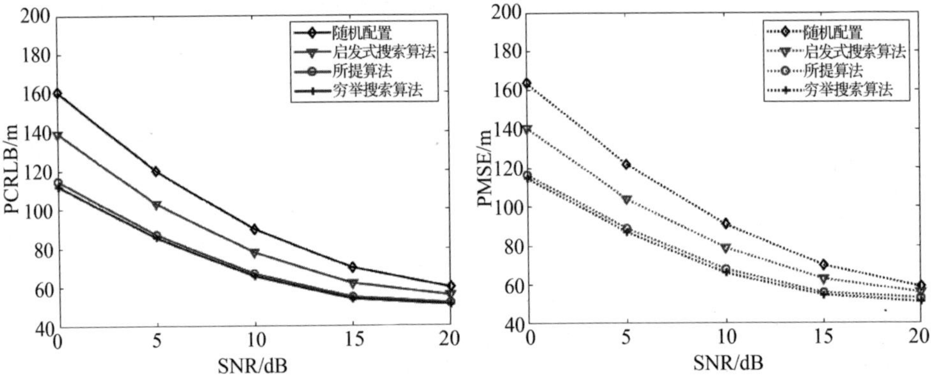


(a) PCRLB　　(b) RMSE

**图 4.4　算法性能随 SNR 的变化情况**

### 2. Ⅱ型目标

当目标 RCS 符合Ⅱ类模型时，对于单次照射时间内的各个脉冲而言，$\alpha_{k,l}^{q}$相互独立。假设$\mathbb{E}(|\alpha_{k}^{q}|^{2})=1, q=1,2,\cdots,Q, k=1,2,\cdots,K, l=1,2,\cdots,L$。图 4.5 为 4 种算法的性能对比。

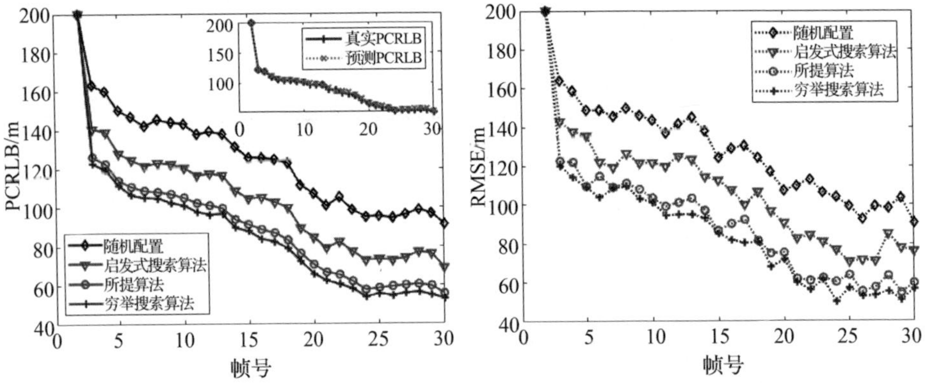


(a) PCRLB对比　　(b) RMSE对比

**图 4.5　算法性能对比**

从中可以看出，相比于随机配置和启发式搜索算法，所提算法获得了更低的 PCRLB 和 RMSE。这是由于所提算法可以根据跟踪中的反馈信息来动态调整天线配置，使得每一帧的 PCRLB 尽可能达到最小。此外，所提算法的性能与穷举搜索算法较为接近。图 4.5(a) 对比了预测 PCRLB 与真实 PCRLB。显然，二者基本重合，验证了所提算法在理论上的正确性。

图 4.6 展示了算法性能随 SNR 增加的变化情况。所有算法的跟踪性能随

SNR 的提升有了明显提高。尽管算法间性能的差异随 SNR 的增加而逐渐减小，所提算法的性能一直优于随机配置和启发式搜索算法。此外，所提算法与穷举搜索算法的性能较为接近，证明了在不同 SNR 条件下所提算法的有效性。

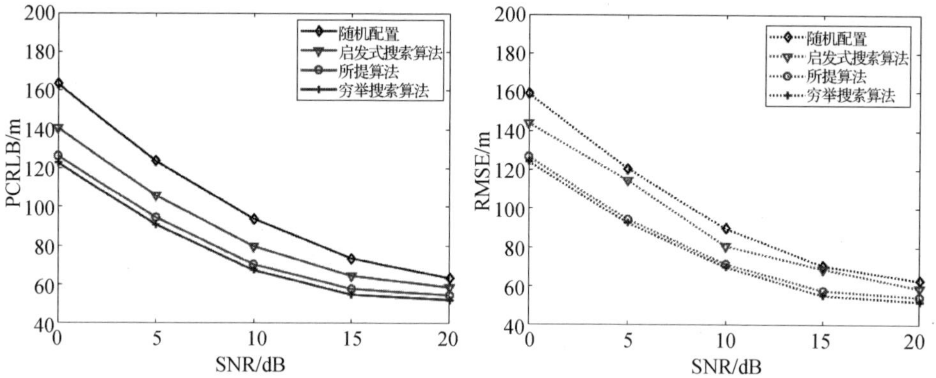


(a) PCRLB　　(b) RMSE

**图 4.6　算法性能随 SNR 的变化情况**

通过上述仿真，可以得出以下结论：

(1)无论目标的 RCS 服从 Swerling Ⅰ型或是 Swerling Ⅱ型分布，动态天线配置与随机天线配置的性能差距均会随 SNR 的增加而减小；

(2)相比于随机配置与启发式搜索算法，所提出的天线选择算法的性能更优；

(3)尽管穷举搜索算法可以提供最优结果，但受计算复杂度的限制，其难以在实际中得到运用，而所提算法具有较低的计算复杂度和较高的计算精度，更加适合工程需求。

本节提出一种动态天线选择机制并运用于集中式 MIMO 雷达多目标跟踪过程，其优化目标是多批目标跟踪精度的 PCRLB 之和。由于天线选择为典型的 NP 难题，提出一种凸松弛与局部搜索相结合的算法进行求解。仿真结果验证了所提算法的有效性。

## 4.3　多目标跟踪中的功率和带宽联合分配

对于集中式 MIMO 雷达发射参数的分配，已有文献[68 - 72]多关注于发射功率，未对其他参数进行过多探讨。而由于集中式 MIMO 雷达具有较高的系统自由度，其他发射参数如带宽、波形的分配也必定会给系统性能带来影响。

在跟踪多批目标的过程中,集中式 MIMO 雷达可以利用同时多波束模式来对每个目标进行单独跟踪。技术上而言,多个同时正交波束并非是由一个个发射天线单独发出的,而是通过多个集中式阵元综合形成[153]。此时,发射波束独立地散布于整个空间,而接收波束则用来覆盖对应空域。因而,可以利用不同目标的空间信息来区分目标回波,使得多目标跟踪问题转化为多个单目标跟踪问题。图 4.7 给出了同时多波束模式下的目标跟踪图示。

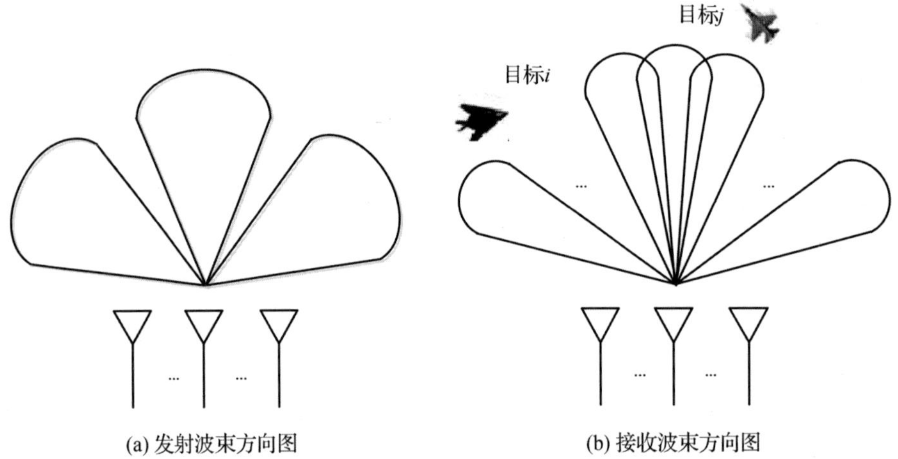


**图 4.7　同时多波束示意图**

实现波束正交化的途径之一就是赋予多个波束离散的带宽。相比于其他正交波束形成技术[154-155],这种方案可以通过简单的滤波机制来实现波形分集。而且,可以在不影响正交性的前提下对每个发射机进行灵活调节。然而,在实际运用中,带宽资源往往一定。典型的如远程预警雷达、米波雷达等,工作频段较低,带宽资源极其有限。又如在敌对环境下,雷达需要同时完成多种任务,如警戒、多目标跟踪、通信等,每个任务均需要占用一定的频带资源。近来,随着 OFDM - MIMO 通信雷达一体化技术的发展[156-158],可以预见,MIMO 雷达带宽资源的紧缺性将愈加突显。并且,当考虑雷达的低截获需求时,必须对频谱资源进行有效管控。此外,文献[28]已经证明,目标的定位精度为关于带宽的函数。因此,在文献[68-72]的基础上,本节主要探讨功率和带宽的联合分配问题。

## 4.3.1　基本模型

**1. 信号模型**

考虑位于$(x_0,y_0)$处的单部集中式 MIMO 雷达,发射多个正交信号并同时跟

踪多批目标,每个波束仅用于一个目标的跟踪。在窄带条件下,对于目标 $q$ 的发射信号模型为

$$s_{\mathrm{T}k}^{q}(t)=\sqrt{P_{\mathrm{T}k}^{q}}\,\tilde{s}_{k}^{q}(t)\exp(-\mathrm{j}2\pi f_{\mathrm{c}}t) \tag{4.46}$$

式中:$q=1,2,\cdots,Q$;$P_{\mathrm{T}k}^{q}$为发射功率

$$\begin{cases} P_{\mathrm{T}k}^{q}>0, & \text{雷达跟踪第 } q \text{ 个目标} \\ P_{\mathrm{T}k}^{q}=0, & \text{其他} \end{cases} \tag{4.47}$$

式中:$\tilde{s}_{k}^{q}(t)$为归一化的信号复包络;$f_{\mathrm{c}}$ 为载频。信号的有效带宽$\beta_{k}^{q}$ 和有效时宽$T_{k}^{q}$分别满足[119]:

$$|\beta_{k}^{q}|^{2}=\frac{\int f^{2}\,|\,\tilde{S}_{k}^{q}(f)\,|^{2}\mathrm{d}f}{\int|\,\tilde{S}_{k}^{q}(f)\,|^{2}\mathrm{d}f} \tag{4.48}$$

$$|T_{k}^{q}|^{2}=\frac{\int t^{2}\,|\,\tilde{s}_{k}^{q}(t)\,|^{2}\mathrm{d}t}{\int|\,\tilde{s}_{k}^{q}(t)\,|^{2}\mathrm{d}t} \tag{4.49}$$

即对于信号分别在频域和时域的积分。此时,接收信号可表示为

$$s_{\mathrm{R}k}^{q}(t)\approx\alpha_{k}^{q}\sqrt{h_{k}^{q}P_{\mathrm{T}k}^{q}}\,\tilde{s}\,(t-\tau_{k}^{q})\exp(-\mathrm{j}2\pi\nu_{k}^{q}t)+n_{k}^{q}(t) \tag{4.50}$$

式中:$|\alpha_{k}^{q}|^{2}$ 为目标的 RCS;$h_{k}^{q}$ 为路径衰落因子;$\tau_{k}^{q}$ 和 $\nu_{k}^{q}$ 分别为时延和多普勒频移;$n_{k}^{q}(t)$为零均值的加性白噪声。

**2. 目标运动模型**

假设 $Q$ 个目标在空间中充分分开,且符合近似常加速运动模型[131]:

$$\boldsymbol{x}_{k}^{q}=\boldsymbol{F}_{q}\boldsymbol{x}_{k-1}^{q}+\boldsymbol{w}_{k-1}^{q} \tag{4.51}$$

式中:$\boldsymbol{x}_{k}^{q}=[x_{k}^{q},\dot{x}_{k}^{q},\ddot{x}_{k}^{q},y_{k}^{q},\dot{y}_{k}^{q},\ddot{y}_{k}^{q}]^{\mathrm{T}}$,分别表示位置、速度和加速度;$\boldsymbol{w}_{k-1}^{q}\sim\mathcal{N}(\mathbf{0},\boldsymbol{Q}_{q})$。$\boldsymbol{F}_{q}$ 和 $\boldsymbol{Q}_{q}$ 的具体形式为

$$\boldsymbol{F}_{q}=\boldsymbol{I}_{2}\otimes\begin{bmatrix}1 & T_{\mathrm{s}} & T_{\mathrm{s}}^{2}/2\\ 0 & 1 & T_{\mathrm{s}}\\ 0 & 0 & 1\end{bmatrix} \tag{4.52}$$

$$\boldsymbol{Q}_{q}=\kappa_{q}\boldsymbol{I}_{2}\otimes\begin{bmatrix}T_{\mathrm{s}}^{5}/20 & T_{\mathrm{s}}^{4}/8 & T_{\mathrm{s}}^{3}/6\\ T_{\mathrm{s}}^{4}/8 & T_{\mathrm{s}}^{3}/3 & T_{\mathrm{s}}^{2}/2\\ T_{\mathrm{s}}^{3}/6 & T_{\mathrm{s}}^{2}/2 & T_{\mathrm{s}}\end{bmatrix} \tag{4.53}$$

式中:$T_{\mathrm{s}}$ 为跟踪间隔;$\kappa_{q}$ 为过程噪声强度。

**3. 量测模型**

利用合适的信号处理手段可获得丰富的目标信息,在此,关注目标的距离、速度和角度。则在非线性量测下,有

$$z_k^q = h(\boldsymbol{x}_k^q) + \boldsymbol{n}_k^q \tag{4.54}$$

式中:$h(\cdot)$为关于目标距离、速度和角度的非线性变换,$h(\boldsymbol{x}_k^q) = [r_k^q, \dot{r}_k^q, \theta_k^q]^{\mathrm{T}}$。其中:

$$\begin{cases} r_k^q = \sqrt{(x_k^q - x_0)^2 + (y_k^q - y_0)^2} \\ \dot{r}_k^q = \dot{x}_k(x_k^q - x_0) + \dot{y}_k(y_k^q - y_0)/r_k^q \\ \theta_k^q = \mathrm{artan2}\left(\dfrac{y_k^q - y_0}{x_k^q - x_0}\right) \end{cases} \tag{4.55}$$

量测噪声 $\boldsymbol{n}_k^q \sim \mathcal{N}(\boldsymbol{0}, \boldsymbol{R}_k^q)$,且 $\boldsymbol{R}_k^q$ 可写为关于发射参数的表达式:

$$\boldsymbol{R}_k^q = \mathrm{blkdiag}(\sigma_{r_k^q}^2, \sigma_{\dot{r}_k^q}^2, \sigma_{\theta_k^q}^2) \tag{4.56}$$

式中:各元素为关于距离、速度和角度的 CRLB,即

$$\begin{cases} \sigma_{r_k^q}^2 \propto (h_k^q P_{\mathrm{T}k}^q |\alpha_k^q|^2 \; |\beta_k^q|^2)^{-1} \\ \sigma_{\dot{r}_k^q}^2 \propto (h_k^q P_{\mathrm{T}k}^q |\alpha_k^q|^2 \; |T_k^q|^2)^{-1} \\ \sigma_{\theta_k^q}^2 \propto (h_k^q P_{\mathrm{T}k}^q |\alpha_k^q|^2 / B_{\mathrm{w}})^{-1} \end{cases}$$

式中:$B_{\mathrm{w}}$ 为双程波束宽度。

**4. 关于功率和带宽的 PCRLB**

CRLB 为无偏估计器提供了一个紧致的下界,并且,在高 SNR 条件下,目标状态估计误差很接近 CRLB[26]。因此,其广泛应用于多种资源分配问题中。若令 $\hat{\boldsymbol{x}}_k^q(\boldsymbol{z}_k^q)$ 为目标状态 $\boldsymbol{x}_k^q$ 的无偏估计,则有贝叶斯-克拉美-罗不等式成立[42]:

$$\mathbb{E}_{\boldsymbol{x}_k^q, \boldsymbol{z}_k^q}[(\hat{\boldsymbol{x}}_k^q(\boldsymbol{z}_k^q) - \boldsymbol{x}_k^q)(\hat{\boldsymbol{x}}_k^q(\boldsymbol{z}_k^q) - \boldsymbol{x}_k^q)^{\mathrm{T}}] \geqslant \boldsymbol{J}^{-1}(\boldsymbol{x}_k^q) \tag{4.57}$$

式中:$\mathbb{E}_{\boldsymbol{x}_k^q, \boldsymbol{z}_k^q}$为均值符号。$\boldsymbol{J}(\boldsymbol{x}_k^q)$ 为 BIM,即 PCRLB 的逆矩阵,其可以写作先验 FIM 和数据 FIM 之和的形式:

$$\boldsymbol{J}(\boldsymbol{x}_k^q) = \boldsymbol{J}_{\mathrm{P}}(\boldsymbol{x}_k^q) + \boldsymbol{J}_{\mathrm{D}}(\boldsymbol{x}_k^q) \tag{4.58}$$

式中:先验 FIM 的表达式仅与目标的运动模型有关,即

$$\boldsymbol{J}_{\mathrm{P}}(\boldsymbol{x}_k^q) = (\boldsymbol{Q}_q + \boldsymbol{F}_q \boldsymbol{J}^{-1}(\boldsymbol{x}_{k-1}^q) \boldsymbol{F}_q^{\mathrm{T}})^{-1} \tag{4.59}$$

数据 FIM 的表达式为

$$\boldsymbol{J}_{\mathrm{D}}(\boldsymbol{x}_k^q) = \mathbb{E}_{\boldsymbol{x}_k^q}[(\boldsymbol{H}_k^q)^{\mathrm{T}} (\boldsymbol{R}_k^q)^{-1} \boldsymbol{H}_k^q] \tag{4.60}$$

当假设过程噪声较小时,可以去掉均值符号,并对 BIM 进行如下近似[133]:

$$
\begin{aligned}
\hat{\boldsymbol{J}}(\boldsymbol{x}_k^q) &= (\boldsymbol{Q}_q + \boldsymbol{F}_q \boldsymbol{J}^{-1}(\boldsymbol{x}_{k-1}^q)\boldsymbol{F}_q^{\mathrm{T}})^{-1} + (\boldsymbol{H}_k^q)^{\mathrm{T}} (\boldsymbol{R}_k^q)^{-1} \boldsymbol{H}_k^q \big|_{\boldsymbol{x}_k^q = \hat{\boldsymbol{x}}_{k|k-1}^q} \\
&= (\boldsymbol{Q}_q + \boldsymbol{F}_q \boldsymbol{J}^{-1}(\boldsymbol{x}_{k-1}^q)\boldsymbol{F}_q^{\mathrm{T}})^{-1} + (\hat{\boldsymbol{H}}_k^q)^{\mathrm{T}} (\hat{\boldsymbol{R}}_k^q)^{-1} \hat{\boldsymbol{H}}_k^q
\end{aligned}
\tag{4.61}
$$

式中:$\hat{\boldsymbol{x}}_{k|k-1}^q$为目标状态估计的一步预测。式(4.61)显示了 PCRLB 的可预测性,为其作为资源分配的目标函数奠定了基础。

当整合入所分配的功率 $P_{\mathrm{T}k}^q$和带宽 $\beta_k^q$ 项时,预测的 BIM 写为

$$
\hat{\boldsymbol{J}}(\boldsymbol{x}_k^q, P_{\mathrm{T}k}^q, \beta_k^q) = (\boldsymbol{Q}_q + \boldsymbol{F}_q \boldsymbol{J}^{-1}(\boldsymbol{x}_{k-1}^q)\boldsymbol{F}_q^{\mathrm{T}})^{-1} + (\hat{\boldsymbol{H}}_k^q)^{\mathrm{T}} (\hat{\boldsymbol{R}}_k^q(P_{\mathrm{T}k}^q, \beta_k^q))^{-1} \hat{\boldsymbol{H}}_k^q
\tag{4.62}
$$

由于位置估计误差在状态估计误差中占主导地位,因此,提取位置的 PCRLB 作为目标函数。在下文中,将位置误差的 PCRLB 写为

$$
\mathbb{G}(P_{\mathrm{T}k}^q, \beta_k^q) = \mathrm{tr}_{\mathrm{pos}}[\hat{\boldsymbol{J}}^{-1}(\boldsymbol{x}_k^q, P_{\mathrm{T}k}^q, \beta_k^q)]
\tag{4.63}
$$

## 4.3.2 优化模型构建

数学上而言,功率、带宽的联合分配问题是资源总量限制下的优化问题。前节推导得出的 PCRLB 提供了一个有效的优化标准。

假定功率和带宽利用情况分别为 $\boldsymbol{P}_{\mathrm{T}k} = [P_{\mathrm{T}k}^1, \cdots, P_{\mathrm{T}k}^q, \cdots, P_{\mathrm{T}k}^Q]^{\mathrm{T}}$ 和 $\boldsymbol{\beta}_k = [\beta_k^1, \cdots, \beta_k^q, \cdots, \beta_k^Q]^{\mathrm{T}}$。则目标函数可构建为多个目标的 PCRLB 之和的形式:

$$
\mathbb{F}(\boldsymbol{P}_{\mathrm{T}k}, \boldsymbol{\beta}_k) = \sum_{q=1}^{Q} \mathbb{G}(P_{\mathrm{T}k}^q, \beta_k^q)
\tag{4.64}
$$

优化模型描述为

$$
\begin{aligned}
&\min_{\boldsymbol{P}_{\mathrm{T}k}, \boldsymbol{\beta}_k} \mathbb{F}(\boldsymbol{P}_{\mathrm{T}k}, \boldsymbol{\beta}_k) \\
&\text{s.t.}\ P_{\mathrm{Tmin}} \leqslant P_{\mathrm{t}k}^q \leqslant P_{\mathrm{Tmax}} \\
&\qquad \beta_{\min} \leqslant \beta_k^q \leqslant \beta_{\max} \\
&\qquad \boldsymbol{1}_Q^{\mathrm{T}} \boldsymbol{P}_{\mathrm{T}k} = P_{\mathrm{total}} \\
&\qquad \boldsymbol{1}_Q^{\mathrm{T}} \boldsymbol{\beta}_k = \beta_{\mathrm{total}}
\end{aligned}
\tag{4.65}
$$

式中:$\boldsymbol{1}_Q^{\mathrm{T}}$ 为 $1 \times Q$ 维的全 1 矢量。注意到当功率调整时,检测性能将受到影响。因此,对分配的功率设置下界以满足检测概率 $P_{\mathrm{d}} \geqslant 1$。$P_{\mathrm{Tmin}}$ 和 $P_{\mathrm{Tmax}}$ 分别为分配功率的上、下界;$\beta_{\min}$ 和 $\beta_{\max}$ 分别为分配带宽的上、下界;$P_{\mathrm{total}}$ 和 $\beta_{\mathrm{total}}$ 分别为功率总量和带宽总量。

### 4.3.3 基于凸松弛与循环最小化的功率带宽联合分配

**1. 求解算法**

由于带宽这一二次项的存在,式(4.65)为非凸优化问题,可以先松弛约束然后采用循环最小化方法[147]进行求解。在描述求解算法前,首先给出以下引理。

引理 1:对于给定的带宽分配矢量 $\tilde{\boldsymbol{\beta}}_{k,\mathrm{opt}}$,功率分配问题可重写为凸优化问题。

证明:同附录 A。

在此基础上,求解算法可以描述为以下。

步骤 1　初始化,置带宽分配为平均分配。

步骤 2　在固定带宽分配的基础上,将式(4.65)写为

$$\begin{aligned}&\min_{\boldsymbol{P}_{\mathrm{T}k}} \mathbb{F}\left(\boldsymbol{P}_{\mathrm{T}k}\right)\\&\text{s.t. } P_{\mathrm{Tmin}} \leqslant P_{\mathrm{T}k}^{q} \leqslant P_{\mathrm{Tmax}}\\&\mathbf{1}_{Q}^{\mathrm{T}} \boldsymbol{P}_{k}=P_{\text{total}}\end{aligned} \tag{4.66}$$

根据引理 1,式(4.66)为凸优化问题,利用典型的凸优化算法即可求解,如 Zoutendijk 可行方向法。因此,可以得到暂态功率最优分配矢量 $\tilde{\boldsymbol{P}}_{\mathrm{T}k,\mathrm{opt}}$。

步骤 3　固定功率分配,将式(4.65)写为

$$\begin{aligned}&\min_{\boldsymbol{\beta}_{k}} \mathbb{F}\left(\boldsymbol{\beta}_{k}\right)\\&\text{s.t. } \beta_{\min} \leqslant \beta_{k}^{q} \leqslant \beta_{\max}\\&\mathbf{1}_{Q}^{\mathrm{T}} \boldsymbol{\beta}_{k}=\beta_{\text{total}}\end{aligned} \tag{4.67}$$

由于二次项 $\beta_k^q$ 的存在,式(4.67)为非凸的优化问题。引入矢量 $\boldsymbol{\gamma}_k=[\gamma_k^1,\gamma_k^2,\cdots,\gamma_k^Q]^{\mathrm{T}}=[\,|\beta_k^1|^2,|\beta_k^2|^2,\cdots,|\beta_k^Q|^2]^{\mathrm{T}}$ 和系数 $\lambda_1$,将优化模型重写为

$$\begin{aligned}&\min_{\boldsymbol{\gamma}_{k}} \mathbb{F}\left(\boldsymbol{\gamma}_{k}\right)\\&\text{s.t. } |\beta_{\min}|^{2} \leqslant \gamma_{k}^{q} \leqslant |\beta_{\max}|^{2}\\&\beta_{\text{total}}^{2}/Q \leqslant \mathbf{1}_{Q}^{\mathrm{T}} \boldsymbol{\gamma}_{k} \leqslant \lambda_{1} \beta_{\text{total}}^{2}\end{aligned} \tag{4.68}$$

式中:$\lambda_1$满足

$$\lambda_{1} \leqslant 1-Q(Q-1) \beta_{\min}^{2}/\beta_{\text{total}}^{2} \tag{4.69}$$

$\lambda_1$的值可以根据仿真结果进行调整。与引理 1 类似,式(4.68)为凸优化问题,利用 Zoutendijk 可行方向法即可快速求解。

步骤4 将式(4.68)的解作为精确搜索算法的初始解,来提升$\boldsymbol{\beta}_k$的求解精度。在每次迭代中,减小$\boldsymbol{\beta}$中单个元素的值,并将减小值加到其他元素中来产生新的带宽分配矢量$\boldsymbol{\beta}^+$。当两次PCRLB之差满足迭代终止条件后,输出$\boldsymbol{\beta}_k$作为下一步的初始解。精确搜索算法步骤详见算法4.2。

**算法4.2 精确搜索算法**

(1)初始化:置$\boldsymbol{\beta}_{l0}=\bar{\boldsymbol{\beta}}_{k,\mathrm{opt}}$($\bar{\boldsymbol{\beta}}_{k,\mathrm{opt}}$通过求解式(4.68)得到),$\mathbb{F}(\tilde{\boldsymbol{P}}_{k,\mathrm{opt}},\boldsymbol{\beta}_{l0})$,迭代步长$\Delta\beta_0$和算法终止条件$\varepsilon$;

(2)重复$\boldsymbol{\beta}_l=\arg\max\{\mathbb{F}(\tilde{\boldsymbol{P}}_{k,\mathrm{opt}},\boldsymbol{\beta}_{l-1}^+)-\mathbb{F}(\tilde{\boldsymbol{P}}_{k,\mathrm{opt}},\boldsymbol{\beta}_{l-1})\}$

$\mathrm{s.t.}\ \beta_{\min}\leqslant\beta_k^q\leqslant\beta_{\max}$

$\Delta\beta_l=\Delta\beta_{l-1}(\mathbf{1}_Q^{\mathrm{T}}\boldsymbol{\beta}_l/\mathbf{1}_Q^{\mathrm{T}}\boldsymbol{\beta}_{l-1})$

(3)while $\left|\mathbb{F}(\tilde{\boldsymbol{P}}_{k,\mathrm{opt}},\boldsymbol{\beta}_{l-1})-\mathbb{F}(\tilde{\boldsymbol{P}}_{k,\mathrm{opt}},\boldsymbol{\beta}_l)\right|\geqslant\varepsilon$

令$\boldsymbol{\beta}_l=\boldsymbol{\beta}_{l-1}$

end

步骤5 返回步骤2,直至相邻两次循环后目标函数值之差小于预设值时,算法中止。得到最优功率分配矢量$\boldsymbol{P}_{\mathrm{T}k,\mathrm{opt}}$和$\boldsymbol{\beta}_{k,\mathrm{opt}}$。

综上,通过凸松弛和循环最小化,便可以求解功率、带宽联合分配问题。

**2. 计算复杂度分析**

在联合分配算法中,每次循环包含了Zoutendijk可行方向法和精确搜索算法。对于前者而言,主要包含求解线性规划问题和一维搜索问题。若分别采用内点法和黄金分割法,则需要的计算复杂度分别为$\mathcal{O}(Q^{3.5})$和$\mathcal{O}(\log Q)$。对于精确搜索算法,至少需要$\mathcal{O}(Q)$次迭代。因此,算法的综合计算复杂度为$\mathcal{O}(Q^{3.5}+\log Q+Q)$,可写为$\mathcal{O}(Q^{3.5})$。

**3. 闭环跟踪系统**

为解决雷达坐标系下的非线性量测问题,利用SCKF来获得较为精确的目标状态。当获得目标的状态信息后,将预测的PCRLB作为优化标准来最优分配功率和带宽,以使得下一时刻的目标参数估计更加精确,从而形成一个闭环反馈的跟踪系统。整个流程见图4.8。

### 4.3.4 仿真结果及分析

选取位于原点(0,0)处的单部集中式MIMO雷达系统进行仿真分析。其发射功率$P_{\mathrm{total}}=10\mathrm{kW}$,每个发射阵元发射正交频率分集(orthogonal frequency division

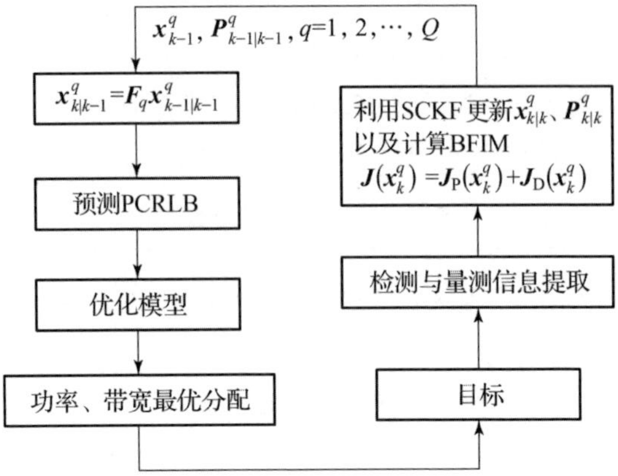


**图 4.8　闭环跟踪流程**

multiplexing, OFDM)相干脉冲串信号,信号载频 1GHz,总的有效时宽为 $T_{\text{total}}$,总的有效带宽为 $\beta_{\text{total}}$。雷达探测范围内存在 $Q=3$ 批目标,目标在空间上充分分开,具体参数见表 4.3。MIMO 雷达与目标的几何位置关系如图 4.9。发射带宽与功率的限制分别为$[0.1\beta_{\text{total}}, 0.8\beta_{\text{total}}]$和$[0.1P_{\text{total}}, 0.8P_{\text{total}}]$。30 帧的数据用于单次仿真,跟踪间隔 $T_s=1\text{s}$。假设在 500km 处利用 $0.1P_{\text{total}}$ 功率和 $0.1\beta_{\text{total}}$ 带宽照射 $h^q_k=1\text{m}^2$ 的目标的基准量测误差为 $\boldsymbol{R}=\text{diag}(\sigma_r^2, \sigma_{\dot{r}}^2, \sigma_\theta^2)$。其中,$\sigma_r=100\text{m}$;$\sigma_{\dot{r}}=10\text{m}$;$\sigma_\theta=0.1\text{rad}$。仿真中,对比以下 3 种算法:功率、带宽平均分配算法(二者平均分配),功率最优分配、带宽平均分配算法(功率最优分配),带宽最优分配、功率平均分配算法(带宽最优分配)。在初始时刻,4 种算法的功率、带宽均为平均分配。

**表 4.3　目标参数**

| 目标编号 | 1 | 2 | 3 |
|---|---|---|---|
| 初始位置/$\times 10^5$ m | (4.83, −0.11) | (2.73, 0.76) | (2.09, 0.59) |
| 初始速度/(m/s) | (−590, −200) | (−885, −400) | (−1280, −990) |
| 初始加速度/(m/s$^2$) | (−10, 0) | (−15, 0) | (−20, −10) |

为对影响资源分配的因素进行探究,设置三组仿真实验,采用多个目标位置估计的 PCRLB 之和与 RMSE 作为评估指标,后者定义为

$$\text{RMSE}_k = \sum_{q=1}^{Q}\sqrt{\frac{1}{N_{\text{sim}}}\sum_{j=1}^{N_{\text{sim}}}[(x^q_k-\hat{x}^q_{k,j})^2+(y^q_k-\hat{y}^q_{k,j})^2]} \tag{4.70}$$

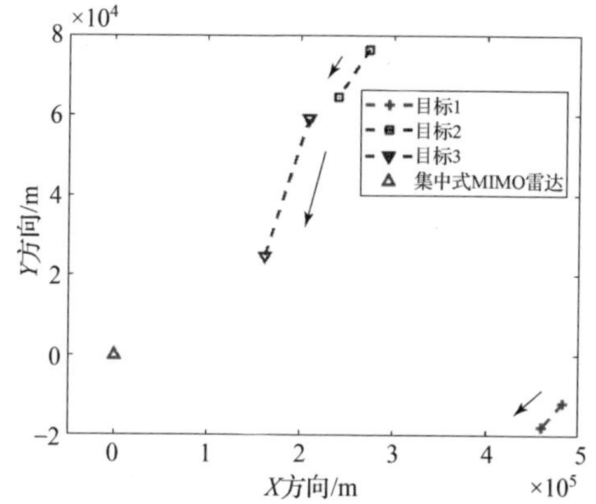


**图 4.9 集中式 MIMO 雷达与目标的几何位置关系**

式中：$N_{\text{sim}}=100$ 为仿真次数；$(\hat{x}_{k,j}^{q},\hat{y}_{k,j}^{q})$ 为第 $j$ 次仿真中对于第 $q$ 个目标的位置估计。

**1. 场景一：距离影响**

在此场景下，假定所有目标 RCS 均为 1，过程噪声系数 $\kappa_q$ 均为 1。因此，资源分配仅与目标和雷达间的距离有关。

图 4.10(a) 和图 4.10(b) 分别对比了 4 种算法的位置 PCRLB 和 RMSE。显然，功率 – 带宽联合分配算法的性能最佳，而平均分配算法的性能最差。这是由于所提算法利用了闭环反馈机制来指导资源分配，以使得每一时刻的 PCRLB 达到最小。同时，可以看出，相比于功率最优分配，带宽最优分配对跟踪性能的提升作用更加明显。这可以通过式(3.70)进行阐释，带宽在位置的 PCRLB 中具有二次方的形式。此外，从图 4.10(a) 中可以看出，预测的 PCRLB 与实际 PCRLB 较为接近，证明了所提优化模型的正确性。

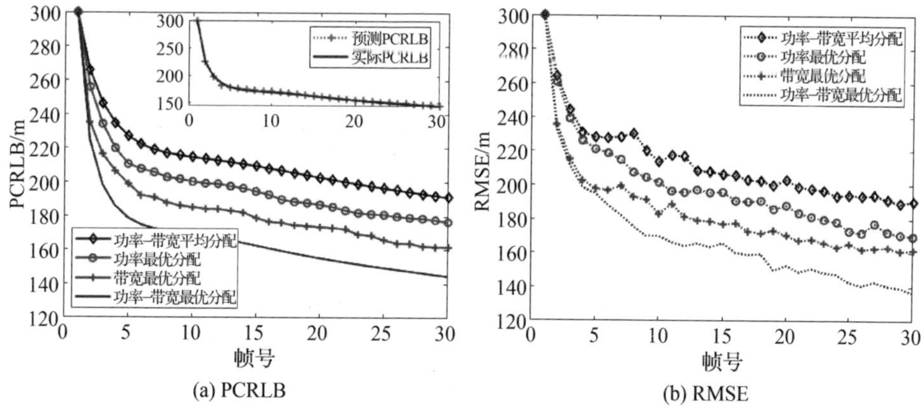


(a) PCRLB　　(b) RMSE

**图 4.10 场景一中算法性能对比**

图 4.11 为所提算法的功率、带宽分配结果，其中，不同颜色的区域代表功率分配比：

$$r_{q,k}^{\text{power}} = P_{\text{T}k}^{q} / P_{\text{total}} \tag{4.71}$$

和带宽分配比：

$$r_{q,k}^{\text{bandwidth}} = \beta_{k}^{q} / \beta_{\text{total}} \tag{4.72}$$

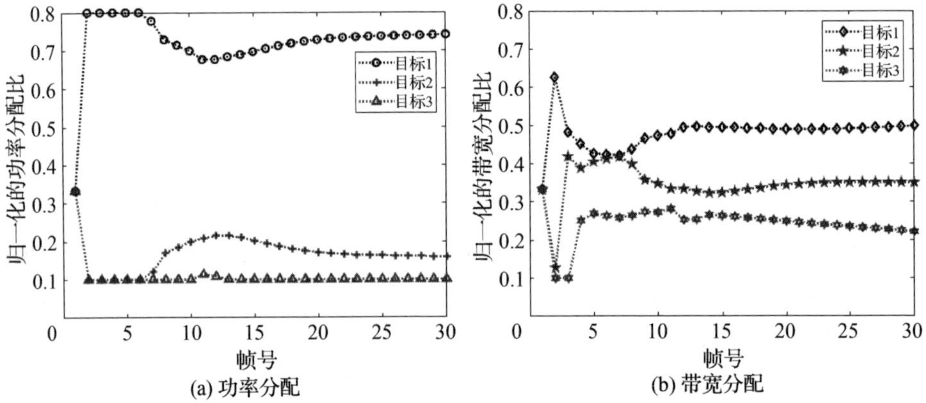


**图 4.11　场景一中资源分配结果**

由此可知，系统将更多的功率和带宽分配给了距离较远的目标（目标 1），这是由于其估计误差最大。同时，这一结论也与许多前人的结论[68-72]一致。不同的是，文献[68－72]利用最差的 PCRLB 作为目标函数，而本节采用多批目标的 PCRLB 之和作为优化指标。此外，从图 4.12 中可以看出，经过资源优化后，每批目标的 PCRLB 之间仍有较为明显的差距，这点也与文献[68－72]不同。当依据最差 PCRLB 优化资源分配时，各批目标的 PCRLB 将趋于一致。

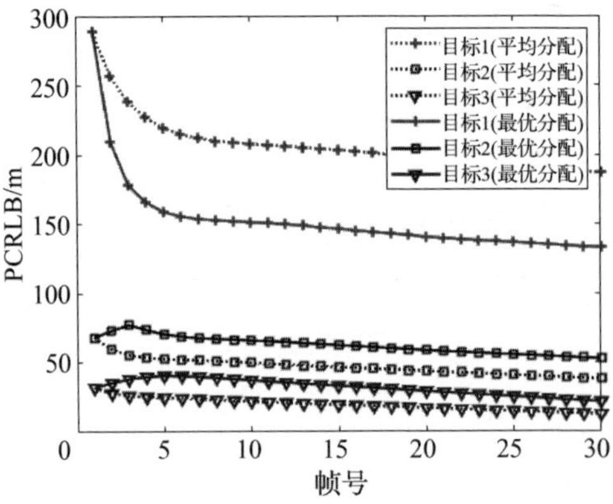


**图 4.12　场景一中每批目标的 PCRLB**

**2. 场景二:目标 RCS 影响**

在本场景中,考虑时变 RCS 模型,如图 4.13 所示。此外,3 批目标的模型误差均为 1。

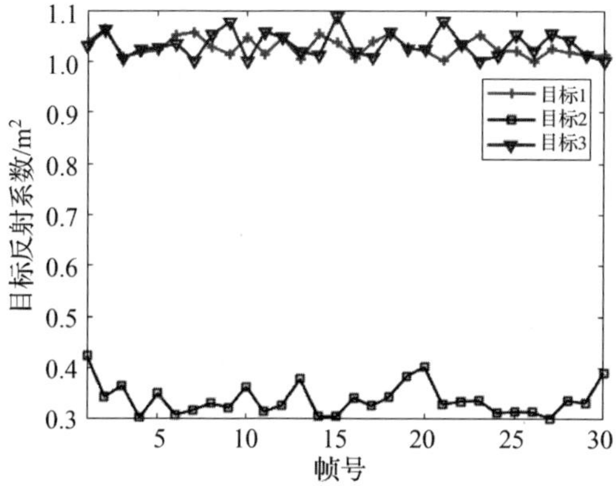


**图 4.13　时变 RCS 模型**

图 4.14 给出了 4 种算法的性能对比,从中可以看出功率 - 带宽联合分配更能够充分利用系统资源,提升对目标的跟踪性能。此外,从图 4.14(a)中可以看出预测 PCRLB 与真实 PCRLB 的贴近程度,由此验证了所提算法的正确性。

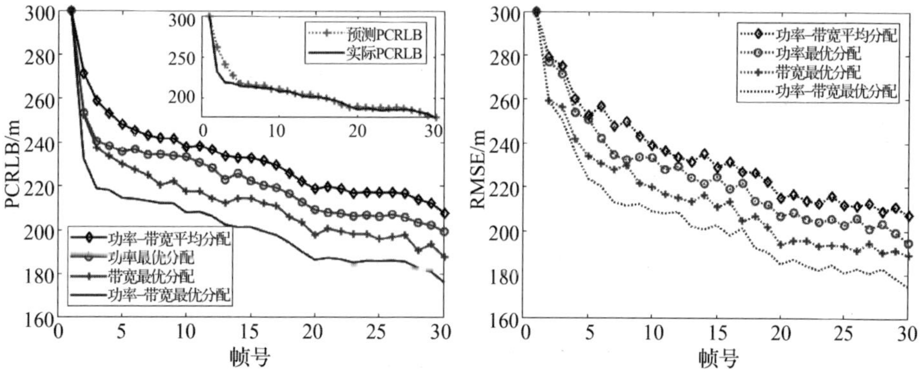


(a) PCRLB　　(b) RMSE

**图 4.14　场景二中算法性能对比**

图 4.15 和图 4.16 分别为目标 RCS 起伏对于资源分配结果和各目标 PCRLB 的影响。相比于场景一,由于反射系数下降,目标 2 获得了更多的功率和带宽资源。系统对目标 3 分配的资源仍然最少,这主要是因为该目标距雷达最近,且反射系数较强。

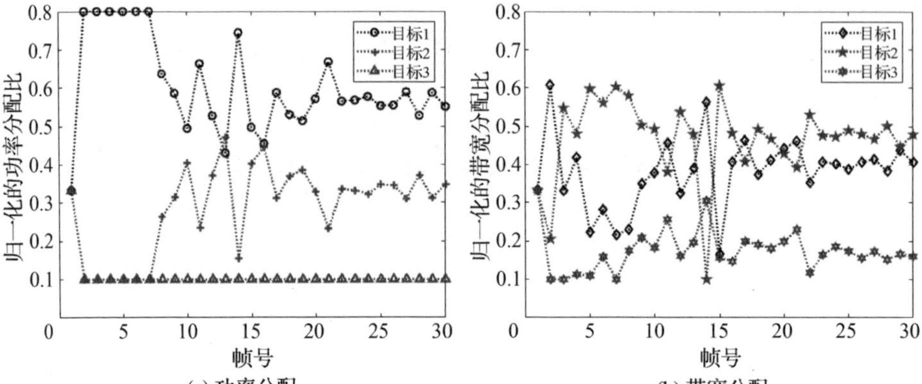


(a) 功率分配　(b) 带宽分配

**图 4.15　场景二中资源分配结果**

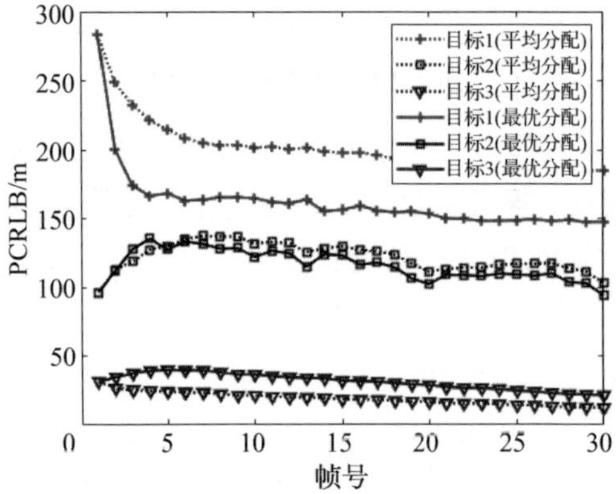


**图 4.16　场景二中每批目标的 PCRLB**

**3. 场景三:运动模型的影响**

在此场景中,目标 RCS 均为 1。考虑两种运动误差模型:$\kappa_q=1, q=1,3$;$\kappa_q=1000, q=2$。

图 4.17(a)显示,在此场景下,预测 PCRLB 与实际 PCRLB 具有较明显的差距,这是由于目标 2 的运动模型误差较大。但这一差异对所提算法的性能影响不大,从图 4.17(b)中可以看出联合分配算法相比于其他 3 种资源分配算法的优越性。

图 4.18 和图 4.19 给出了对应的资源分配结果和各目标的 PCRLB 变化情况。由于目标 2 具有较大的模型误差,相比于场景一,其获得了更多的功率和带宽资源。

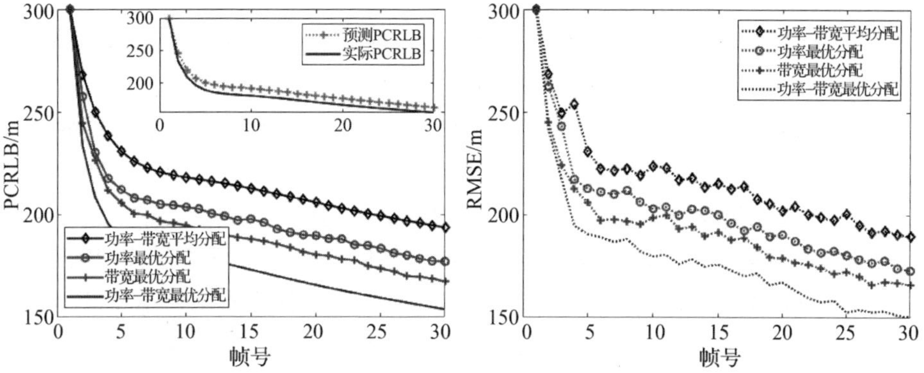


(a) PCRLB　　(b) RMSE

**图 4.17　场景三中算法性能对比**

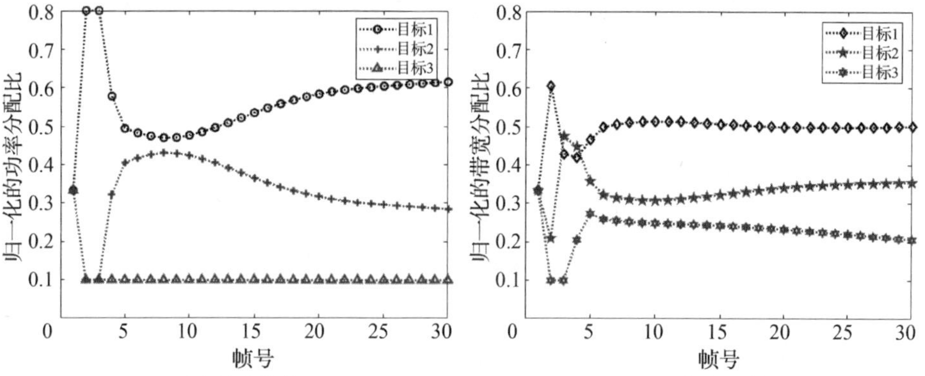


(a) 功率分配　　(b) 带宽分配

**图 4.18　场景三中资源分配结果**

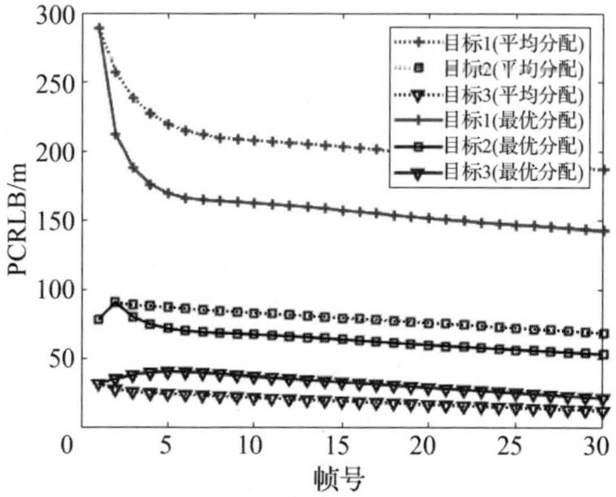


**图 4.19　场景三中每批目标的 PCRLB**

由 3 种场景下的仿真结果可知：

(1)功率－带宽联合分配算法可以有效提升多批目标的总体跟踪精度，对于不同场景，展示了良好的自适应性和稳健性。

(2)在联合分配算法中，系统将会给较低反射系数和较大模型误差的目标分配更多的功率、带宽资源。

(3)相比于功率分配，带宽分配对于跟踪精度的提升更加明显。

本节针对集中式 MIMO 雷达多目标跟踪中的功率－带宽联合分配问题，利用多批目标的 PCRLB 之和构建了目标函数，采用凸松弛技术结合循环最小化算法进行求解。仿真验证了所提算法相比于平均资源分配方案以及单独优化方案的优越性。

## 4.4 多目标跟踪中的波束、功率和波形联合分配

如前所述，波形选择对于跟踪精度的提升具有显著影响。文献[68－72]研究了集中式 MIMO 雷达多目标跟踪中的功率分配问题。文献[139]针对集中式 MIMO 雷达在低擦地角环境下的目标跟踪设计了最优发射波形。而在实际运用中，雷达的可用波形数量往往是一定的。例如，对于发射正交频率分集线性调频信号(OFDM－linear frequency modulated，OFDM－LFM)的集中式 MIMO 雷达而言，受系统硬件限制，其线性调频斜率往往在一定范围之内。这促使本节进一步探究功率、波形联合分配能否进一步提升系统性能。

对于波形参数的自适应选择，文献[159]首先利用参数估计理论中的 CRLB 来近似量测误差的协方差矩阵，使得发射信号的模糊函数与量测噪声相联系，建立了发射波形与跟踪滤波间的关系。文献[160－161]将这一结论扩展到杂波环境。而后，文献[162－163]提出了一步和两步提前调度的算法，并证明了后者的优势。文献[164－165]建立了通用的线性调频波形库，研究了多传感器在杂波环境下的动态波形选择。综合上述思想[159－165]，文献[12]首次提出了认知雷达的概念：通过发射－感知－接收－调整这一闭环反馈回路来自适应改变工作参数，最大程度上发挥雷达系统的跟踪性能。在此基础上，文献[13－14]系统阐释了认知跟踪的思想，利用 SCKF[151－152]进行状态滤波，并采用动态规划算法选取最优发射波形。而文献[12－14，159－165]均是针对相控阵雷达开展研究，且资源分配对象仅限于波形参数。对于集中式 MIMO 雷达而言，可凭借同时正交多波束技术，真正实现多个目标的同时跟踪。在这种模式下，发射机的峰值功率得以大大降低，可满足军事运用中的低截获要求；同时，对于每个目标的驻

留时间得以延长,进而获得更高的多普勒分辨力。但受系统自由度的限制,MIMO 雷达同时产生的正交波束数量必然小于发射阵元数量。当目标数量过多时,在每次跟踪间隔内,将有部分目标得不到照射。因此,研究集中式 MIMO 雷达多目标跟踪背景下有限波束、功率、波形的联合分配问题,具有较高的理论和实践价值。

综上所述,本节在波束可用数量小于目标数量的前提下,主要探讨:

(1)每一时刻雷达系统需要运用的波束数量;

(2)哪些目标将被分配相应的发射资源;

(3)给定功率和波形总量的限制,是否存在最优的联合分配方案;

(4)相比于资源单独分配,联合分配方案能否进一步提升系统性能。

为简化分析,本节认为集中式 MIMO 雷达采用 4.3 节中的同时多波束模式,各目标在空间充分分开,且信号模型与目标运动模型同 4.3.1 节。

### 4.4.1 优化模型构建

#### 1. 发射波形与跟踪滤波的联系

为描述波束、功率、波形的联合分配问题,假设在第 $k$ 次跟踪间隔内,对于各目标的波束利用情况为 $\boldsymbol{u}_k=[u_k^1,\cdots,u_k^q,\cdots,u_k^Q]^{\mathrm{T}}$,且 $u_k^q\in\{0,1\}$;波形参数为 $\boldsymbol{\lambda}_k=[\lambda_k^1,\cdots,\lambda_k^q,\cdots,\lambda_k^Q]^{\mathrm{T}}$;发射功率为 $\boldsymbol{P}_{\mathrm{T}k}=[P_{\mathrm{T}k}^1,\cdots,P_{\mathrm{T}k}^q,\cdots,P_{\mathrm{T}k}^Q]^{\mathrm{T}}$。值得注意的是,$\lambda_k^q$ 既可为标量,也可为矢量。

在高 SNR 条件下,量测误差协方差矩阵 $\boldsymbol{R}_k^q$ 能够利用参数估计中的 CRLB 来表征[159]:

$$\boldsymbol{R}_k^q=\boldsymbol{T}\boldsymbol{J}_{\mathrm{D}}^{-1}(\boldsymbol{\theta}_k^q)\boldsymbol{T} \tag{4.73}$$

式中:$\boldsymbol{T}=\mathrm{blkdiag}(c/2,c/(2f_{\mathrm{c}}))$,为变换矩阵;$\boldsymbol{\theta}_k^q=[\tau_k^q,\nu_k^q]^{\mathrm{T}}$,即 $\boldsymbol{J}_{\mathrm{D}}(\boldsymbol{\theta}_k^q)$ 为关于时延 $\tau_k^q$ 和多普勒频移 $\nu_k^q$ 的数据 FIM,可以利用发射波形的模糊函数 $A(\tau_k^q,\nu_k^q)$ 来求得:

$$\boldsymbol{J}_{\mathrm{D}}(\boldsymbol{\theta}_k^q)=\rho_k^q\begin{bmatrix}-\dfrac{\partial^2|A(\tau_k^q,\nu_k^q)|}{\partial(\tau_k^q)^2} & -\dfrac{\partial^2|A(\tau_k^q,\nu_k^q)|}{\partial\tau_k^q\partial\nu_k^q}\\ -\dfrac{\partial^2|A(\tau_k^q,\nu_k^q)|}{\partial\nu_k^q\partial\tau_k^q} & -\dfrac{\partial^2|A(\tau_k^q,\nu_k^q)|}{\partial(\nu_k^q)^2}\end{bmatrix}\Bigg|_{\tau_k^q=\tau_0,\nu_k^q=\nu_0} \tag{4.74}$$

式中:$\rho_k^q$ 为 SNR,计算公式为

$$\rho_k^q=\frac{P_{\mathrm{T}k}^q G_0^2\lambda_0^2|\alpha_k^q|^2T_k^q}{(4\pi)^3(r_k^q)^4k_0T_0F_iL_i} \tag{4.75}$$

式中：$G_0$为发射、接收增益；$\lambda_0$为工作波长；$|\alpha_k^q|^2$ 为目标的 RCS；$T_k^q$ 为有效时宽；$r_k^q$ 为雷达与目标间的距离；$k_0$为玻尔兹曼常数；$T_0$为标准噪声温度；$F_i$ 为接收机噪声系数；$L_i$ 为相干处理、传输带来的各类损耗。发射波形的模糊函数 $A(\tau_k^q,\nu_k^q)$可计算为

$$A(\tau_k^q,\nu_k^q) = \int_{-\infty}^{+\infty} \tilde{s}(t-\tau_k^q/2)\,\tilde{s}^*(t+\tau_k^q/2)\exp(-\mathrm{j}2\pi\nu_k^q t)\,\mathrm{d}t \tag{4.76}$$

式中：$\tilde{s}(t)$为发射波形的复包络。则 $\boldsymbol{J}_\mathrm{D}(\boldsymbol{\theta}_k^q)$中的各元素写为

$$-\left.\frac{\partial^2 |A(\tau_k^q,\nu_k^q)|}{\partial(\tau_k^q)^2}\right|_{\tau_k^q=\tau_0,\nu_k^q=\nu_0} = \frac{1}{2\pi}\int_{-\infty}^{\infty}\omega^2\,|\tilde{S}(\omega)|^2\mathrm{d}\omega \tag{4.77}$$

$$-\left.\frac{\partial^2 |A(\tau_k^q,\nu_k^q)|}{\partial\tau_k^q\partial\nu_k^q}\right|_{\tau_k^q=\tau_0,\nu_k^q=\nu_0} = \int_{-\infty}^{\infty} t\frac{\mathrm{d}\varphi}{\mathrm{d}t}\,|\tilde{s}(t)|^2\mathrm{d}t \tag{4.78}$$

$$-\left.\frac{\partial^2 |A(\tau_k^q,\nu_k^q)|}{\partial(\nu_k^q)^2}\right|_{\tau_k^q=\tau_0,\nu_k^q=\nu_0} = \int_{-\infty}^{\infty} t^2\,|\tilde{s}(t)|^2\mathrm{d}t \tag{4.79}$$

考虑以矩形脉冲为基准波形的发射信号，其时域表达式为

$$\tilde{s}_1(t) = \mathrm{rect}(t/T_1) \tag{4.80}$$

式中：$T_1$为脉冲宽度。令其对应的关于时延和多普勒频移的 FIM 为 $\boldsymbol{J}_\mathrm{D}$，目标距离、速度估计的 CRLB 为 $\boldsymbol{R}_1$，则由式(4.78)可知，$\boldsymbol{R}_1$为 $2\times2$ 维的对角矩阵，即矩形脉冲信号的距离、速度估计误差不存在耦合。线性调频(linear frequency modulated, LFM)信号的时域表达式写为

$$\tilde{s}_2(t) = \tilde{s}_1(t)\exp(\mathrm{j}\pi\mu t^2) \tag{4.81}$$

式中：$\mu = B/T_1$为调频斜率；$B$ 为调频带宽。将式(4.81)带入式(4.76)，计算 LFM 信号的模糊函数为

$$\begin{aligned}
A_2(\tau_k^q,\nu_k^q) &= \int_{-\infty}^{+\infty} \tilde{s}_2(t-\tau_k^q/2)\,\tilde{s}_2^*(t+\tau_k^q/2)\exp(-\mathrm{j}2\pi\nu_k^q t)\,\mathrm{d}t \\
&= \int_{-\infty}^{+\infty} \tilde{s}_1(t-\tau_k^q/2)\,\mathrm{e}^{\mathrm{j}\pi\mu(t-\tau_k^q/2)^2}\,\tilde{s}_2^*(t+\tau_k^q/2)\,\mathrm{e}^{\mathrm{j}\pi\mu(t+\tau_k^q/2)^2}\,\mathrm{e}^{-\mathrm{j}2\pi\nu_k^q t}\mathrm{d}t \\
&= \int_{-\infty}^{+\infty} \tilde{s}_1(t-\tau_k^q/2)\,\tilde{s}_1^*(t+\tau_k^q/2)\,\mathrm{e}^{-\mathrm{j}2\pi(\nu_k^q-\mu\tau_k^q)t}\mathrm{d}t \\
&= A_1(\tau_k^q,\nu_k^q-\mu\tau_k^q)
\end{aligned} \tag{4.82}$$

式(4.82)表达了 LFM 信号与矩形脉冲信号模糊函数间的关系，即前者可通过后者在时延 - 多普勒频移面进行伸缩变换而得。当考虑 4.3.1 节中的量测模型，即量测量包含距离、径向速度和角度 3 个元素时，LFM 信号的 CRLB 可写为

$$\boldsymbol{R}_2 = \boldsymbol{T}_\mathrm{L}^{-1}\boldsymbol{R}_1(\boldsymbol{T}_\mathrm{L}^{-1})^\mathrm{T} \tag{4.83}$$

式中：$\boldsymbol{T}_{\mathrm{L}}$ 为线性变换矩阵，即

$$\boldsymbol{T}_{\mathrm{L}}=\begin{bmatrix}1 & 0 & 0\\ -\mu & 1 & 0\\ 0 & 0 & 1\end{bmatrix} \tag{4.84}$$

此时，波形参数 $\boldsymbol{\lambda}_k^q=\mu$。则对于第 $k$ 次跟踪间隔内第 $q$ 个目标的量测误差协方差矩阵，可用对应的发射功率 $P_{\mathrm{T}k}^q$ 与波形参数 $\boldsymbol{\lambda}_k^q$ 来表示，即

$$\boldsymbol{R}_k^q(P_{\mathrm{T}k}^q,\boldsymbol{\lambda}_k^q)=\boldsymbol{T}_{\mathrm{L}}^{-1}(\boldsymbol{\lambda}_k^q)\boldsymbol{J}_{\mathrm{D}}^{-1}(\boldsymbol{\theta}_k^q,P_{\mathrm{T}k}^q)[\boldsymbol{T}_{\mathrm{L}}^{-1}(\boldsymbol{\lambda}_k^q)]^{\mathrm{T}} \tag{4.85}$$

另外，$\boldsymbol{R}_k^q$ 与状态估计误差紧密相关。由于 PCRLB 为所有跟踪滤波器的性能提供了一个稳定的参考界限，在此，利用 PCRLB 来构建目标函数。根据前文的推导，PCRLB 的逆矩阵，即 BIM 的迭代公式可写为

$$\begin{aligned}\boldsymbol{J}(\boldsymbol{x}_k^q)&=\boldsymbol{J}_{\mathrm{P}}(\boldsymbol{x}_k^q)+\boldsymbol{J}_{\mathrm{D}}(\boldsymbol{x}_k^q)\\&=[\boldsymbol{Q}_q+\boldsymbol{F}_q\boldsymbol{J}^{-1}(\boldsymbol{x}_{k-1}^q)\boldsymbol{F}_q^{\mathrm{T}}]^{-1}+\mathbb{E}_{\boldsymbol{x}_k^q}[u_k^q(\boldsymbol{H}_k^q)^{\mathrm{T}}(\boldsymbol{R}_k^q(P_{\mathrm{T}k}^q,\boldsymbol{\lambda}_k^q))^{-1}\boldsymbol{H}_k^q]\end{aligned} \tag{4.86}$$

考虑到资源分配需要利用预测信息进行，则预测的 BIM 为

$$\hat{\boldsymbol{J}}(\boldsymbol{x}_k^q,u_k^q,P_{\mathrm{T}k}^q,\boldsymbol{\lambda}_k^q)=[\boldsymbol{Q}_q+\boldsymbol{F}_q\boldsymbol{J}^{-1}(\boldsymbol{x}_{k-1}^q)\boldsymbol{F}_q^{\mathrm{T}}]^{-1}+u_k^q(\hat{\boldsymbol{H}}_k^q)^{\mathrm{T}}(\hat{\boldsymbol{R}}_k^q(P_{\mathrm{T}k}^q,\boldsymbol{\lambda}_k^q))^{-1}\hat{\boldsymbol{H}}_k^q \tag{4.87}$$

式中：$\hat{\boldsymbol{H}}_k^q$ 和 $\hat{\boldsymbol{R}}_k^q$ 分别表示量测函数关于目标状态的雅克比矩阵 $\boldsymbol{H}_k^q$ 和量测协方差矩阵 $\boldsymbol{R}_k^q$ 在目标状态预测矢量 $\hat{\boldsymbol{x}}_{k|k-1}$ 处的近似值。

**2. 优化模型构建**

为提升系统的整体性能，需要选择合适的波束数量、功率和波形，以使得多批目标的状态估计误差最小。在此，选择最差估计状态目标对应的预测 PCRLB 为目标函数：

$$\mathbb{F}(\boldsymbol{u}_k,\boldsymbol{P}_{\mathrm{T}k},\boldsymbol{\lambda}_k)=\max_{q\in Q}\{\mathrm{tr}_{\mathrm{pos}}[\hat{\boldsymbol{J}}^{-1}(\boldsymbol{x}_k^q,u_k^q,P_{\mathrm{T}k}^q,\boldsymbol{\lambda}_k^q)]\} \tag{4.88}$$

则优化模型构建为

$$\begin{aligned}&\min_{\boldsymbol{u}_k,\boldsymbol{P}_{\mathrm{T}k},\boldsymbol{\lambda}_k}\mathbb{F}(\boldsymbol{u}_k,\boldsymbol{P}_{\mathrm{T}k},\boldsymbol{\lambda}_k)\\&\text{s.t.}\ \mathbf{1}_Q^{\mathrm{T}}\boldsymbol{P}_{\mathrm{T}k}=P_{\mathrm{total}}\\&\qquad\begin{cases}P_{\mathrm{T}k}^q=0,\boldsymbol{\lambda}_k^q=\mathbf{0}, & u_k^q=0\\ P_{\mathrm{T}k}^q\geqslant P_{\mathrm{Tmin}},\boldsymbol{\lambda}_{\min}^q\leqslant\boldsymbol{\lambda}_k^q\leqslant\boldsymbol{\lambda}_{\max}^q, & u_k^q=1\end{cases}\\&\qquad u_k^q\in\{0,1\}\\&\qquad\mathbf{1}_Q^{\mathrm{T}}\boldsymbol{u}_k\leqslant M\end{aligned} \tag{4.89}$$

式中：$\mathbf{1}_Q^{\mathrm{T}}=[1,1,\cdots,1]_{1\times Q}$；$\boldsymbol{\lambda}_k^q=\mathbf{0}$ 意味着该批目标未被分配波束和波形；$P_{\mathrm{Tmin}}$ 为功率分配的最小阈值；$\boldsymbol{\lambda}_{\min}^q$ 和 $\boldsymbol{\lambda}_{\max}^q$ 构成了波形参数可选区间；$P_{\mathrm{total}}$ 为雷达功率总量；$M$ 为产生同时正交波束的最大数量。

式(4.89)为关于 3 个变量 $\boldsymbol{u}_k$、$\boldsymbol{P}_{\mathrm{T}k}$ 和 $\boldsymbol{\lambda}_k$ 的优化问题，且由于二元变量 $u_k^q$ 的存在，使得模型非凸，难以求解。对于该类问题，通用的解决方法是先分离变量再将其转化为单变量优化问题。在描述解决方法之前，先给出引理 1 ~ 3，其证明过程分别详见附录 D ~ 附录 F。

首先，假定对于可行的波束利用数量 $m_k, m_k\in\{1,2,\cdots,M\}$，对应的波束分配矢量为 $\boldsymbol{u}_k^{m_k}$，且有 $\mathbf{1}_Q^{\mathrm{T}}\boldsymbol{u}_k^{m_k}=m_k$。

引理 1：对于给定的 $m_k$ 而言，无论 $\boldsymbol{P}_{\mathrm{T}k}$ 和 $\boldsymbol{\lambda}_k$ 的取值如何，对应的波束分配矢量最优解 $\boldsymbol{u}_{k,\mathrm{opt}}^{m_k}$ 是唯一确定的。

引理 2：对于给定的 $\boldsymbol{u}_{k,\mathrm{opt}}^{m_k}$ 和任意波形分配矢量 $\boldsymbol{\lambda}_k^{m_k}$，功率分配问题能够转化为凸优化问题。

引理 3：对于给定的 $\boldsymbol{u}_{k,\mathrm{opt}}^{m_k}$ 和任意功率分配矢量 $\boldsymbol{P}_{\mathrm{T}k}^{m_k}$，波形分配问题能够转化多维搜索问题。

根据引理 1，对于给定的 $m_k$，$\boldsymbol{u}_{k,\mathrm{opt}}^{m_k}$ 可计算为

$$\boldsymbol{u}_{k,\mathrm{opt}}^{m_k}(i)=\begin{cases}1, & i\in\mathbf{IX}(1:m_k)\\ 0, & \text{其他}\end{cases}\tag{4.90}$$

$\mathbf{IX}$ 的含义如式(D-3)所示。另外，利用引理 2 和引理 3，对于给定的 $\boldsymbol{u}_{k,\mathrm{opt}}^{m_k}$，$\boldsymbol{P}_{\mathrm{T}k}$ 和 $\boldsymbol{\lambda}_k$ 能够在另一变量确定的前提下直接求解。因此，当枚举所有可行的 $\boldsymbol{u}_{k,\mathrm{opt}}^{m_k}$ ($m_k=1,2,\cdots,M$) 后，目标函数等效为

$$\begin{aligned}&\min_{m_k=1,\cdots,M}\left\{\min_{\boldsymbol{P}_{\mathrm{T}k},\boldsymbol{\lambda}_k}\mathbb{G}(\boldsymbol{P}_{\mathrm{T}k},\boldsymbol{\lambda}_k,m_k)\right\}\\ &\text{s.t. } P_{\mathrm{T}k}^q=0,\boldsymbol{\lambda}_k^q=\mathbf{0}, \qquad u_k^q=0\\ &\qquad P_{\mathrm{T}k}^q\geqslant P_{\min},\boldsymbol{\lambda}_{\min}^q\leqslant\boldsymbol{\lambda}_k^q\leqslant\boldsymbol{\lambda}_{\max}^q, \quad u_k^q=1\\ &\qquad \mathbf{1}_Q^{\mathrm{T}}\boldsymbol{P}_{\mathrm{T}k}=P_{\mathrm{total}}\end{aligned}\tag{4.91}$$

式中：

$$\mathbb{G}(\boldsymbol{P}_{\mathrm{T}k},\boldsymbol{\lambda}_k,m_k)=\max_{q\in\mathbf{IX}(1:m_k)}\left\{\mathrm{tr}_{\mathrm{pos}}\left(\left[\boldsymbol{J}_{\mathrm{P}}(\boldsymbol{x}_k^q)+(\hat{\boldsymbol{H}}_k^q)^{\mathrm{T}}(\hat{\boldsymbol{R}}_k^q(P_{\mathrm{T}k}^q,\boldsymbol{\lambda}_k^q))^{-1}\hat{\boldsymbol{H}}_k^q\right]^{-1}\right)\right\}\tag{4.92}$$

对于确定的 $m_k$、$\boldsymbol{u}_{k,\mathrm{opt}}^{m_k}$、$\boldsymbol{P}_{\mathrm{T}k,\mathrm{opt}}^{m_k}$ 和 $\boldsymbol{\lambda}_{k,\mathrm{opt}}^{m_k}$ 可通过求解

$$\begin{aligned}&\min_{\boldsymbol{P}_{\mathrm{T}k},\boldsymbol{\lambda}_k}\mathbb{G}(\boldsymbol{P}_{\mathrm{T}k},\boldsymbol{\lambda}_k)\\&\text{s.t. }P_{\mathrm{T}k}^q=0,\boldsymbol{\lambda}_k^q=\mathbf{0},\qquad u_k^q=0\\&\qquad P_{\mathrm{T}k}^q\geqslant P_{\mathrm{Tmin}},\boldsymbol{\lambda}_{\min}^q\leqslant\boldsymbol{\lambda}_k^q\leqslant\boldsymbol{\lambda}_{\max}^q,\quad u_k^q=1\\&\qquad\mathbf{1}_Q^{\mathrm{T}}\boldsymbol{P}_{\mathrm{T}k}=P_{\mathrm{total}}\end{aligned}\tag{4.93}$$

而得。在此,引入功率分配矢量 $\tilde{\boldsymbol{P}}_{\mathrm{T}k}^{m_k}=\boldsymbol{P}_{\mathrm{T}k}^{m_k}[\mathbf{IX}(1:m_k)]$ 和波形选择矢量 $\tilde{\boldsymbol{\lambda}}_k^{m_k}=\boldsymbol{\lambda}_k^{m_k}[\mathbf{IX}(1:m_k)]$,将式(4.93)改写为

$$\begin{aligned}&\min_{\tilde{\boldsymbol{P}}_{\mathrm{T}k}^{m_k},\tilde{\boldsymbol{\lambda}}_k^{m_k}}\mathbb{G}(\tilde{\boldsymbol{P}}_{\mathrm{T}k}^{m_k},\tilde{\boldsymbol{\lambda}}_k^{m_k})\\&\text{s.t. }P_{\mathrm{T}k}^{\mathbf{IX}(i)}\geqslant P_{\mathrm{Tmin}},\qquad i=1,2,\cdots,m_k\\&\qquad\boldsymbol{\lambda}_{\min}^{\mathbf{IX}(i)}\leqslant\boldsymbol{\lambda}_k^{\mathbf{IX}(i)}\leqslant\boldsymbol{\lambda}_{\max}^{\mathbf{IX}(i)},\quad i=1,2,\cdots,m_k\\&\qquad\mathbf{1}_{m_k}^{\mathrm{T}}\tilde{\boldsymbol{P}}_{\mathrm{T}k}^{m_k}=P_{\mathrm{total}}\end{aligned}\tag{4.94}$$

式(4.94)为包含 $2m_k$ 个变量的优化问题,基于引理2和引理3,利用循环最小化算法结合 Zoutendijk 可行方向法[134]即可快速求解式(4.94),求解思想与4.3节相似。当获得 $\tilde{\boldsymbol{P}}_{\mathrm{T}k,\mathrm{opt}}^{m_k}$ 和 $\tilde{\boldsymbol{\lambda}}_{k,\mathrm{opt}}^{m_k}$ 后,$\boldsymbol{P}_{\mathrm{T}k,\mathrm{opt}}^{m_k}$ 和 $\boldsymbol{\lambda}_{k,\mathrm{opt}}^{m_k}$ 可分别计算为

$$\begin{cases}\boldsymbol{P}_{\mathrm{T}k,\mathrm{opt}}^{m_k}[\mathbf{IX}(1:m_k)]=\tilde{\boldsymbol{P}}_{\mathrm{T}k,\mathrm{opt}}^{m_k}\\\boldsymbol{P}_{\mathrm{T}k,\mathrm{opt}}^{m_k}[\mathbf{IX}(m_k+1:Q)]=\mathbf{0}\end{cases}\tag{4.95}$$

$$\begin{cases}\boldsymbol{\lambda}_{k,\mathrm{opt}}^{m_k}[\mathbf{IX}(1:m_k)]=\tilde{\boldsymbol{\lambda}}_{k,\mathrm{opt}}^{m_k}\\\boldsymbol{\lambda}_{k,\mathrm{opt}}^{m_k}[\mathbf{IX}(m_k+1:Q)]=\mathbf{0}\end{cases}\tag{4.96}$$

综上所述,通过推导证明和变量分离,波束、波形和功率的联合分配问题被改写为 $M$ 个凸优化问题,利用循环最小化结合 Zoutendijk 可行方向法,可得最优分配矢量为

$$(\boldsymbol{u}_{k,\mathrm{opt}},\boldsymbol{P}_{\mathrm{T}k,\mathrm{opt}},\boldsymbol{\lambda}_{k,\mathrm{opt}})=\mathop{\arg\min}_{\boldsymbol{u}_{k,\mathrm{opt}}^{m_k},\boldsymbol{P}_{\mathrm{T}k,\mathrm{opt}}^{m_k},\boldsymbol{\lambda}_{k,\mathrm{opt}}^{m_k},m_k=1,2,\cdots,M}\{\mathbb{G}(\boldsymbol{u}_{k,\mathrm{opt}}^{m_k},\boldsymbol{P}_{\mathrm{T}k,\mathrm{opt}}^{m_k},\boldsymbol{\lambda}_{k,\mathrm{opt}}^{m_k})\}\tag{4.97}$$

**3. 认知跟踪过程**

在此,依旧采用 SCKF 进行状态滤波,以解决非线性量测下的目标跟踪问题。在获得每批目标的跟踪结果后,利用对 PCRLB 的预测来为下一时刻选择合适的发射参数。在雷达进行波束、功率和波形优化分配后,可获得更高的整体目

标跟踪精度,以形成一个闭环反馈回路。整个过程可描述为:

步骤 1　在初始时刻 $k=0$,采用随机波束指派,结合功率、波形平均分配方案。

步骤 2　获得每批目标当前时刻的量测信息、状态估计矢量和估计误差协方差矩阵。

步骤 3　依靠所得信息对下一时刻的 PCRLB 进行预测,根据可用波束数量 $M$,确定波束分配的备选方案,并调用波束、功率波形联合分配算法进行资源分配。

步骤 4　对于目标 $q=1,2,\cdots,m_{k,\mathrm{opt}}$ 分配相应的功率、波形资源,并利用 SCKF 来更新目标信息;对于其他目标 $q=m_{k,\mathrm{opt}}+1,m_{k,\mathrm{opt}}+2,\cdots,Q$,利用状态预测更新相关信息。

步骤 5　令 $k=k+1$,转步骤 2。

整个认知跟踪框架如图 4.20 所示。

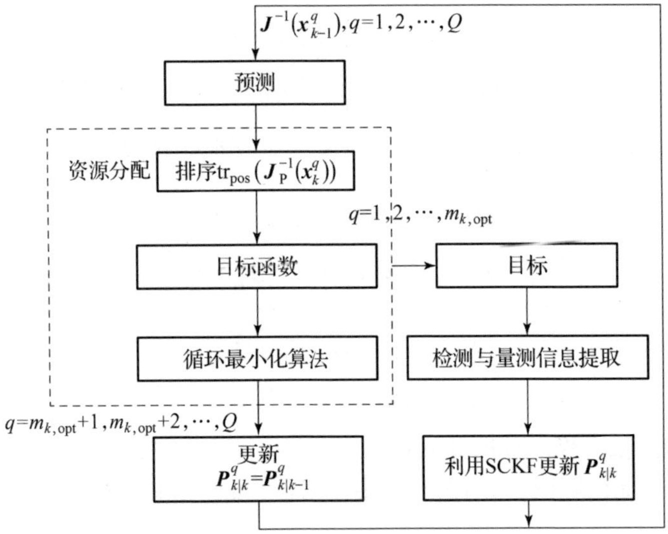


**图 4.20　认知跟踪框架**

### 4.4.2　仿真结果及分析

本节将所提资源分配方案与其他资源分配算法进行对比,以验证所提算法的有效性。考虑一个位于(100km,50km)处的集中式 MIMO 雷达系统,工作波长 $\lambda=0.1\mathrm{m}$,能够发射同时正交波束的最大数量为 $M=3$。每个波束发射有效带

宽 $\beta_k^q=0.5\text{MHz}$、有效时宽为 $T_k^q=0.4\text{s}$ 的 OFDM - LFM 信号，调频斜率 $\boldsymbol{\lambda}_k^q\in[-10^3,10^3](\text{Hz})$。发射总功率 $P_{\text{total}}=1.5\text{MW}$，发射功率下界为 $0.05P_{\text{total}}$。雷达量测包含距离、径向速度和角度，雷达方位维孔径大小为30m。雷达负责 $Q=4$ 批目标的跟踪，跟踪间隔 $T_s=1\text{s}$。目标初始参数见表4.4。

**表4.4 各目标参数**

| 目标编号 | 1 | 2 | 3 | 4 |
|---|---|---|---|---|
| 初始位置/km | (900,300) | (1300,500) | (800,1000) | (900,1200) |
| 初始速度/(m/s) | (400,500) | (−200,300) | (−300,−100) | (300,−100) |
| 初始加速度/(m/s$^2$) | (10,10) | (−20,20) | (2,−10) | (2,10) |

实验中，考虑3种基准分配方案。

基准方案一(benchmark 1)：MIMO 雷达采用 $(\boldsymbol{u}_{k,\text{opt}},\boldsymbol{P}_{\text{T}k,\text{opt}},\boldsymbol{\lambda}_0)$ 进行资源分配。即 MIMO 雷达利用所提算法分配波束和功率，但固定选取波形。

基准方案二(benchmark 2)：MIMO 雷达采用 $(\boldsymbol{u}_{k,\text{opt}}^{m_k},\boldsymbol{P}_{\text{T0}}^{m_k},\boldsymbol{\lambda}_0^{m_k})$ 进行资源分配，$m_k=1,2,\cdots,M$。式中：

$$\begin{cases}\boldsymbol{P}_{\text{T0}}^{m_k}[\mathbf{IX}(1:m_k)]=P_{\text{total}}\mathbf{1}_{m_k}/m_k\\ \boldsymbol{P}_{\text{T0}}^{m_k}[\mathbf{IX}(m_k+1:Q)]=\mathbf{0}\end{cases}\tag{4.98}$$

$$\begin{cases}\boldsymbol{\lambda}_0^{m_k}[\mathbf{IX}(1:m_k)]=\text{randn}(\boldsymbol{\lambda}_{\min}^{\mathbf{IX}(i)},\boldsymbol{\lambda}_{\max}^{\mathbf{IX}(i)}),i=1,2,\cdots,m_k\\ \boldsymbol{\lambda}_0^{m_k}[\mathbf{IX}(m_k+1:Q)]=\mathbf{0}\end{cases}\tag{4.99}$$

即对于给定的波束利用数目，雷达对各批目标平均分配功率，随机选择波形。

基准方案三(benchmark 3)：MIMO 雷达采用 $(\boldsymbol{u}_{k,\text{opt}},\boldsymbol{P}_{\text{T0}},\boldsymbol{\lambda}_{k,\text{opt}})$ 进行资源分配。即雷达选取最优波束和波形进行分配，但平均分配功率。

选取多批目标中位置估计精度最差的 PCRLB 与对应的 RMSE 作为评估指标，后者定义为

$$\text{RMSE}_k=\max_{q\in Q}\left\{\sqrt{\frac{1}{N_{\text{sim}}}\sum_{j=1}^{N_{\text{sim}}}[(x_k^q-\hat{x}_{k,j}^q)^2+(y_k^q-\hat{y}_{k,j}^q)^2]}\right\}\tag{4.100}$$

式中：$N_{\text{sim}}=100$ 为仿真次数；$(\hat{x}_{k,j}^q,\hat{y}_{k,j}^q)$ 为第 $j$ 次仿真中对于第 $q$ 个目标的位置估计。

为探究距离与运动模型对于资源分配算法的影响，考虑两种运动模型：

(1) $\boldsymbol{\kappa}_1$：对于 $\forall q\in Q,\boldsymbol{\kappa}_q=1$。

(2) $\boldsymbol{\kappa}_2$:对于 $q=1,3$,$\kappa_q=1000$;对于 $q=2,4$,$\kappa_q=1$。

**1. $\boldsymbol{\kappa}_1$情况**

在此条件下,每批目标的过程噪声系数相同,资源分配结果主要取决于目标与雷达的距离和相对角度。图 4.21(a)为所提算法的功率分配结果,其中,横轴表示帧号,纵轴表示功率分配比,其定义为

$$r_{q,k}^{\text{power}}=P_{\text{T}k}^{q}/P_{\text{total}} \tag{4.101}$$

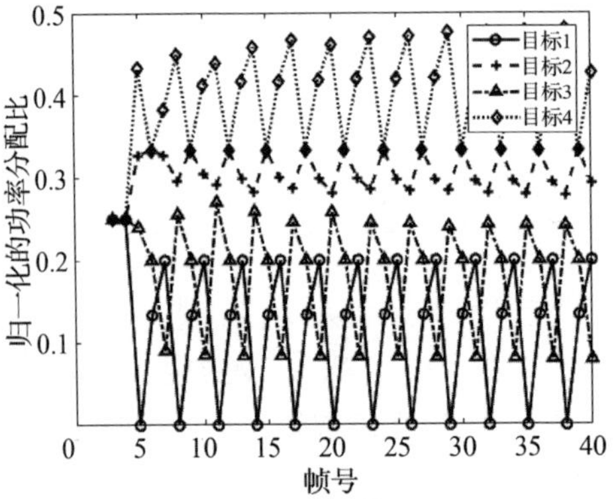

(a) 功率分配

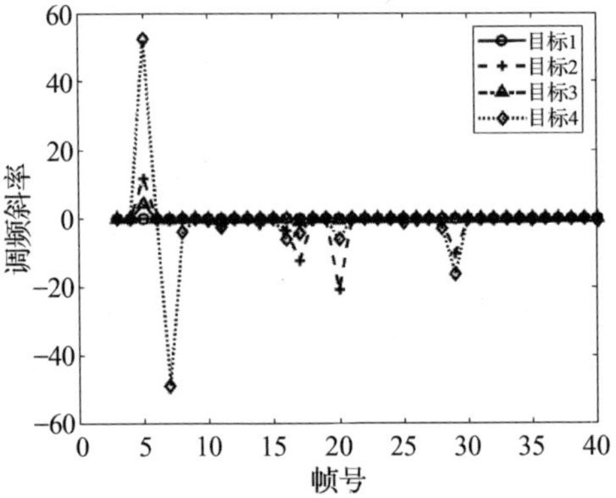

(b) 波形选择

**图 4.21　资源分配结果**

图 4.21(b)为对应的波形选择结果。从中可以看出,雷达将更多的功率资源分配给了距离较远的目标 2 和目标 4;而对于距离较近的目标 3 和目标 1,分配的功率较少或仅间歇性的进行照射。此外,雷达倾向于采用较低的调频斜率对目标进行跟踪。图 4.22 给出了所提算法与 3 种基准方案的 PCRLB 和 RMSE 的变化情况。结合图 4.21 可知,所提算法实时对波束、功率和波形进行自适应分配,以最小化跟踪误差最大目标的 PCRLB,相比于其他 3 种资源分配方案,所提算法有效提升了目标整体跟踪精度。其他 3 种方案中,仅采用一个波束的基准方案 2 性能最差,主要是由于单个波束无法覆盖多批目标,未被照射的目标仅能够采用预测信息进行跟踪,跟踪性能恶化严重。基准方案 1 性能较佳,这是由于其采用了所提算法的波束、功率分配机制,仅对波形进行随机选择,即相比于所提算法,去掉了波形分配方面的自由度。

**2. $\boldsymbol{\kappa}_2$情况**

在此条件下,第 1、3 批目标的过程噪声较大,机动性较强,这将对资源分配结果造成影响。图 4.23 给出了 $\boldsymbol{\kappa}_2$情况下的资源分配结果,从图 4.23(a)中可以看出,与 $\boldsymbol{\kappa}_1$情况相反,过程噪声较大的目标 1 和目标 3 获得了更多的功率资源,

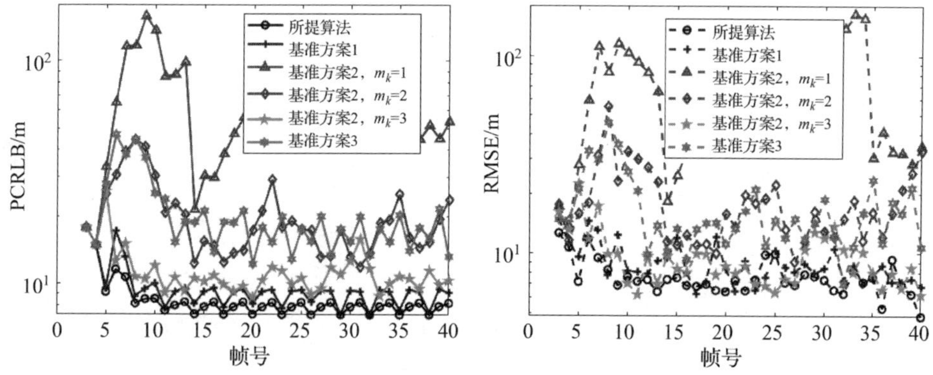


(a) PCRLB　　(b) RMSE

**图 4.22　不同算法性能对比**

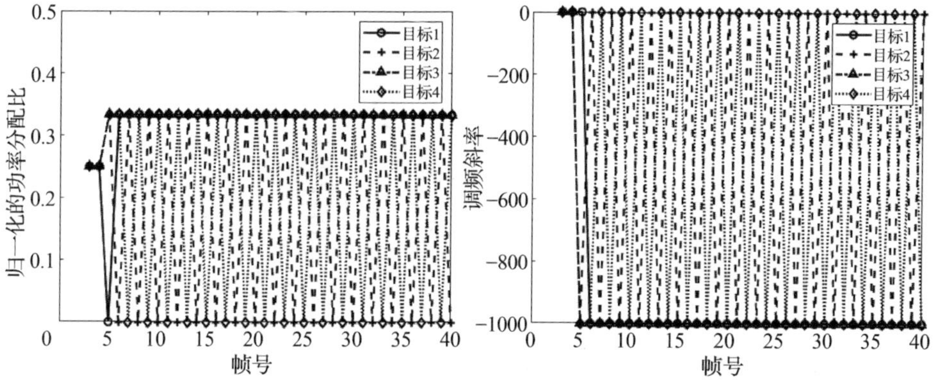


(a) 功率分配　　(b) 波形选择

**图 4.23　资源分配结果**

雷达转而对目标 2 和目标 4 采用间歇性的照射机制。此外，由图 4.23(b)可知，MIMO 雷达在此情况下倾向于采用 $-10^3$ Hz 调频斜率的波形来获得目标信息。图 4.24 为所提算法与其他 3 种资源分配方案的性能对比。随着仿真的推进，RMSE 与 PCRLB 非常接近，间接证明了所构建的优化模型的正确性。此外，5 种算法的性能排序与 $\boldsymbol{\kappa}_1$ 情况基本相同，所提算法取得了最低的 PCRLB 和 RMSE，这表明算法更能够充分利用发射资源，降低整体的跟踪误差。

**3. 发射功率与波形的关系**

由于本节讨论的资源包含功率和波形两个变量，难以直观地看出各因素对跟踪精度的贡献。在保持波形不变的条件下，采用 $\boldsymbol{\kappa}_1$ 情况重做仿真实验，得到的功率分配结果如图 4.25 所示。从中可以看出，功率分配结果总体保持不变，

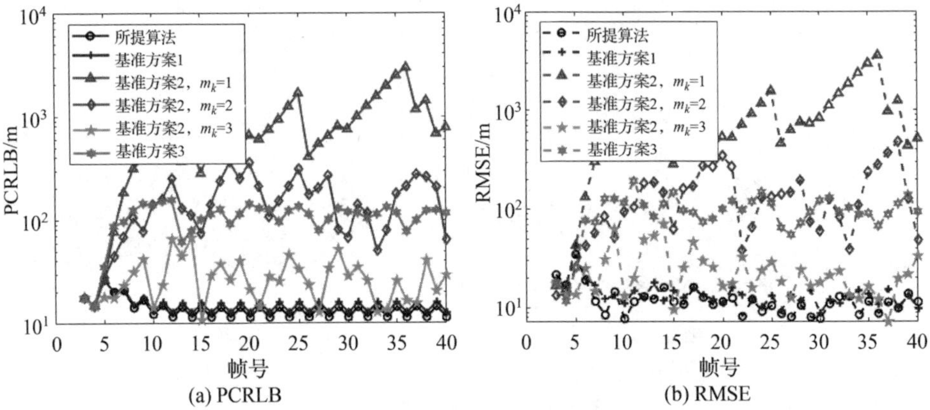


图 4.24 不同算法性能对比

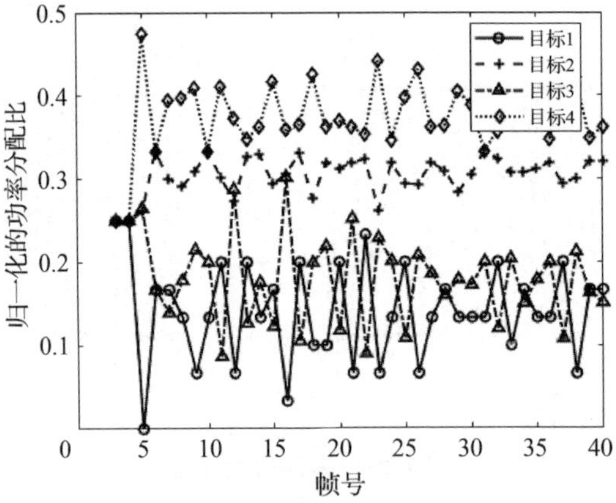


图 4.25 无波形调度条件下的功率分配结果

但对于目标 1 的功率分配有了些许提升，这主要是由于未引入波形调度的结果。另外，结合图 4.24 和图 4.22 中所提算法与基准方案一的性能对比可知，在功率和波形的优化过程中，功率分配占据主导地位。这也可以通过式（4.74）来理解，功率正比于 SNR，而 SNR 主导了 CRLB 以及跟踪误差。

通过以上仿真可以得出：

（1）波束、功率和波形联合优化的跟踪精度要明显优于单独的波束、功率优化或波形调度结果。

（2）通过所提算法，目标的整体跟踪精度得到明显提升。

（3）在所提算法中，过程噪声最大和距离最远的目标获得了更多的资源，这是因为其具有最差的预测 PCRLB。

(4)功率优化和波形调度过程中,功率对跟踪精度的影响更大。

本节针对集中式 MIMO 雷达同时多波束模式下的多目标跟踪问题,提出一种波束、功率和波形联合分配算法。利用 CRLB 近似量测误差,使得多批目标中跟踪精度最差的预测 PCRLB 最小。通过严格推导,证明了该问题可以转化为一系列凸优化问题,从而可以快速求解。通过与其他 3 种资源分配方案的对比,验证了所提方案的优势。

## 4.5 机动目标跟踪中的快速功率分配算法

针对问题三,本节所开展的主要工作如下。

(1)结合改进当前统计模型来构造 PC - CRLB。一方面,PC - CRLB 利用实际已取得的量测序列进行均值计算,由此可提供动态、稳定的性能下界。另一方面,PC - CRLB 的先验信息部分与滤波器实际输出的估计误差协方差矩阵密切相关。通过构建改进的当前统计(current statistic,CS)模型,模型过程噪声与估计误差协方差矩阵相联系,实现了运动模型对目标不同机动状态的自适应调整。而过程噪声强度的大小反映了目标的机动程度,因此,可实现 PC - CRLB 与跟踪滤波算法的实时匹配。

(2)提出了一种高效的功率分配算法。利用推导的 PC - CRLB,构建了总功率约束下以提升最差 PC - CRLB 为目标函数的优化模型。通过推导,证明了模型的凸性,可以直接采用凸优化算法进行求解。但凸优化算法的计算复杂度仍然较高。利用模型的单调递减性质,本节提出 3 个引理,进而构造了一种基于顺续松弛的求解算法。在每次迭代过程中,松弛约束,并检验为目标分配最小功率是否可行。仿真结果表明,所提算法计算复杂度低于凸优化算法,且性能与之相近。

(3)构建了集中式 MIMO 雷达机动目标跟踪中的认知功率分配框架。在认知功率分配过程中,首先,利用目标跟踪过程中的先验信息和改进 CS 模型的输出来计算 PC - CRLB;然后,通过所提出的连续松弛求解算法实现功率分配;最后,资源分配结果促进目标跟踪精度的提升,进而反馈给资源分配算法,以形成一个良性的认知闭合回路。整个框架如图 4.26 所示。

### 4.5.1 系统建模

本小节首先对 CS 模型进行分析,揭示其不足之处,以便加以改进。

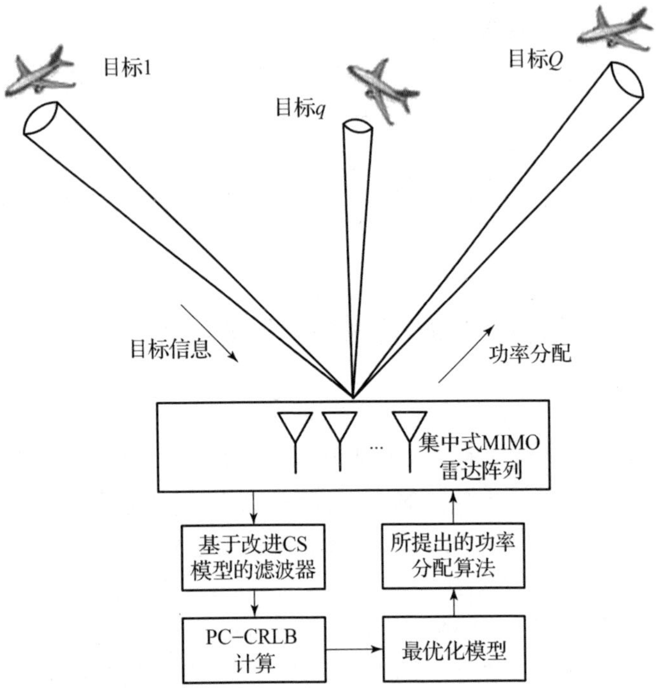


**图 4.26　认知跟踪系统处理流程**

**1. CS 模型分析**

CS 模型对应的机动目标离散状态方程可写为

$$\boldsymbol{x}_k = \boldsymbol{F}_{\mathrm{CS}}\boldsymbol{x}_{k-1} + \boldsymbol{U}_{\mathrm{CS}}\,\bar{\boldsymbol{a}}_k + \boldsymbol{w}_{k-1}^{\mathrm{CS}} \tag{4.102}$$

式中：$\boldsymbol{x}_k$ 为目标状态矢量；$\boldsymbol{F}_{\mathrm{CS}}$为状态转移矩阵，即

$$\boldsymbol{F}_{\mathrm{CS}} = \boldsymbol{I}_{n_\mathrm{d}} \otimes \begin{bmatrix} 1 & T_\mathrm{s} & (\alpha T_\mathrm{s} - 1 + \mathrm{e}^{-\alpha T_\mathrm{s}})/\alpha^2 \\ 0 & 1 & (1 - \mathrm{e}^{-\alpha T_\mathrm{s}})/\alpha \\ 0 & 0 & \mathrm{e}^{-\alpha T_\mathrm{s}} \end{bmatrix} \tag{4.103}$$

式中：$\boldsymbol{I}_{n_\mathrm{d}}$为 $n_\mathrm{d} \times n_\mathrm{d}$ 维单位矩阵，$n_\mathrm{d}$ 表示目标状态空间的维度；$\otimes$为 Kronecker 积；$T_\mathrm{s}$ 为跟踪间隔；$\alpha$ 为机动频率；$\boldsymbol{U}_{\mathrm{CS}}$为加速度均值输入矩阵，即

$$\boldsymbol{U}_{\mathrm{CS}} = \boldsymbol{I}_{n_\mathrm{d}} \otimes \begin{bmatrix} T_\mathrm{s}^2/2 - (\alpha T_\mathrm{s} - 1 + \mathrm{e}^{-\alpha T_\mathrm{s}})/\alpha^2 \\ T_\mathrm{s} - (1 - \mathrm{e}^{-\alpha T_\mathrm{s}})/\alpha \\ 1 - \mathrm{e}^{-\alpha T_\mathrm{s}} \end{bmatrix} \tag{4.104}$$

式中：$\bar{\boldsymbol{a}}_k$为各坐标轴第 $k$ 个跟踪间隔加速度输入均值构成的矢量；$\boldsymbol{w}_{k-1}^{\mathrm{CS}} \sim \mathcal{N}(\boldsymbol{0},$

$\boldsymbol{Q}_{k-1}^{\text{CS}}$)，即服从 **0** 均值，协方差矩阵为 $\boldsymbol{Q}_{k-1}^{\text{CS}}$ 高斯分布的矢量。$\boldsymbol{Q}_{k-1}^{\text{CS}}=2\alpha\sigma_{\text{a}}^{2}\boldsymbol{I}_{n_{\text{d}}}\otimes\boldsymbol{q}_{\text{CS}}$；$\boldsymbol{q}_{\text{CS}}$ 为 3×3 维对称矩阵，其第 $i$ 行第 $j$ 列元素 $q_{i,j}$ 表示为

$$\begin{cases} q_{11}=\dfrac{1}{2\alpha^{5}}(1-\mathrm{e}^{-2\alpha T_{\mathrm{s}}}+2\alpha T_{\mathrm{s}}+2\alpha^{3}T_{\mathrm{s}}^{3}/3-2\alpha^{2}T_{\mathrm{s}}^{2}-4\alpha T_{\mathrm{s}}\mathrm{e}^{-\alpha T_{\mathrm{s}}}) \\ q_{12}=q_{21}=\dfrac{1}{2\alpha^{4}}(\mathrm{e}^{-2\alpha T_{\mathrm{s}}}+1-2\mathrm{e}^{-\alpha T_{\mathrm{s}}}+2\alpha T_{\mathrm{s}}\mathrm{e}^{-\alpha T_{\mathrm{s}}}-2\alpha T_{\mathrm{s}}+\alpha^{2}T_{\mathrm{s}}^{2}) \\ q_{13}=q_{31}=\dfrac{1}{2\alpha^{3}}(1-\mathrm{e}^{-2\alpha T_{\mathrm{s}}}-2\alpha T_{\mathrm{s}}\mathrm{e}^{-\alpha T_{\mathrm{s}}}) \\ q_{22}=\dfrac{1}{2\alpha^{3}}(4\mathrm{e}^{-\alpha T_{\mathrm{s}}}-3-\mathrm{e}^{-2\alpha T_{\mathrm{s}}}+2\alpha T_{\mathrm{s}}) \\ q_{23}=q_{32}=\dfrac{1}{2\alpha^{2}}(\mathrm{e}^{-2\alpha T_{\mathrm{s}}}+1-2\mathrm{e}^{-\alpha T_{\mathrm{s}}}) \\ q_{33}=\dfrac{1}{2\alpha}(1-\mathrm{e}^{-2\alpha T_{\mathrm{s}}}) \end{cases} \tag{4.105}$$

$\sigma_{\text{a}}^{2}$ 为机动加速度修正瑞利分布的方差，可写为以下形式：

$$\sigma_{\text{a}}^{2}=\begin{cases} \dfrac{4-\pi}{\pi}(a_{\max}-\bar{a}_{k})^{2}, & \bar{a}_{k}\geqslant 0 \\ \dfrac{4-\pi}{\pi}(a_{-\max}+\bar{a}_{k})^{2}, & \bar{a}_{k}<0 \end{cases} \tag{4.106}$$

式中：$\bar{a}_{k}$ 为目标在 $x/y/z$ 坐标轴第 $k$ 个跟踪间隔的加速度均值；$a_{\pm\max}$ 为对应坐标轴加速度极限值。由于 $\bar{a}_{k}$ 难以直接获取，所以在 CS 模型中包含了如下近似，即

$$\bar{a}_{k}\triangleq\mathbb{E}[a_{k}\mid\boldsymbol{Z}_{1:k-1}]\approx\mathbb{E}[a_{k-1}\mid\boldsymbol{Z}_{1:k-1}]\triangleq\hat{a}_{k-1} \tag{4.107}$$

式中：$\boldsymbol{Z}_{1:k-1}$ 为第 1 至第 $k-1$ 个跟踪间隔的量测集合；$\hat{a}_{k-1}$ 为第 $k-1$ 个跟踪间隔的加速度估计值。则式(4.106)实际为

$$\sigma_{\text{a}}^{2}=\begin{cases} \dfrac{4-\pi}{\pi}(a_{\max}-\hat{a}_{k-1})^{2}, \hat{a}_{k-1}\geqslant 0 \\ \dfrac{4-\pi}{\pi}(a_{-\max}+\hat{a}_{k-1})^{2}, \hat{a}_{k-1}<0 \end{cases} \tag{4.108}$$

由 $\boldsymbol{Q}_{k-1}^{\text{CS}}=2\alpha\sigma_{\text{a}}^{2}\boldsymbol{I}_{n_{\text{d}}}\otimes\boldsymbol{q}_{\text{CS}}$ 和式(4.108)可以看出，CS 算法的跟踪效果依赖于 CS 模型的两个先验参数：加速度极限值 $a_{\pm\max}$ 和机动频率 $\alpha$。若 $a_{\pm\max}$ 的覆盖范围较大，则当目标不机动或弱机动时，目标加速度稳态估计值与加速度极限值相距较大导致过程噪声过大，算法稳态跟踪精度降低；若其覆盖范围较小，一旦目标实际机动加速度超过预先设定的覆盖范围，算法跟踪性能将明显恶化。另外，机动频率也要预先设定，当预设较大时，会导致加速度相关性变弱，跟踪匀速或弱机

动时精度下降；当预设较小时又会降低跟踪目标连续强机动的能力。因此，需要对 CS 模型加以改进。

**2. 改进的 CS 模型**

根据泰勒级数展开，目标加速度可表示为

$$a(t)=a(t_0)+\frac{1}{1!}a^{(1)}(t_0)(t-t_0)+\frac{1}{2!}a^{(2)}(t_0)(t-t_0)^2+\cdots+\frac{1}{n!}a^{(n)}(t_0)(t-t_0)^n \tag{4.109}$$

式中：$a^{(1)}(t_0)$为 $t=t_0$时刻的加加速度值；$a^{(n)}(t_0)$为 $a(t)$在 $t=t_0$时刻的 $n$ 阶导数。令 $t_0=(k-1)T_s$，$t=kT_s$，则式(4.109)可表示为

$$a_k=a_{k-1}+T_s a_{k-1}^{(1)}+\frac{T_s^2}{2!}a_{k-1}^{(2)}+\cdots+\frac{T_s^n}{n!}a_{k-1}^{(n)} \tag{4.110}$$

即 $kT_s$ 时刻加速度可能的极限值 $a_{\pm\max}$ 可由 $(k-1)T_s$ 时刻的加速度、加加速度（Jerk）及更高阶分量递推得到。并且，CS 模型中加速度均值 $\bar{a}_k\triangleq\mathbb{E}[a_k\mid\mathbf{Z}_{1:k-1}]$ 也可更加准确地表示为

$$\begin{aligned}\bar{a}_k&\triangleq\mathbb{E}[a_k\mid\mathbf{Z}_{1:k-1}]\\&=\mathbb{E}[a_{k-1}\mid\mathbf{Z}_{1:k-1}]+\mathbb{E}[a_{k-1}^{(1)}\mid\mathbf{Z}_{1:k-1}]T_s+\mathbb{E}[a_k^{(2)}\mid\mathbf{Z}_{1:k-1}]\frac{T_s^2}{2!}+\cdots+\mathbb{E}[a_k^{(n)}\mid\mathbf{Z}_{1:k-1}]\frac{T_s^n}{n!}\\&=\hat{a}_{k-1}+T_s\hat{a}_{k-1}^{(1)}+\frac{T_s^2}{2!}\hat{a}_{k-1}^{(2)}+\cdots+\frac{T_s^n}{n!}\hat{a}_{k-1}^{(n)}\end{aligned} \tag{4.111}$$

则式(4.106)可修改为

$$\sigma_a^2=\frac{4-\pi}{\pi}\left(\tilde{a}_{k-1}+T_s\tilde{a}_{k-1}^{(1)}+\frac{T_s^2}{2!}\tilde{a}_{k-1}^{(2)}+\cdots+\frac{T_s^n}{n!}\tilde{a}_{k-1}^{(n)}\right)^2 \tag{4.112}$$

式中：$\tilde{a}_{k-1}^{(n)}$为 $a_{k-1}^{(n)}$的估计误差。由式(4.112)可得，若能够获取$(k-1)T_s$ 时刻的加速度、Jerk 等高阶分量的估计值和估计误差，CS 模型的加速度和量测方差便可实现自适应调整。但由于 CS 模型状态维数的限制，高阶分量的估计值和估计误差无法获取，因此，对式(4.111)和式(4.112)分别做如下近似。

(1) $kT_s$ 时刻加速度极限值可由$(k-1)T_s$ 时刻加速度真实值和 Jerk 均值真实值 $\bar{a}_{k-1}^{(1)}$得出：

$$a_{\pm\max}=a_k\approx a_{k-1}+T_s\bar{a}_{k-1}^{(1)} \tag{4.113}$$

(2) $kT_s$ 时刻加速度均值可由$(k-1)T_s$ 时刻加速度状态估计值和 Jerk 均值估计值 $\hat{\bar{a}}_{k-1}^{(1)}$得出：

$$\bar{a}_k\approx\hat{a}_{k-1}+T_s\hat{\bar{a}}_{k-1}^{(1)} \tag{4.114}$$

由于 Jerk 均值是未知的,因此,根据改进输入估计算法[166]的思想,将其扩展到状态向量中,利用递推最小二乘估计算法直接进行估计。考虑与 $\boldsymbol{x}_k$ 维度一致性,同时与 $x$ 轴与 $y$ 轴,增补方程 $\bar{\boldsymbol{a}}_k^{(1)} = \bar{\boldsymbol{a}}_{k-1}^{(1)}$,与式(4.102)联立可得自适应 CS 模型的状态方程为

$$\begin{bmatrix} \boldsymbol{x}_k \\ \bar{\boldsymbol{a}}_k^{(1)} \end{bmatrix} = \begin{bmatrix} \boldsymbol{F}_{\mathrm{CA}} & \boldsymbol{U}_{\mathrm{ACS}} \\ \boldsymbol{0}_{n_{\mathrm{d}} \times 3n_{\mathrm{d}}} & \boldsymbol{I}_{n_{\mathrm{d}}} \end{bmatrix} \begin{bmatrix} \boldsymbol{x}_{k-1} \\ \bar{\boldsymbol{a}}_{k-1}^{(1)} \end{bmatrix} + \begin{bmatrix} \boldsymbol{w}_{k-1}^{\mathrm{CS}} \\ \boldsymbol{0}_{n_{\mathrm{d}} \times 1} \end{bmatrix} \tag{4.115}$$

式中:

$$\boldsymbol{F}_{\mathrm{CA}} = \boldsymbol{I}_{n_{\mathrm{d}}} \otimes \begin{bmatrix} 1 & T_{\mathrm{s}} & T_{\mathrm{s}}^2/2 \\ 0 & 1 & T_{\mathrm{s}} \\ 0 & 0 & 1 \end{bmatrix} \tag{4.116}$$

$$\boldsymbol{U}_{\mathrm{ACS}} = \boldsymbol{I}_{n_{\mathrm{d}}} \otimes \begin{bmatrix} T_{\mathrm{s}}^3/6 - (2 - 2\alpha T_{\mathrm{s}} + \alpha^2 T_{\mathrm{s}}^2 - 2\mathrm{e}^{-\alpha T_{\mathrm{s}}})/2\alpha^3 \\ T_{\mathrm{s}}^2/2 - (\mathrm{e}^{-\alpha T_{\mathrm{s}}} - 1 + \alpha T_{\mathrm{s}})/\alpha^2 \\ T_{\mathrm{s}} - (1 - \mathrm{e}^{-\alpha T_{\mathrm{s}}})/\alpha \end{bmatrix} \tag{4.117}$$

$\boldsymbol{0}_{m \times n}$ 为 $m \times n$ 维全零矩阵。另外,由式(4.113)和式(4.114)的近似,将式(4.112)修改为

$$\sigma_{\mathrm{a}}^2 = \frac{4-\pi}{\pi}(\tilde{a}_{k-1} + T_{\mathrm{s}} \tilde{\bar{a}}_{k-1}^{(1)})^2 \tag{4.118}$$

式中:$\tilde{\bar{a}}_k^{(1)}$ 为 Jerk 均值估计误差。考虑到改进模型的加速度状态递推方程中 Jerk 均值实际所占比例,采用加速度和 Jerk 均值的方差期望近似式(4.118)可得:

$$\begin{aligned} \sigma_{\mathrm{a}}^2 &= \frac{4-\pi}{\pi}\{\mathbb{E}[\tilde{a}_{k-1}\tilde{a}_{k-1}] + 2T_{\mathrm{s}}\mathbb{E}[\tilde{a}_{k-1}(\tilde{\bar{a}}_{k-1}^{(1)})] + T_{\mathrm{s}}^2\mathbb{E}[\tilde{\bar{a}}_{k-1}^{(1)}(\tilde{\bar{a}}_{k-1}^{(1)})]\} \\ &= \frac{4-\pi}{\pi}\{\boldsymbol{C}_{k-1}(\ddot{x},\ddot{x}) + 2T_{\mathrm{s}}\boldsymbol{C}_{k-1}(\ddot{x},\bar{\dddot{x}}) + T_{\mathrm{s}}^2\boldsymbol{C}_{k-1}(\bar{\dddot{x}},\bar{\dddot{x}})\} \end{aligned} \tag{4.119}$$

式中:$\boldsymbol{C}_{k-1}(\cdots)$ 为滤波器输出的状态协方差矩阵中的对应元素。

综上可知,通过对 CS 模型加速度极限值和加速度均值的建模以及 Jerk 均值输入估计的引入,改进的 CS 模型形式上转化为标准滤波模型,过程噪声与滤波器输出的状态协方差矩阵相关元素联系起来,因此能够与标准状态估计算法结合,实现对目标的自适应跟踪。

根据上述分析,建立第 $q$ 个目标在第 $k$ 个跟踪间隔的状态转移方程:

$$\begin{bmatrix} \boldsymbol{x}_{q,k} \\ \bar{\boldsymbol{a}}_{q,k}^{(1)} \end{bmatrix} = \begin{bmatrix} \boldsymbol{F}_{\mathrm{CA}} & \boldsymbol{U}_{\mathrm{ACS}} \\ \boldsymbol{0}_{n_{\mathrm{d}} \times 3n_{\mathrm{d}}} & \boldsymbol{I}_{n_{\mathrm{d}}} \end{bmatrix} \begin{bmatrix} \boldsymbol{x}_{q,k-1} \\ \bar{\boldsymbol{a}}_{q,k-1}^{(1)} \end{bmatrix} + \begin{bmatrix} \boldsymbol{w}_{q,k-1}^{\mathrm{CS}} \\ \boldsymbol{0}_{n_{\mathrm{d}} \times 1} \end{bmatrix} \tag{4.120}$$

式中：$\boldsymbol{x}_{q,k}$ 为目标状态矢量；$\boldsymbol{w}_{q,k-1}^{\mathrm{CS}} \sim \mathcal{N}(\boldsymbol{0},\boldsymbol{Q}_{q,k-1}^{\mathrm{CS}})$；$\bar{\boldsymbol{a}}_{q,k}^{(1)}$ 为各坐标轴 Jerk 输入均值构成的矢量。

**3. 扩展模型**

将目标的复反射增益建模为一阶 Markovian 模型：

$$\boldsymbol{\alpha}_{q,k} = \boldsymbol{\alpha}_{q,k-1} + \boldsymbol{w}_{q,k-1}^{\alpha} \tag{4.121}$$

式中：$\boldsymbol{\alpha}_{q,k} = [\alpha_{q,k}^{\mathrm{R}},\alpha_{q,k}^{\mathrm{I}}]^{\mathrm{T}}$ 为目标复反射增益的实部和虚部；$\boldsymbol{w}_{q,k-1}^{\alpha} \sim \mathcal{N}(\boldsymbol{0},\boldsymbol{Q}_{q,k-1}^{\alpha})$。

结合改进的 CS 模型和目标反射模型，可以建立如下扩展模型：

$$\boldsymbol{\xi}_{q,k} = \boldsymbol{F}_{\mathrm{AUG}}\boldsymbol{\xi}_{q,k-1} + \boldsymbol{w}_{q,k-1}^{\mathrm{AUG}} \tag{4.122}$$

式中：$\boldsymbol{\xi}_{q,k} = [\boldsymbol{x}_{q,k}^{\mathrm{T}},(\bar{\boldsymbol{a}}_{q,k}^{(1)})^{\mathrm{T}},\boldsymbol{\alpha}_{q,k}^{\mathrm{T}}]^{\mathrm{T}}$；$\boldsymbol{F}_{\mathrm{AUG}}$ 为扩展状态转移矩阵，即

$$\boldsymbol{F}_{\mathrm{AUG}} = \begin{bmatrix} \boldsymbol{F}_{\mathrm{CA}} & \boldsymbol{U}_{\mathrm{ACS}} & \boldsymbol{0}_{3n_{\mathrm{d}}\times 2} \\ \boldsymbol{0}_{n_{\mathrm{d}}\times 3n_{\mathrm{d}}} & \boldsymbol{I}_{n_{\mathrm{d}}} & \boldsymbol{0}_{n_{\mathrm{d}}\times 2} \\ \boldsymbol{0}_{2\times 3n_{\mathrm{d}}} & \boldsymbol{0}_{2\times n_{\mathrm{d}}} & \boldsymbol{I}_2 \end{bmatrix} \tag{4.123}$$

扩展模型过程噪声 $\boldsymbol{w}_{q,k-1}^{\mathrm{AUG}} = [(\boldsymbol{w}_{q,k-1}^{\mathrm{CS}})^{\mathrm{T}},\boldsymbol{0}_{1\times n_{\mathrm{d}}},(\boldsymbol{w}_{q,k-1}^{\alpha})^{\mathrm{T}}]^{\mathrm{T}}$；满足 $\boldsymbol{w}_{q,k-1}^{\mathrm{AUG}} \sim \mathcal{N}(\boldsymbol{0},\boldsymbol{Q}_{q,k-1}^{\mathrm{AUG}})$；且 $\boldsymbol{Q}_{q,k-1}^{\mathrm{AUG}} = \mathrm{diag}(\boldsymbol{Q}_{q,k-1}^{\mathrm{CS}},\boldsymbol{0}_{n_{\mathrm{d}}\times n_{\mathrm{d}}},\boldsymbol{Q}_{q,k-1}^{\alpha})$。

**4. 量测模型**

当 $n_{\mathrm{d}}=2$ 时，非线性条件下的量测模型表示为

$$\boldsymbol{z}_{q,k} = h(\boldsymbol{\xi}_{q,k}) + \boldsymbol{n}_{q,k} \tag{4.124}$$

式中：$h(\boldsymbol{\xi}_{q,k}) = [r_{q,k},\theta_{q,k},\alpha_{q,k}^{\mathrm{R}},\alpha_{q,k}^{\mathrm{I}}]^{\mathrm{T}}$，即包含距离、方位角、目标复反射增益实部和虚部的矢量。$h(\cdot)$ 中各元素可写为

$$\begin{cases} r_{q,k} = \sqrt{(x_{q,k}-x_{\mathrm{R}})^2 + (y_{q,k}-y_{\mathrm{R}})^2} \\ \theta_{q,k} = \arctan(y_{q,k}-y_{\mathrm{R}},x_{q,k}-x_{\mathrm{R}}) \\ \alpha_{q,k}^{\mathrm{R}} = \boldsymbol{e}_{n_x+4}^{n_x+3}\boldsymbol{\xi}_{q,k} \\ \alpha_{q,k}^{\mathrm{I}} = \boldsymbol{e}_{n_x+4}^{n_x+4}\boldsymbol{\xi}_{q,k} \end{cases} \tag{4.125}$$

式中：$n_x=6$ 为目标状态矢量的维度；$\boldsymbol{e}_m^n$ 为 $1\times m$ 维矢量，其第 $n$ 个元素为 1，其他元素为 0；$(x_{\mathrm{R}},y_{\mathrm{R}})$ 为雷达坐标。量测噪声 $\boldsymbol{n}_{q,k} \sim \mathcal{N}(\boldsymbol{0},\boldsymbol{R}_{q,k})$。在高 SNR 条件下，若采用最大似然估计算法，则 $\boldsymbol{R}_{q,k}$ 各分量可近似表示为扩展状态矢量 $\boldsymbol{\xi}_{q,k}$ 对应元素的 CRLB，即

$$\begin{cases} \sigma_{r_{q,k}}^2 \propto (\rho_{q,k}\beta_{q,k}^2/c^2)^{-1} \\ \sigma_{\theta_{q,k}}^2 \propto (\rho_{q,k}/(B_{\mathrm{wa}}^2))^{-1} \\ \sigma_{\alpha_{q,k}^{\mathrm{R}}}^2 = \sigma_{\alpha_{q,k}^{\mathrm{I}}}^2 \propto (\rho_{q,k})^{-1} \end{cases} \tag{4.126}$$

式中:$\beta_{q,k}$为有效带宽;$c$ 为光速;$k_2$为常系数;$\rho_{q,k}$为 SNR;$B_{\mathrm{wa}}$为雷达方位维的 3dB 波束宽度。

### 4.5.2 PC-CRLB 的推导

对于任意跟踪滤波器,PCRLB 提供了一个稳定的性能下界,且具备可预测性,因此,大多数资源分配算法利用 PCRLB 来构建目标函数或约束条件。若假设$\hat{\boldsymbol{\xi}}_{q,k}$为第 $q$ 个目标在第 $k$ 个跟踪间隔的扩展状态估计,则克拉美罗不等式可写为[167-168]

$$\mathbb{E}_{\boldsymbol{\xi}_{q,k},\boldsymbol{Z}_{1:k}^{q}}[(\boldsymbol{\xi}_{q,k}-\hat{\boldsymbol{\xi}}_{q,k})(\boldsymbol{\xi}_{q,k}-\hat{\boldsymbol{\xi}}_{q,k})^{\mathrm{T}}]\geqslant\boldsymbol{M}^{-1}(\boldsymbol{\xi}_{q,k}) \tag{4.127}$$

式中:矩阵 $\boldsymbol{A}\geqslant\boldsymbol{B}$ 表示矩阵 $\boldsymbol{A}-\boldsymbol{B}$ 的结果为半正定矩阵;$\boldsymbol{M}(\boldsymbol{\xi}_{q,k})$为 BIM,即 PCRLB 的逆矩阵。从均值运算符$\mathbb{E}_{\boldsymbol{\xi}_{q,k},\boldsymbol{Z}_{1:k}^{q}}$可以看出,PCRLB 的求取需要对目标状态 $\boldsymbol{\xi}_{q,k}$和从初始时刻到当前时刻的量测序列 $\boldsymbol{Z}_{1:k}^{q}$取均值,即将所有可能的量测数据考虑在内进行计算。这使得已经获得的 $k-1$ 个跟踪间隔的量测序列被平均,PCRLB 变为一个离线的性能下界。考虑机动目标跟踪中的高动态性和实时性,在此利用 PC-CRLB 来表征跟踪精度。关于 PC-CRLB 的不等式可写为

$$\mathbb{E}_{\boldsymbol{\xi}_{q,k},\boldsymbol{z}_{q,k}|\boldsymbol{z}_{q,k-1}}[(\boldsymbol{\xi}_{q,k}-\hat{\boldsymbol{\xi}}_{q,k})(\boldsymbol{\xi}_{q,k}-\hat{\boldsymbol{\xi}}_{q,k})^{\mathrm{T}}]\geqslant\boldsymbol{J}^{-1}(\boldsymbol{\xi}_{q,k}|\boldsymbol{z}_{q,k-1}) \tag{4.128}$$

对比 PCRLB 的计算公式,可以看出,PC-CRLB 基于最近时刻已获取的量测数据进行均值运算,因此可为滤波算法提供更加紧致的性能界限。其中,$\boldsymbol{J}(\boldsymbol{\xi}_{q,k}|\boldsymbol{z}_{q,k-1})$为预测条件贝叶斯信息矩阵(predicted conditional-BIM,PC-BIM),即 PC-CRLB 的逆矩阵,计算公式为

$$\boldsymbol{J}(\boldsymbol{\xi}_{q,k}|\boldsymbol{z}_{q,k-1})=\mathbb{E}_{\boldsymbol{\xi}_{q,k},\boldsymbol{z}_{q,k}|\boldsymbol{z}_{q,k-1}}[-\nabla_{\boldsymbol{\xi}_{q,k}}^{\boldsymbol{\xi}_{q,k}}\log p(\boldsymbol{\xi}_{q,k},\boldsymbol{z}_{q,k}|\boldsymbol{z}_{q,k-1})] \tag{4.129}$$

式中:$p(\boldsymbol{\xi}_{q,k},\boldsymbol{z}_{q,k}|\boldsymbol{z}_{q,k-1})$为$(\boldsymbol{\xi}_{q,k},\boldsymbol{z}_{q,k})$在 $\boldsymbol{z}_{q,k-1}$ 条件下的概率密度函数。与 PCRLB 相似,$\boldsymbol{J}(\boldsymbol{\xi}_{q,k}|\boldsymbol{z}_{q,k-1})$可写为先验信息部分和数据部分之和的形式:

$$\boldsymbol{J}(\boldsymbol{\xi}_{q,k}|\boldsymbol{z}_{q,k-1})=\boldsymbol{J}_{\mathrm{P}}(\boldsymbol{\xi}_{q,k}|\boldsymbol{z}_{q,k-1})+\boldsymbol{J}_{\mathrm{D}}(\boldsymbol{\xi}_{q,k}|\boldsymbol{z}_{q,k-1}) \tag{4.130}$$

先验信息部分的计算公式为

$$\boldsymbol{J}_{\mathrm{P}}(\boldsymbol{\xi}_{q,k}|\boldsymbol{z}_{q,k-1})=\mathbb{E}_{\boldsymbol{\xi}_{q,k}|\boldsymbol{z}_{q,k-1}}[-\nabla_{\boldsymbol{\xi}_{q,k}}^{\boldsymbol{\xi}_{q,k}}\log p(\boldsymbol{\xi}_{q,k}|\boldsymbol{z}_{q,k-1})] \tag{4.131}$$

多数情况下,式(4.131)的闭式解难以获取。若假设目标的运动模型服从高斯分布,则可以用滤波器输出的协方差矩阵来近似:

$$\boldsymbol{J}_{\mathrm{P}}(\boldsymbol{\xi}_{q,k}|\boldsymbol{z}_{q,k-1})\approx\{\mathbb{E}_{\boldsymbol{\xi}_{q,k}|\boldsymbol{z}_{q,k-1}}[(\boldsymbol{\xi}_{q,k}-\bar{\boldsymbol{\xi}}_{q,k})(\boldsymbol{\xi}_{q,k}-\bar{\boldsymbol{\xi}}_{q,k})^{\mathrm{T}}]\}^{-1} \tag{4.132}$$

式中:$\bar{\boldsymbol{\xi}}_{q,k}=\mathbb{E}_{\boldsymbol{\xi}_{q,k}|\boldsymbol{z}_{q,k-1}}[\boldsymbol{\xi}_{q,k}]$为基于量测信息的预测状态均值,可根据状态转移模型对多个粒子进行状态采样求得。PC-BIM 的数据部分可写为

$$\boldsymbol{J}_{\mathrm{D}}(\boldsymbol{\xi}_{q,k}|\boldsymbol{z}_{q,k-1})=\mathbb{E}_{\boldsymbol{\xi}_{q,k},\boldsymbol{z}_{q,k}|\boldsymbol{z}_{q,k-1}}[-\nabla_{\boldsymbol{\xi}_{q,k}}^{\boldsymbol{\xi}_{q,k}}\log p(\boldsymbol{z}_{q,k}|\boldsymbol{\xi}_{q,k})]$$

$$= \mathbb{E}_{\boldsymbol{\xi}_{q,k}}[\hat{\boldsymbol{H}}_{q,k}^{\mathrm{T}}\hat{\boldsymbol{R}}_{q,k}^{-1}\hat{\boldsymbol{H}}_{q,k}] \tag{4.133}$$

式中:均值运算符同样需要多个粒子进行状态采样求得;$\hat{\boldsymbol{H}}_{q,k}$ 和 $\hat{\boldsymbol{R}}_{q,k}$ 分别为利用当前时刻信息来对下一时刻状态进行预测所得量测函数的雅可比矩阵和量测误差协方差矩阵。

### 4.5.3 优化模型建立及求解

**1. 优化模型建立**

在此,引入功率分配矩阵 $\boldsymbol{P}_k = [P_{1,k},\cdots,P_{q,k},\cdots,P_{Q,k}]^{\mathrm{T}}$,将目标函数写为极大极小的形式,以保证所有目标的跟踪精度:

$$\mathbb{F}(\boldsymbol{P}_k) = \max_{q\in Q}\{\mathrm{tr}_{\mathrm{pos}}[\boldsymbol{J}^{-1}(\boldsymbol{x}_{q,k}\mid \boldsymbol{z}_{q,k-1},P_{q,k})]\} \tag{4.134}$$

式中:$\mathrm{tr}_{\mathrm{pos}}(\boldsymbol{A})$ 为对矩阵 $\boldsymbol{A}$ 中的位置元素进行求迹运算。则功率分配问题建立为总功率约束及上下限约束下的最优化问题:

$$\begin{aligned}&\min_{\boldsymbol{P}_k}\mathbb{F}(\boldsymbol{P}_k)\\ &\text{s.t.}\ \sum_{q=1}^{Q}P_{q,k} = P_{\mathrm{total}}\\ &\qquad P_{\min}\leqslant P_{q,k}\leqslant P_{\max}\end{aligned} \tag{4.135}$$

式中:$P_{\mathrm{total}}$ 为 MIMO 雷达总的可用功率;$P_{\min}$ 为保证目标完全检测的功率下界约束;$P_{\max}$ 为保证雷达阵面散热的功率上界约束。

**2. 求解算法**

式(4.135)建立的优化模型是凸的,且目标函数的解析式可以求得,具体证明见附录 G,因此,可以直接采用凸优化算法求解。但是,一般的凸优化算法计算复杂度较高。以内点法为例,若需要达到求解精度 $\varepsilon$,其计算复杂度为 $\mathcal{O}(Q^{3.5}\log(1/\varepsilon))$,其中,$Q$ 为目标总数(变量的维度)。在此,提出一种低复杂度的算法求解式(4.135)。

结合附录 G 中目标函数的解析式和式(4.135),定义:

$$\mathrm{fun}_q(P_{q,k}) = g(P_{q,k}) = \sum_{m=1}^{n_{\mathrm{d}}}W_m(1+P_{q,k}\pi_m)^{-1} \tag{4.136}$$

即将每批目标位置 PC - CRLB 的迹记为关于功率分配变量的函数 $\mathrm{fun}_q(P_{q,k})$,则可将优化模型(4.135)转化为如下形式:

$$\begin{aligned}&\min_{\boldsymbol{P}_k}(\max_{q\in Q}\{\mathrm{fun}_q(P_{q,k})\})\\ &\text{s.t.}\ \sum_{q=1}^{Q}P_{q,k} = P_{\mathrm{total}}\\ &\qquad P_{\min}\leqslant P_{q,k}\leqslant P_{\max}\end{aligned} \tag{4.137}$$

式(4.137)为极大极小的凸优化问题。具体而言，$\text{fun}_q(P_{q,k})$为单调递减函数且定义域和值域均为非负实值。因此，其反函数可写为$\text{fun}_q^{-1}:(0,+\infty)\rightarrow(0,+\infty)$，即$\text{fun}_q(x)=y$表示$\text{fun}_q^{-1}(y)=x$。

为实现优化模型的高效求解，首先，对式(4.137)的约束进行松弛

$$\begin{aligned}&\min_{\boldsymbol{P}_k}(\max_{q\in Q}\{\text{fun}_q(P_{q,k})\})\\&\text{s.t.}\ \sum_{q=1}^{Q}P_{q,k}=P_{\text{total}}\end{aligned}\tag{4.138}$$

则根据文献[169]，对于$\forall q\in Q$，式(4.138)的最优解$P_{q,k}^*$满足

$$\text{fun}_q(P_{q,k}^*)=D_k\tag{4.139}$$

若写为反函数形式，则为

$$\text{fun}_q^{-1}(D_k)=P_{q,k}^*\tag{4.140}$$

此时，$D_k$可由等式约束得到，即满足等式约束

$$\sum_{q=1}^{Q}\text{fun}_q^{-1}(D_k)=P_{\text{total}}\tag{4.141}$$

在求得松弛问题的最优解$P_{q,k}^*$和最优值$D_k$后，原问题的最优解$\boldsymbol{P}_{k,\text{opt}}$和对应的最优值$D_{k,\text{opt}}$能够由以下3条引理确定。

引理1：$D_{k,\text{opt}}\geqslant D_k$。

引理2：若$\max_{q\in Q}\{\text{fun}_q(P_{\max})\}\leqslant D_k\leqslant\min_{q\in Q}\{\text{fun}_q(P_{\min})\}$，则$D_{k,\text{opt}}=D_k$；对于$\forall q\in Q$，最优功率分配为$P_{q,k,\text{opt}}=\text{fun}_q^{-1}(D_{k,\text{opt}})$。

引理3：对于$\forall q\in Q$，若$D_k>\text{fun}_q(P_{\min})$，则$\boldsymbol{P}_{k,\text{opt}}$中第$q$个元素$P_{q,k,\text{opt}}=P_{\min}$；若$D_k<\text{fun}_q(P_{\max})$，则$\boldsymbol{P}_{k,\text{opt}}$中第$q$个元素$P_{q,k,\text{opt}}=P_{\max}$。

3条引理的具体证明分别见附录H、附录I和附录J。根据引理1～引理3，最优的功率分配可通过重复求解式(4.138)，并将对应的解直接置为最小功率分配值$P_{\min}$或最大功率分配值$P_{\max}$而得。求解的具体策略如算法4.3所示。

**算法4.3　基于顺序松弛的求解算法**

(1)利用式计算$D_k$。

(2)定义所有目标集合为$\mathcal{Q}$；满足$D_k>\text{fun}_q(P_{\min})$或$D_k>\text{fun}_q(P_{\max})$的目标集合定义为$\mathcal{Q}_0$。若$\mathcal{Q}_0=\varnothing$，则转(3)；否则，将第$q\in\mathcal{Q}$个目标的功率分配最优解置为最小值：$P_{q,k,\text{opt}}=P_{\min}$，令$P_{\text{total}}=P_{\text{total}}-P_{\min}$；或者$P_{q,k,\text{opt}}=P_{\max}$，令$P_{\text{total}}=P_{\text{total}}-P_{\max}$。令$\mathcal{Q}_0=\mathcal{Q}_0\cup q$，$\mathcal{Q}=\mathcal{Q}\backslash q$，转(1)。

(3)第$q$个目标的最优功率分配$P_{q,k,\text{opt}}=\text{fun}_q^{-1}(D_k)$，其中，$q\in\mathcal{Q}$。

(4)$D_{k,\text{opt}}=D_k$。

**3. 几点附注**

附注1：大多现有成果均基于PCRLB来指导资源分配，考虑到资源分配需

要进行预测，所以，用到的优化指标皆为预测的 PCRLB。但 PCRLB 的计算是一个迭代过程，当利用预测 PCRLB 作为优化指标时，PCRLB 首先需要进行预测计算，然后根据资源分配结果迭代求得真实 PCRLB，以便下一跟踪间隔的 PCRLB 预测。而当利用 PC – CRLB 作为优化指标时，在每次资源分配过程中，PC – CRLB 仅需要计算一次。此外，PC – BIM 中的先验信息部分可直接利用滤波器输出的状态估计误差协方差矩阵得到，可以进一步节约相应时间。

附注 2：在机动目标跟踪过程中，较大的过程噪声会使得预测 PCRLB 与真实 PCRLB 相差过大，这也是 PCRLB 可能失效的主要原因。PC – CRLB 利用最近时刻的量测信息来对目标状态进行均值运算，其为预测条件均方误差（predicted conditional mean square error，PC – MSE）提供了稳定的性能界限；此外，所构建的目标运动模型具有自适应性，过程噪声可根据目标机动程度在线进行调整，因此，相比于预测 PCRLB，所提出的 PC – CRLB 更适合作为机动目标跟踪中资源分配的优化指标。

附注 3：本节仅考虑了所有量测均为目标产生的情况。若存在虚警和漏检，则 PC – BIM 的数据部分需要乘以信息衰减因子（information reduction factor，IRF），以表征虚警和漏检带来的不确定性。此时，PC – BIM 写为

$$\boldsymbol{J}(\boldsymbol{\xi}_{q,k} \mid \boldsymbol{z}_{q,k-1}) = \boldsymbol{J}_{\mathrm{P}}(\boldsymbol{\xi}_{q,k} \mid \boldsymbol{z}_{q,k-1}) + \mathbb{E}_{\boldsymbol{\xi}_{q,k}}[\zeta \hat{\boldsymbol{H}}_{q,k}^{\mathrm{T}} \hat{\boldsymbol{R}}_{q,k}^{-1} \hat{\boldsymbol{H}}_{q,k}] \tag{4.142}$$

式中：$\zeta$ 为 IRF，其与 SNR、检测概率、杂波密度等多种因素有关。由于 IRF 的引入，目标函数将变为非凸函数。此时，改进的梯度投影法、Zoutendijk 可行方向法等可用于功率分配模型的求解。然而，这些算法的计算复杂度仍然偏高，需要进一步探索高效的求解算法。

### 4.5.4 仿真结果及分析

考虑单部集中式 MIMO 雷达在 $x-y$ 平面内跟踪 3 批目标的情况。此时，目标状态矢量表示为 $\boldsymbol{x}_{q,k} = [x_{q,k}, \dot{x}_{q,k}, \ddot{x}_{q,k}, y_{q,k}, \dot{y}_{q,k}, \ddot{y}_{q,k}]^{\mathrm{T}}$；其中，$(x_{q,k}, y_{q,k})$、$(\dot{x}_{q,k}, \dot{y}_{q,k})$、$(\ddot{x}_{q,k}, \ddot{y}_{q,k})$ 分别为目标在 3 个坐标轴上的位置、速度和加速度。目标初始状态见表 4.5；目标与 MIMO 雷达的几何关系见图 4.27。跟踪间隔 $T_{\mathrm{s}}$ 设为 1s；仿真时长为 30s。此外，引入最大均方根误差进行不同算法间的性能对比：

$$\mathrm{RMSE}_k = \max_{q \in Q}\left\{\sqrt{\frac{1}{N_{\mathrm{sim}}}\sum_{j=1}^{N_{\mathrm{sim}}}[(x_k^q - \hat{x}_{k,j}^q)^2 + (y_k^q - \hat{y}_{k,j}^q)^2]}\right\} \tag{4.143}$$

式中：$N_{\mathrm{MC}} = 50$ 为蒙特卡罗仿真次数；$(\hat{x}_{k,j}^q, \hat{y}_{k,j}^q)$ 为第 $j$ 次仿真中对于第 $q$ 个目标的位置估计。

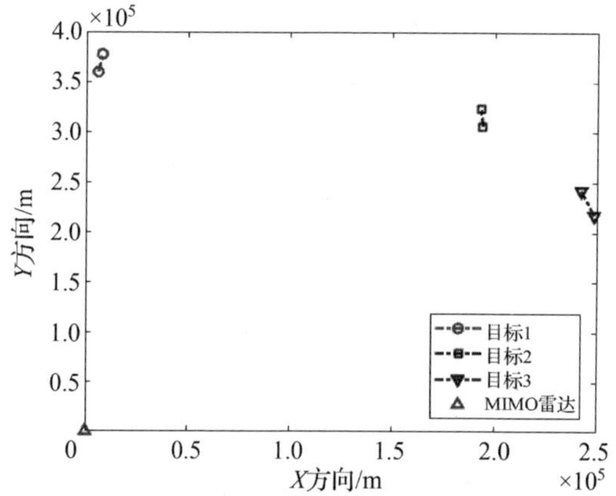


图 4.27　集中式 MIMO 雷达与目标的几何关系

表 4.5　目标初始参数

| 目标批号 | 位置/km | 速度/(m/s) |
|---|---|---|
| 1 | (6,360) | (100,645) |
| 2 | (194,305.99) | (−100,535) |
| 3 | (248.01,217.99) | (−185,735) |

仿真中,考虑两种目标反射模型和两种目标机动模型。目标反射模型分别为:

(1)$\boldsymbol{\alpha}_1$,所有目标的 RCS 均恒为 1;

(2)$\boldsymbol{\alpha}_2$,如图 4.28 所示,即目标 2 的 RCS 相对较弱。

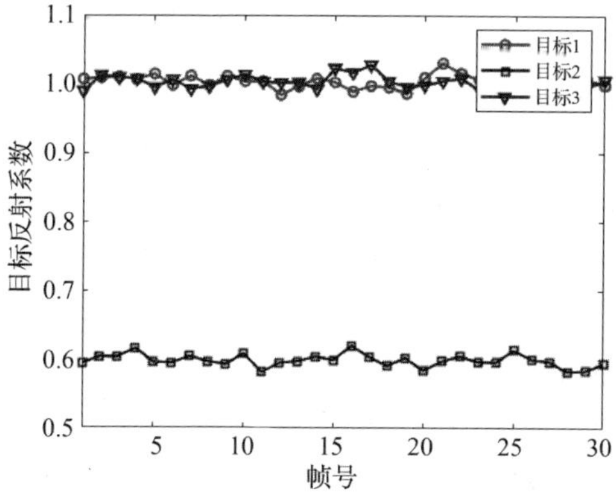


图 4.28　目标 2 在 $\boldsymbol{\alpha}_2$ 中的反射系数

两种目标机动模型分别记为 $\boldsymbol{M}_1$ 和 $\boldsymbol{M}_2$。在 $\boldsymbol{M}_1$ 中，目标 1 ~ 3 在 $x$、$y$ 轴方向的加速度如图 4.29(a) ~ 4.29(c) 所示。在 $\boldsymbol{M}_2$ 中，目标 2 的加速度变为图 4.29(d)，目标 1 和目标 3 的加速度保持不变，即目标 2 的机动性增强。

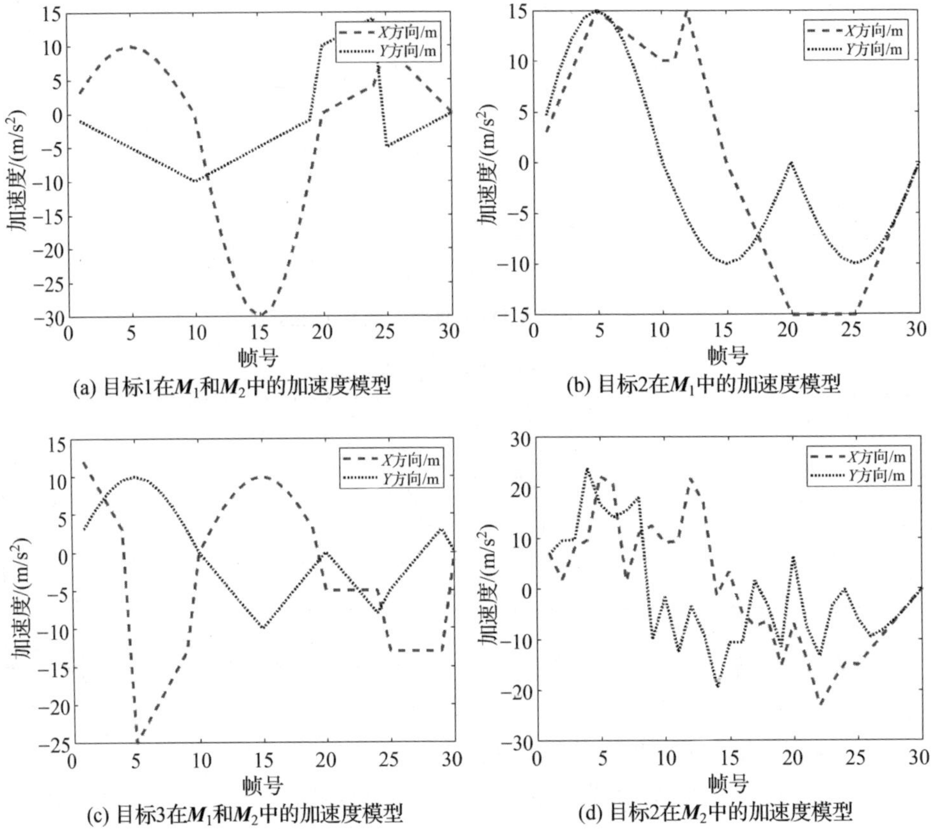


(a) 目标1在$\boldsymbol{M}_1$和$\boldsymbol{M}_2$中的加速度模型

(b) 目标2在$\boldsymbol{M}_1$中的加速度模型

(c) 目标3在$\boldsymbol{M}_1$和$\boldsymbol{M}_2$中的加速度模型

(d) 目标2在$\boldsymbol{M}_2$中的加速度模型

**图 4.29　3 批目标的机动模型**

**1. 所提算法的高效性**

在第一种目标反射模型 $\boldsymbol{\alpha}_1$ 和第一种目标机动模型 $\boldsymbol{M}_1$ 的条件下，利用所提算法与凸优化算法求解原功率分配问题所用时间和 PC - CRLB 分别如图 4.30 和图 4.31 所示。从中可以看出，所提算法性能与凸优化算法非常相近，但计算量较低。

对仿真进行扩展，假设目标随机生成，分别给出利用所提算法和凸优化算法求解功率分配优化模型所用时间和性能对比，如图 4.32 和图 4.33 所示。由此可以看出所提算法的高效性。具体而言，凸优化算法的计算复杂度与目标数量 $Q$ 具有幂函数的关系；而所提算法计算复杂度与目标数量呈线性关系。

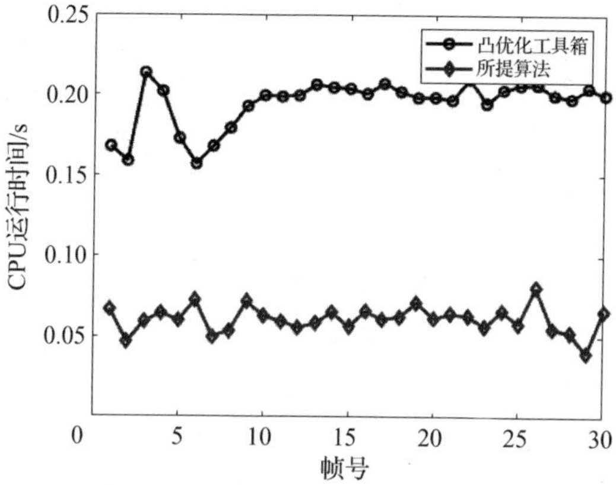


图4.30 3批目标情况下算法运行时间对比

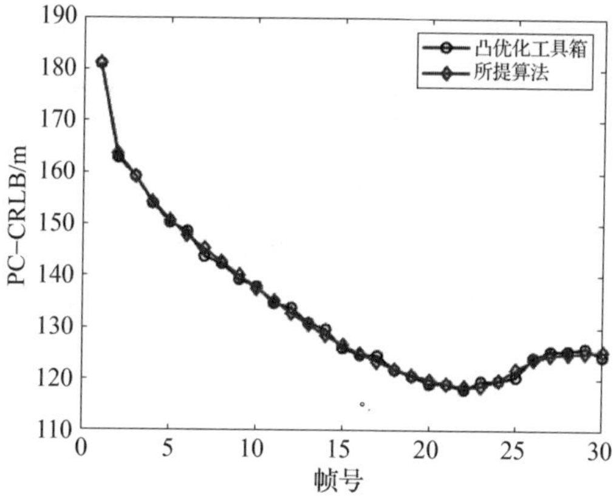


图4.31 3批目标情况下算法性能对比

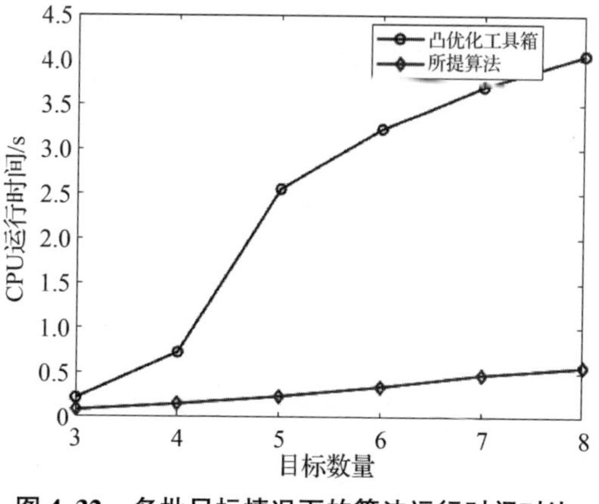


图4.32 多批目标情况下的算法运行时间对比

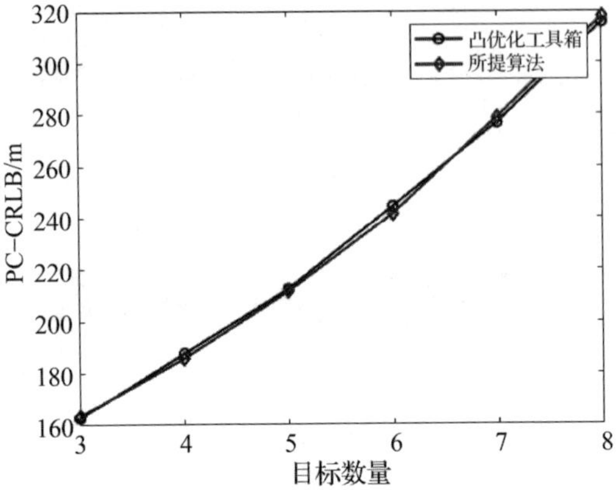


**图 4.33　多批目标情况下的算法性能对比**

**2. 功率分配的影响因素**

引入平均功率分配算法作为基准算法进行对比，探究功率分配的影响因素。

1）场景 1：$\boldsymbol{\alpha}_1$ 和 $\boldsymbol{M}_1$

在此条件下，3 批目标的反射系数相同，功率分配主要由 MIMO 雷达与目标间的距离确定。图 4.34 给出了平均功率分配算法与所提算法的 PC－CRLB、预测 PCRLB 和 RMSE 对比，由此可以看出最优功率分配可以有效提升目标的整体跟踪精度。此外，在机动目标跟踪中，相比于预测 PCRLB，PC－CRLB 与跟踪滤波器输出的 RMSE 更为接近，更适合作为资源分配算法的性能优化指标。

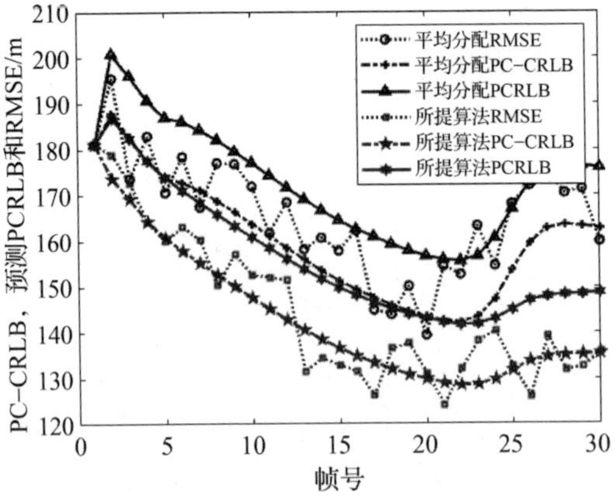


**图 4.34　场景 1 下 PC－CRLB、PCRLB 与 RMSE 对比**

图 4.35 和图 4.36 展示了功率分配结果和各目标与雷达间的距离。对比两幅图可以看出，在对机动目标的功率分配过程中，虽然采用了极大极小的目标函

数形式,但功率分配结果并非由目标与雷达间的距离唯一确定,目标的机动性也有很大影响。例如,前 22s 目标 1 距 MIMO 雷达的距离小于目标 2,但雷达对目标 1 分配了更多的功率资源。

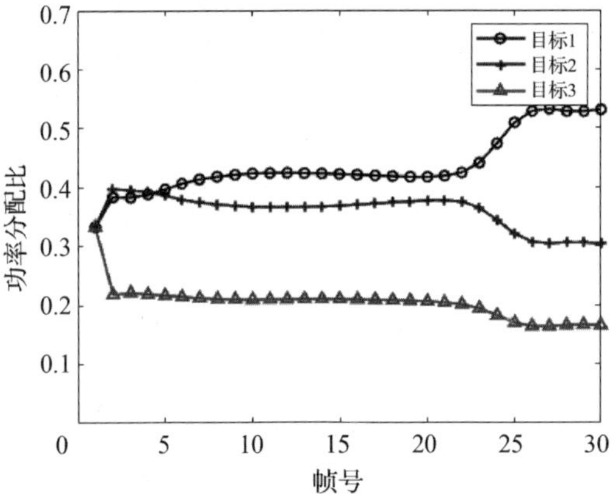


**图 4.35　场景 1 下功率分配结果**

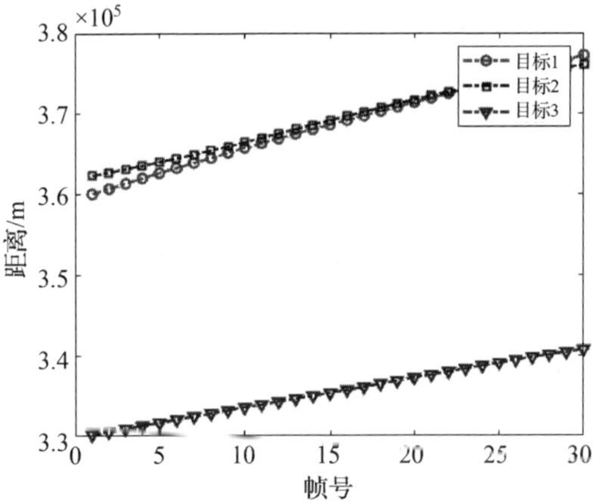


**图 4.36　场景 1 下 MIMO 雷达与各目标距离**

2)场景 2:$\boldsymbol{\alpha}_2$和 $\boldsymbol{M}_1$

此场景下主要探究目标反射系数对功率分配的影响。图 4.37 给出了平均功率分配算法和所提算法的 PC - CRLB、预测 PCRLB 和 RMSE 对比,由此可以看出所提算法及利用 PC - CRLB 作为优化指标的有效性。图 4.38 和图 4.39 分别为各目标与雷达间的距离和功率分配结果;对比图 4.35,可以看出,目标 2 由于反射系数的下降被分配给了更多的功率资源。

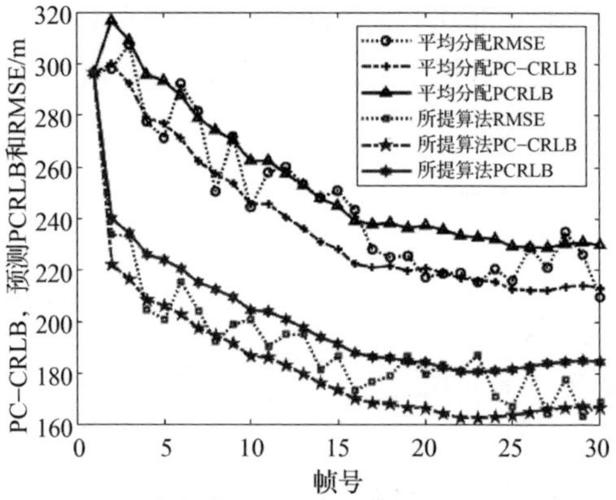


**图 4.37　场景 2 下 PC – CRLB、PCRLB 与 RMSE 对比**

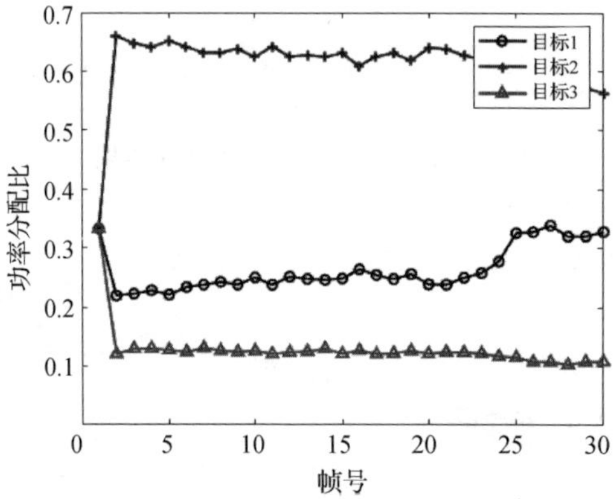


**图 4.38　场景 2 下功率分配结果**

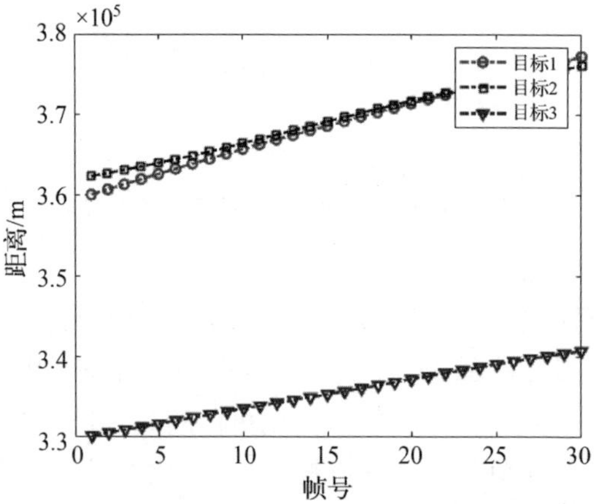


**图 4.39　场景 2 下 MIMO 雷达与各目标距离**

3）场景 3：$\boldsymbol{\alpha}_1$ 和 $\boldsymbol{M}_2$

此场景下主要探究目标机动性对功率分配的影响。平均功率分配算法与所提算法对应的 PC－CRLB、预测 PCRLB 和 RMSE 如图 4.40 所示，从中可以看出，所提算法更能够利用有限资源提升目标的整体跟踪精度。图 4.41 和图 4.42 给出了该条件下功率分配结果和目标与 MIMO 雷达间的距离。对比图 4.35，可以明显看出，由于目标 2 的机动性增强，雷达对目标 2 分配了更多的功率资源，以平衡三批目标的整体跟踪性能。

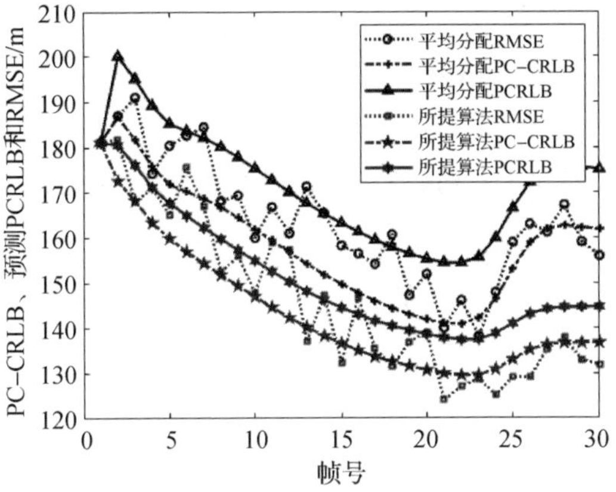


**图 4.40　场景 3 下 PC－CRLB、预测 PCRLB 与 RMSE 对比**

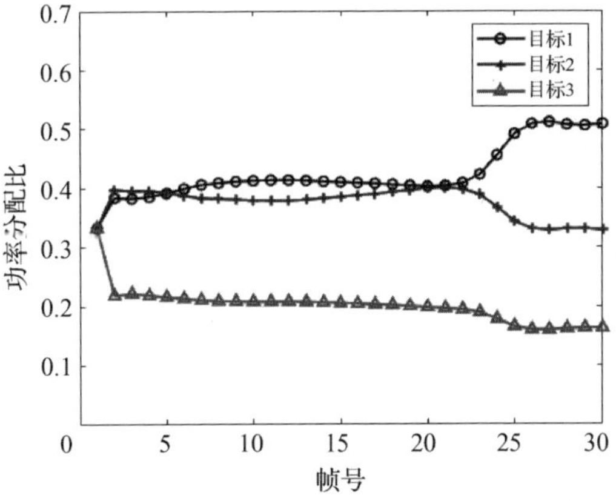


**图 4.41　场景 3 下功率分配结果**

本节对于机动目标跟踪中 MIMO 雷达的功率分配问题进行了研究。采用 PC－CRLB 来构建优化模型的目标函数，通过对 CS 模型进行改进，实现了运动模型的自适应以及模型状态变化与 PC－CRLB 的联系，进一步提升了 PC－CRLB

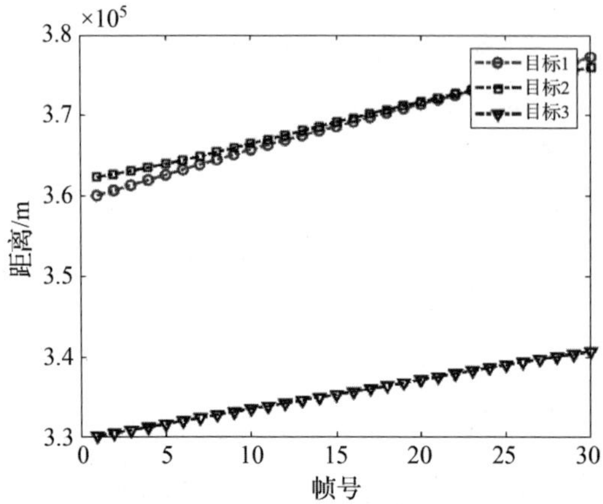


**图 4.42　场景 3 下 MIMO 雷达与各目标距离**

对目标机动状态描述的精确性。本节通过严格推导,提出一种基于顺序松弛的求解算法,其不仅计算复杂度更低,且性能与标准的凸优化算法相近,更适合于机动目标跟踪中资源分配的求解。

# 第 5 章

# 基于 PSO 的 MIMO 雷达资源调度

## 5.1 引　　言

传统相控阵雷达采用时间分割原理，将雷达时间轴划分为多个时间片，在每个时间片内安排特定任务，依靠单个波束在空间中的灵活捷变来获得多任务能力。与之不同，MIMO 雷达可以同时发射多个波束，每个波束在空间中单独执行各自任务，实现真正意义上的同时多功能。具体而言，同时多波束有两种工作模式，即发射低增益的宽波束（MISO）模式与发射高增益的窄波束（MIMO）模式。两种模式下，雷达在接收端均通过 DBF 技术合成多个高增益的窄波束。相比于传统相控阵雷达的时分复用体制，MIMO 雷达的同时多波束具备以下明显优势。

（1）在执行搜索任务时，依靠发射宽波束，可以在相同时间内覆盖更广阔的空域范围；由于波束方向图在空间中不进行叠加，间接满足了军事运用中的低截获需求。

（2）在执行多种任务时，每个波束可以独立执行各自任务，可以获得更佳的信号处理性能。

（3）多个波束中的信号可以是时、空、极化域分离的，具有处理自由度大、孔径利用率高等优势。

在 MIMO 雷达系统完成资源分配后，则需要设计调度序列，以安排多个任务在时间轴线上的执行顺序。然而，由于雷达系统自身硬件的限制，如调度间隔、发射机的散热性能等，如果对待执行的任务序列进行随意安排，将难以发挥 MIMO 雷达的多功能优势。在此条件下，则需要高效的任务调度算法。

针对雷达的资源调度问题，现有文献多集中于对传统相控阵雷达 SISO 收发模式下的研究，对于 MIMO 雷达特有的两种任务执行模式，则较少涉及。在 SISO 模式下，任务模型可建立为非抢占式以及可抢占式两类。后者可以利用任务的等待期来交错执行其他任务的发射期或接收期，提升了时间利用率。然而，在 MIMO 雷达特有的 MISO 模式和 MIMO 模式下，任务调度则更加复杂。MISO 模式下，不仅任务的等待期可以用来进行任务交错，不同任务的接收期还可以实现相互交叠。并且，在 MISO 的基础上，MIMO 模式可以合并多个任务的发射期，实现“多发多收”。

针对 MISO 模式，文献[110－111]提出一种启发式调度算法，通过对可执行任务子集的循环嵌套来最大化资源利用率。文献[112]在此基础上考虑了成像任务，并提出一种观测时间动态调整策略来提升雷达的自适应能力。文献[113]在文献[110－111]的基础上进行拓展，使得嵌套算法同样适用于 MIMO 模式。

文献[110－113]虽然取得一些成效，仍存在如下不足。

(1)未能建立通用的最优化任务调度模型。

(2)为简化建模，仅考虑了同种任务可并行执行；实际中，MIMO 雷达可实现不同种类任务在时间轴上的相互交叠。

(3)构建的循环嵌套算法中难免存在空余的时间间隔，会造成部分时间资源的浪费。

(4)所采用的求解方法属于启发式算法，该类算法依据启发式规则，在每次迭代中，仅寻求该次迭代中能够发现的最优解，无并行搜索机制，使得算法易陷入局部极值点，难以获得全局最优解。

由于操作简便，易于实现，PSO 算法广泛运用于多种非线性优化问题与约束问题中[170－173]。然而，PSO 算法存在易陷入局部极值点这一固有缺陷。因此，大量改进的 PSO 算法被相继提出，以提升其全局收敛特性。文献[174]提出一种混合启发式的 PSO 算法。算法中，混合启发式算法作为顶层算法，控制多个底层启发式算法在解空间中进行搜索。文献[175]在每次迭代中对种群领袖运用五阶变异机制，提出一种改进的领袖 PSO 算法。文献[176]结合粒子的个体记忆来提升种群多样性。文献[177]提出协同 PSO 算法，通过将种群分为精英和普通群体，并进行信息交互来增强局部搜索和全局搜索性能。文献[178]混合了 PSO、差分进化算法和基于模型的优化算法来构建基于采样存档的 PSO 优化算法。文献[179]提出了基于适应值距离平衡和个体自适应搜索机制，分别用来跳出局部最优和实现智能搜索。文献[180]利用竞争算法来提升全局和局部搜索能力，并将强凸稀疏算子嵌套在粒子的位置更新中以产生稀疏解集。

针对上述问题,本章以 PSO 算法为手段,对 MISO 和 MIMO 模式下的 MIMO 雷达资源调度问题开展研究。在构建基于整数规划的优化模型后,分别提出一种基于熵值的 PSO 和一种基于 Levy 飞行的 PSO 算法进行求解。通过大量仿真,证明了所提出的两种算法相对于现有资源调度算法的优势。

## 5.2 MISO 模式下的资源调度

香农提出的信息熵是衡量系统不确定性的有力工具。当系统不确定性较强时,信息熵较大;反之,信息熵较小。与之类似,PSO 群体也可以视作是一个系统,当种群多样性较强时,熵值较大;当种群趋于一致时,熵值较小。因此,本节结合 MISO 模式下的任务调度特性,提出一种基于熵值的 PSO 优化算法,来提升 PSO 的全局优化能力,以充分发挥 MIMO 雷达的多功能优势。

### 5.2.1 基本模型

**1. 雷达任务模型**

图 5.1 给出了典型的雷达任务结构。可以看出,一个雷达任务由 3 个子任务组成:发射期、等待期和接收期。第 $k$ 个雷达任务可以用以下 10 元数组表示:

$$T_k = \{P_k, t_{ak}/t_{ek}, t_{xk}, t_{wk}, t_{rk}, P_{tk}, t_{dwk}, w_k, t_{dk}, \Delta t_k\} \tag{5.1}$$

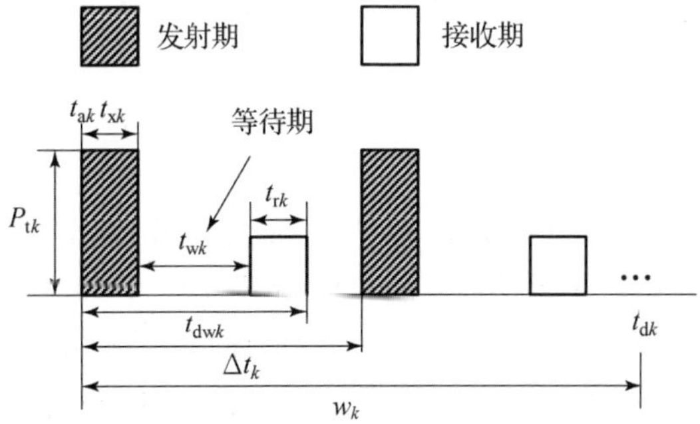


图 5.1 雷达任务结构

式(5.1)中各参数的含义见表 5.1。其中,驻留时间 $t_{dwk}$ 满足:

$$t_{dwk} = t_{xk} + t_{wk} + t_{rk} \tag{5.2}$$

截止期 $t_{dk}$ 满足:

$$t_{dk} = t_{ak} + w_k \tag{5.3}$$

式中:$w_k$ 为任务 $k$ 的时间窗。所有请求任务只有在各自的时间窗内被成功调度

才能是有效的；否则，将会因为目标的机动而失去意义。$\Delta t_k$ 满足

$$t_{ak}=t_{e(k-1)}+\Delta t_k \tag{5.4}$$

式中：$t_{ak}$为任务的请求时刻，也是最佳执行时刻。$t_{e(k-1)}$为上一个成功调度的同类任务的执行时刻。

**表 5.1 任务参数及解释**

| 参数 | 描述 | 解释 |
|---|---|---|
| $P_k$ | 优先级 | 任务的重要性 |
| $t_{ak}$ | 请求时间 | — |
| $t_{ek}$ | 执行时间 | 任务实际调度/执行时间 |
| $t_{xk}$ | 发射期 | 预设参数 |
| $t_{wk}$ | 等待期 | 长短取决于目标运动 |
| $t_{rk}$ | 接收期 | 预设参数 |
| $P_{tk}$ | 功率消耗 | 根据资源分配所得 |
| $t_{dwk}$ | 驻留时长 | $t_{dwk}=t_{xk}+t_{wk}+t_{rk}$ |
| $w_k$ | 时间窗 | 任务提前或滞后执行的可行时段 |
| $t_{dk}$ | 截止期 | 表征任务的紧迫性 $t_{dk}=t_{ak}+w_k$ |
| $\Delta t_k$ | 两次同种相邻任务的请求间隔 | $t_{ak}=t_{e(k-1)}+\Delta t_{k-1}$ |

**2. 资源约束模型**

1）时间约束

SI 为雷达任务调度的最小时间单元。在一个 SI 内，雷达需要对上一个 SI 内的回波信号进行处理，并调用调度算法，决定下一个 SI 内的任务执行序列。在进行分析后，调度算法把任务划分为 3 个子集：执行任务、删除任务和延时任务。前两个子集中的任务将分别被执行和删除，延时任务将被延迟到后续的 SI 中再次作为请求任务。其中，所有的执行任务必须满足如下约束：

$$\max(t_{start},t_{ak}-w_k)\leqslant t_{ek}\leqslant\min(t_{dk},t_{end}-t_{dwk}) \tag{5.5}$$

式中：$t_{start}$和 $t_{end}$分别为 SI 的开始时刻和结束时刻，满足 $t_{end}=t_{start}+t_{SI}$；$t_{SI}$为 SI 时长。从式(5.5)中可以看出，待执行的任务不仅需要满足 SI 的约束，还需满足时间窗的限制。

2）调度模式约束

图 5.2(c) ~ 图 5.2(f)给出了 MISO 模式下的任务调度示意图。其中，阴影

的矩形框代表任务 $k$,空白矩形框代表任务 $i$。图 5.2(c) ~ 图 5.2(f) 显示,雷达的发射或接收子任务可以在等待期内交错执行,同时,多个接收期可以在时间轴上相互交叠。此外,由于 MIMO 雷达工作模式的多样性,图 5.2(a)、图 5.2(b)、图 5.2(g)代表的 SISO 模式对于 MIMO 雷达而言同样适用。在此条件下,图 5.2(a) ~ 图 5.2(f)对应的约束条件可分别表示为式(5.6) ~ 式(5.12),即

$$\xi_i t_{ei} \geqslant \xi_k (t_{ek} + t_{xk} + t_{wk} + t_{rk}) \tag{5.6}$$

$$\begin{cases} \rho_i t_{ei} \geqslant \rho_k (t_{ek} + t_{xk}) \\ \rho_i (t_{ei} + t_{xi}) \leqslant \rho_k (t_{ek} + t_{xk} + t_{wk}) \\ \rho_i (t_{ei} + t_{xi} + t_{wi}) \geqslant \rho_k (t_{ek} + t_{xk} + t_{wk} + t_{rk}) \end{cases} \tag{5.7}$$

$$\begin{cases} \tau_i t_{ei} \geqslant \tau_k (t_{ek} + t_{xk}) \\ \tau_i (t_{ei} + t_{xi}) \leqslant \tau_k (t_{ek} + t_{xk} + t_{wk}) \\ \tau_i (t_{ei} + t_{xi} + t_{wi}) \geqslant \tau_k (t_{ek} + t_{xk} + t_{wk}) \\ \tau_i (t_{ei} + t_{xi} + t_{wi}) \leqslant \tau_k (t_{ek} + t_{xk} + t_{wk} + t_{rk}) \\ \tau_i (t_{ei} + t_{xi} + t_{wi} + t_{ri}) \geqslant \tau_k (t_{ek} + t_{xk} + t_{wk} + t_{rk}) \end{cases} \tag{5.8}$$

$$\begin{cases} \varphi_i t_{ei} \geqslant \varphi_k (t_{ek} + t_{xk}) \\ \varphi_i (t_{ei} + t_{xi} + t_{wi}) \leqslant \varphi_k (t_{ek} + t_{xk} + t_{wk}) \\ \varphi_i (t_{ei} + t_{xi} + t_{wi} + t_{ri}) \geqslant \varphi_k (t_{ek} + t_{xk} + t_{wk} + t_{rk}) \end{cases} \tag{5.9}$$

$$\begin{cases} \chi_i t_{ei} \geqslant \chi_k (t_{ek} + t_{xk}) \\ \chi_i (t_{ei} + t_{xi} + t_{wi}) \geqslant \chi_k (t_{ek} + t_{xk} + t_{wk}) \\ \chi_i (t_{ei} + t_{xi} + t_{wi} + t_{ri}) \leqslant \chi_k (t_{ek} + t_{xk} + t_{wk} + t_{rk}) \end{cases} \tag{5.10}$$

$$\begin{cases} \psi_i t_{ei} \geqslant \psi_k (t_{ek} + t_{xk}) \\ \psi_i (t_{ei} + t_{xi} + t_{wi}) \leqslant \psi_k (t_{ek} + t_{xk} + t_{wk}) \\ \psi_i (t_{ei} + t_{xi} + t_{wi} + t_{ri}) \geqslant \psi_k (t_{ek} + t_{xk} + t_{wk}) \\ \psi_i (t_{ei} + t_{xi} + t_{wi} + t_{ri}) \leqslant \psi_k (t_{ek} + t_{xk} + t_{wk} + t_{rk}) \end{cases} \tag{5.11}$$

$$\begin{cases} \omega_i t_{ei} \geqslant \omega_k (t_{ek} + t_{xk}) \\ \omega_i (t_{ei} + t_{xi} + t_{wi} + t_{ri}) \leqslant \omega_k (t_{ek} + t_{xk} + t_{wk}) \end{cases} \tag{5.12}$$

式中:$\xi$、$\rho$、$\tau$、$\varphi$、$\chi$、$\psi$、$\omega$ 均为{0,1}二元变量,且满足

$$\xi + \rho + \tau + \varphi + \chi + \psi + \omega = 1 \tag{5.13}$$

另外,式(5.6) ~ 式(5.12)中:$i = 1,2,\cdots,N$,$k = 1,2,\cdots,N$,且 $i \neq k$,$N$ 为一个 SI 内的请求任务数量。

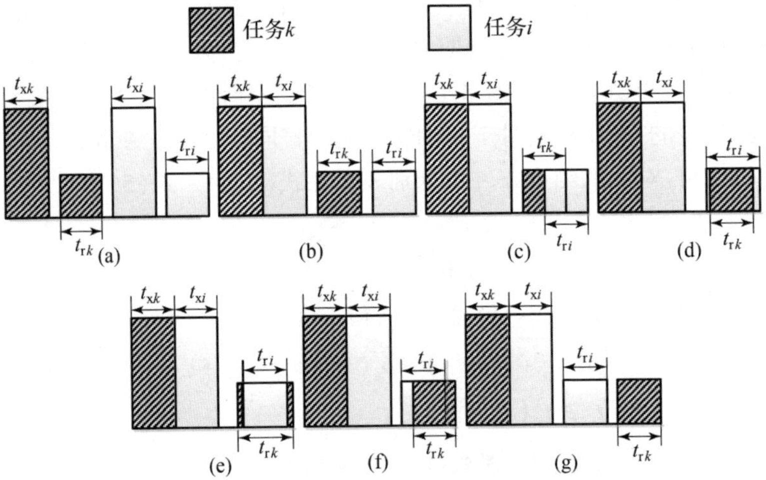


**图 5.2 MISO 与 SISO 模式下的任务调度方式**

3）能量耗散约束

在任务顺序执行的过程中，每个任务均需要产生一定的能量。由于发射机物理条件的限制，必须考虑能量耗散的影响，以保证发射机不会因温度过高而受到损坏[181]：

$$P_{\tau}(t) \leqslant \bar{P}_{\tau\max} \tag{5.14}$$

式中：$\bar{P}_{\tau\max}$为功率阈值；$P_{\tau}(t)$为雷达在 $t$ 时刻的功率消耗值。后者可表征为指数形式：

$$P_{\tau}(t) = \frac{1}{\tau}\int_{0}^{t} p(x)\mathrm{e}^{(x-t)/\tau}\mathrm{d}x \tag{5.15}$$

式中：$p(x)$为雷达的瞬时功率消耗；$\tau$ 为回退参数，表征了雷达的散热性能。由式(5.14)可知，$\bar{P}_{\tau\max}$为任务的连续执行设定了上限，当超出阈值时，任务的执行必须被暂停以对发射机进行保护。

## 5.2.2 优化模型构建

任务调度过程中，需要满足以下 3 个原则：①重要性原则，即硬件资源需要优先分配给更加重要的任务；②紧急性原则，即可用资源需要优先分配给更加紧急的任务；③及时性原则，即任务的实际执行时刻需要尽可能接近其请求执行时刻，以应对目标的动态变化。其中，前两个原则反映了雷达任务的固有属性，第 3 个原则反映了调度算法与雷达任务之间的关系。由表 5.1 可知，任务的优先

级 $P_k$ 和截止期 $t_{dk}$ 分别表征了任务的重要性和紧急性。因此,综合以上 3 个原则,将目标函数构建为

$$\max \sum_{k=1}^{N} \lambda_k o(P_k, t_{ak}, w_k, t_{start}, t_{ek}) \tag{5.16}$$

$$o(P_k, t_{ak}, w_k, t_{start}, t_{ek}) = [o_1(P_k) + o_2(t_{ak}, w_k, t_{start})] o_3(t_{ek}, t_{ak}, w_k) \tag{5.17}$$

式中:$\lambda_k \in \{0,1\}$,为二元变量。当任务 $T_k$ 未被调度时,$\lambda_k = 0$;当任务 $T_k$ 被成功调度时,$\lambda_k = 1$。$o_1(P_k)$ 为任务优先级 $P_k$ 的增函数;$o_2(t_{ak}, w_k, t_{start})$ 为任务截止期 $t_{dk}$ 与 SI 起始时刻 $t_{start}$ 间相对距离的减函数;$o_3(t_{ek}, t_{ak}, w_k)$ 为任务请求时刻 $t_{ak}$ 与实际执行时刻 $t_{ek}$ 在时间窗 $w_k$ 内相对距离的函数,表征了任务调度的及时性。相对距离越小,则任务执行得越及时。式(5.17)暗含了多方面性能的折中,以保证算法的全面性。

在上述基础上,MISO 模式下的资源调度问题可表示为

$$\max \sum_{k=1}^{N} \lambda_k o(P_k, t_{ak}, w_k, t_{start}, t_{ek}) \tag{5.18}$$

s. t.

$$t_{dwk} = t_{xk} + t_{wk} + t_{rk} \tag{5.19}$$

$$t_{dk} = t_{ak} + w_k \tag{5.20}$$

$$t_{end} = t_{start} + t_{SI} \tag{5.21}$$

$$\max(t_{ak} - w_k, t_{start}) \leqslant \lambda_k t_{ek} \leqslant \min(t_{dk}, t_{end} - t_{dwk}) \tag{5.22}$$

$$\xi_i \lambda_i t_{ei} \geqslant \xi_k \lambda_k (t_{ek} + t_{xk} + t_{wk} + t_{rk}) \tag{5.23}$$

$$\begin{cases} \rho_i \lambda_i t_{ei} \geqslant \rho_k \lambda_k (t_{ek} + t_{xk}) \\ \rho_i \lambda_i (t_{ei} + t_{xi}) \leqslant \rho_k \lambda_k (t_{ek} + t_{xk} + t_{wk}) \\ \rho_i \lambda_i (t_{ei} + t_{xi} + t_{wi}) \geqslant \rho_k \lambda_k (t_{ek} + t_{xk} + t_{wk} + t_{rk}) \end{cases} \tag{5.24}$$

$$\begin{cases} \tau_i \lambda_i t_{ei} \geqslant \tau_k \lambda_k (t_{ek} + t_{xk}) \\ \tau_i \lambda_i (t_{ei} + t_{xi}) \leqslant \tau_k \lambda_k (t_{ek} + t_{xk} + t_{wk}) \\ \tau_i \lambda_i (t_{ei} + t_{xi} + t_{wi}) \geqslant \tau_k \lambda_k (t_{ek} + t_{xk} + t_{wk}) \\ \tau_i \lambda_i (t_{ei} + t_{xi} + t_{wi}) \leqslant \tau_k \lambda_k (t_{ek} + t_{xk} + t_{wk} + t_{rk}) \\ \tau_i \lambda_i (t_{ei} + t_{xi} + t_{wi} + t_{ri}) \geqslant \tau_k \lambda_k (t_{ek} + t_{xk} + t_{wk} + t_{rk}) \end{cases} \tag{5.25}$$

$$\begin{cases} \varphi_i \lambda_i t_{ei} \geqslant \varphi_k \lambda_k (t_{ek} + t_{xk}) \\ \varphi_i \lambda_i (t_{ei} + t_{xi} + t_{wi}) \leqslant \varphi_k \lambda_k (t_{ek} + t_{xk} + t_{wk}) \\ \varphi_i \lambda_i (t_{ei} + t_{xi} + t_{wi} + t_{ri}) \geqslant \varphi_k \lambda_k (t_{ek} + t_{xk} + t_{wk} + t_{rk}) \end{cases} \tag{5.26}$$

$$\begin{cases}\chi_i\lambda_i t_{ei} \geqslant \chi_k\lambda_k(t_{ek}+t_{xk})\\ \chi_i\lambda_i(t_{ei}+t_{xi}+t_{wi}) \geqslant \chi_k\lambda_k(t_{ek}+t_{xk}+t_{wk})\\ \chi_i\lambda_i(t_{ei}+t_{xi}+t_{wi}+t_{ri}) \leqslant \chi_k\lambda_k(t_{ek}+t_{xk}+t_{wk}+t_{rk})\end{cases} \tag{5.27}$$

$$\begin{cases}\psi_i\lambda_i t_{ei} \geqslant \psi_k\lambda_k(t_{ek}+t_{xk})\\ \psi_i\lambda_i(t_{ei}+t_{xi}+t_{wi}) \leqslant \psi_k\lambda_k(t_{ek}+t_{xk}+t_{wk})\\ \psi_i\lambda_i(t_{ei}+t_{xi}+t_{wi}+t_{ri}) \geqslant \psi_k\lambda_k(t_{ek}+t_{xk}+t_{wk})\\ \psi_i\lambda_i(t_{ei}+t_{xi}+t_{wi}+t_{ri}) \leqslant \psi_k\lambda_k(t_{ek}+t_{xk}+t_{wk}+t_{rk})\end{cases} \tag{5.28}$$

$$\begin{cases}\omega_i\lambda_i t_{ei} \geqslant \omega_k\lambda_k(t_{ek}+t_{xk})\\ \omega_i\lambda_i(t_{ei}+t_{xi}+t_{wi}+t_{ri}) \leqslant \omega_k\lambda_k(t_{ek}+t_{xk}+t_{wk})\end{cases} \tag{5.29}$$

$$i,k=1,2,\cdots,N,i\neq k \tag{5.30}$$

$$\xi+\rho+\tau+\varphi+\chi+\psi+\omega=1 \tag{5.31}$$

$$\lambda,\xi,\rho,\tau,\varphi,\chi,\psi,\omega\in\{0,1\} \tag{5.32}$$

$$P_\tau(t) = \frac{1}{\tau}\int_0^t p(x)\mathrm{e}^{(x-t)/\tau}\mathrm{d}x \tag{5.33}$$

$$P_\tau(t) \leqslant \bar{P}_{\tau\max} \tag{5.34}$$

此外,当请求任务未能被成功调度,则被延时到后续的 SI 中或直接被删除。因此,以下条件也应考虑在内:

$$t_{ai}+w_i \geqslant t_{end} \tag{5.35}$$

$$t_{ai}+w_i < t_{end} \tag{5.36}$$

式(5.35)和式(5.36)分别对应延时任务和删除任务的约束条件。显然,MISO 模式下的资源调度问题是典型的多维 NP 难题,尽管式(5.18)~式(5.36)构建的优化模型可以通过穷举搜索来求解,其计算量也相当可观。因此,提出一种基于熵值的 PSO 优化算法来求解最优化模型。

### 5.2.3 基于熵值的 PSO 算法

为充分利用雷达的可用资源,本小节提出一种基于熵值的 PSO 算法,其具有以下特点。

(1)对于调度序列的可行性分析,设计了一种启发式的任务交错算法。其不仅可以对不同类型的任务进行交错,而且实现了不同种类任务接收期的相互交叠。同时,算法为个体的适应值的计算提供了一种快捷方式,大大减轻了 PSO 算法的计算负担。

(2)将 PSO 与 GA 算法混合使用,以搜索更优解集。混合算法集合了 PSO

快速收敛和 GA 全局优化的优势,同时提升了算法的求解能力和效率。

(3)采用混沌初始化的方式获得高质量的初始种群。

(4)引入熵值来指示种群的多样性,并自适应调整搜索参数,以平衡种群的本地搜索能力和全局寻优性能。

算法整个框架如图 5.3 所示。

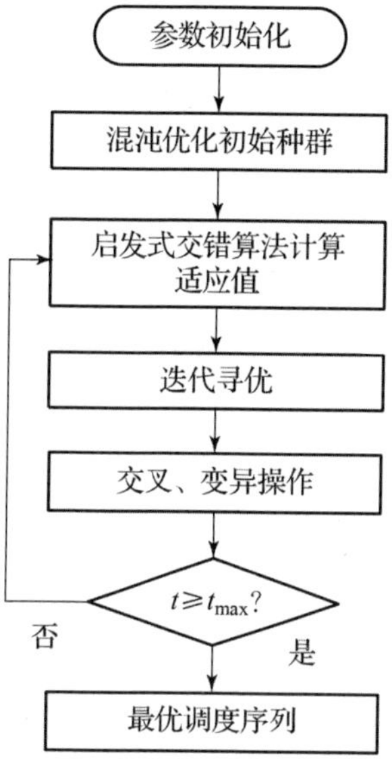


**图 5.3　基于熵值的 PSO 算法框图**

### 1. 启发式的任务交错算法

由图 5.2 可知,MISO 模式下的多种调度方式使得调度分析更加复杂。在此,提出一种启发式的任务交错算法。通过将任务调度的可行性分析分解为时间可行性检测和能量可行性检测两部分,来达到快速求解个体适应值的目的。

不失一般性,假设种群的 $N$ 个基因(对应 $N$ 个请求任务的待调度时刻)已按照升序排列,且已成功安排的请求任务数量为 $n$。SI 的时间轴线为 $[t_{start}, t_{end}]$;已调度任务的接收期占用的第 $i$ 个时间片为 $[t_{rsi}, t_{rei}]$,且有 $i=1,2,\cdots,m, m \leqslant n$。指示最近成功调度的第 $n$ 个任务发射期结束时刻的时间指针为 $t_{xen}$;指示最近成功调度的任务结束后功率消耗的功率指针为 $P_{t0}$。将余下的 $N-n$ 个请求任务分别编为任务 $0,1,2,\cdots,N-n-1$。当尝试在 $t_{e0}$ 时刻对任务 0 进行调度时,首先对其发射期进行时间可行性检测:

$$\begin{cases} t_{e0} \geqslant t_{xen} \\ t_{e0} + t_{x0} \leqslant t_{rs1} \end{cases} \tag{5.37}$$

$$\begin{cases} t_{e0} \geqslant t_{rei} \\ t_{e0} + t_{x0} \leqslant t_{rs(i+1)} \end{cases}, i = 1,2,\cdots,m \tag{5.38}$$

$$\begin{cases} t_{e0} \geqslant t_{rem} \\ t_{e0} + t_{x0} \leqslant t_{end} \end{cases} \tag{5.39}$$

当任务 0 的发射期满足式(5.37)、式(5.38)或式(5.39)时,则满足时间约束。然后,利用式(5.40)检测任务 0 的接收期:

$$t_{e0} + t_{x0} + t_{w0} + t_{r0} \leqslant t_{end} \tag{5.40}$$

当任务 0 的接收期同样满足时间约束时,则进一步进行能量可行性检测:

$$P_{test} = P_0 e^{-t_{x0}/\tau} + P_{t1}(1 - e^{-t_{x0}/\tau}) \tag{5.41}$$

当

$$P_{test} \leqslant \bar{P}_{\tau\max} \tag{5.42}$$

时,任务 0 在 $t_{e0}$时刻可被成功调度。之后,更新时间指针 $t_{xen}$为 $t_{e0} + t_{x0}$,更新功率指针 $P_{t0}$为 $P_{test}$,并更新已调度任务接收期占用的时间片为$[t_{rs0}, t_{re0}] \cup [t_{rsi}, t_{rei}]$$(i = 1,2,\cdots,m)$。

通过时间指针、功率指针以及成功调度的任务接收期占用时间片的持续更新,则可以忽略任务交错执行的具体方式,从而大大简化任务调度的可行性分析。

**2. PSO 优化算法**

由于结构简单、易于实现,PSO 优化算法被广泛运用于多种约束优化问题中。受鸟群、鱼群觅食行为的启发,在搜索过程中,PSO 算法中的每个个体采用式(5.43)和式(5.44)来更新自身的速度和位置:

$$\tilde{\boldsymbol{v}}_i(t+1) = \boldsymbol{w} \times \tilde{\boldsymbol{v}}_i(t) + c_1 \times r_1 \times [\boldsymbol{p}_{best}(t) - \tilde{\boldsymbol{x}}_i(t)] + c_2 \times r_2 \times [\boldsymbol{g}_{best}(t) - \tilde{\boldsymbol{x}}_i(t)] \tag{5.43}$$

$$\tilde{\boldsymbol{x}}_i(t+1) = \tilde{\boldsymbol{x}}_i(t) + \tilde{\boldsymbol{v}}_i(t+1) \tag{5.44}$$

式中:$\tilde{\boldsymbol{x}}_i$和 $\tilde{\boldsymbol{v}}_i$分别为粒子的位置和速度矢量;$\boldsymbol{p}_{best}(t)$为各个粒子迄今为止找到的最优解;$\boldsymbol{g}_{best}(t)$为粒子群体迄今为止找到的最优解。$r_1$和 $r_2$为 0 ~ 1 之间的随机数;$c_1$和 $c_2$为认知参数,能够调整粒子向 $\boldsymbol{p}_{best}(t)$和 $\boldsymbol{g}_{best}(t)$飞行的最大步长,通常取 $c_1 = c_2 = 2$。$w$ 为惯性权重,平衡了算法的全局寻优和局部搜索能力。PSO 算法本用于解决连续型变量的优化问题,然而,对于雷达系统而言,为满足实时性要求,离散域内的优化更加合适。尽管这会丧失一些最优性,但能够降低搜索维度,提升求解效率。若将最小离散时间单元设置为 $\Delta t_p$,则 $\tilde{\boldsymbol{x}}_i(t+1)$可计算为

$$\tilde{\boldsymbol{x}}_i(t+1) = \mathrm{round}(\tilde{\boldsymbol{x}}_i(t+1)/\Delta t_{\mathrm{p}}) \times \Delta t_{\mathrm{p}} \tag{5.45}$$

式中：round( · )为取整运算。由于 $\boldsymbol{p}_{\mathrm{best}}(t+1)$ 和 $\boldsymbol{g}_{\mathrm{best}}(t+1)$ 均来自于 $\tilde{\boldsymbol{x}}_i(t+1)$，则二者中的元素也均为 $\Delta t_{\mathrm{p}}$ 的整数倍。

尽管 PSO 算法的优势明显，但在搜索过程中易早熟收敛，因此，提出以下优化方法来避免算法陷入局部极值。

**3. 混沌初始化**

混沌系统充满不稳定性和随机性，因而是提升 PSO 算法全局搜索性能的有力工具。鉴于随机算子产生的初始种群易使算法陷入早熟，采用 Logistic 方程来产生混沌序列[182]：

$$\eta(q+1) = \mu\eta(q)[1-\eta(q)] \tag{5.46}$$

式中：$\eta(q)$ 为混沌变量 $\eta$ 迭代 $q$ 次后的结果，$\eta \in [0,1]$。$\mu$ 为混沌状态的控制参数，$\mu \in [0,4]$。当 $\mu = 4$ 且 $\eta \notin \{0.25, 0.5, 0.75\}$ 时，产生的序列将拥有完全混沌特性，混沌变量 $\eta$ 的轨迹将遍布于整个解空间内。

假设个体上第 $j$ 个基因的上、下界分别为 $t_{\max j}$ 和 $t_{\min j}$，二者可以通过式(5.5)得出，则首先需要将求解变量映射到[0,1]区间：

$$t'_{ej} = (t_{ej} - t_{\min j})/(t_{\max j} - t_{\min j}) \tag{5.47}$$

式中：$t_{ej}$ 代表第 $j$ 个基因，即为第 $j$ 个任务的候选执行时刻。然后，在迭代 $q_{\max}$ 次后，将 $t'_{ej}$ 重新映射回原区间 $[t_{\min j}, t_{\max j}]$。需要指出的是，在 PSO 算法搜索过程中，每个基因必须始终位于可行区间内。

**4. 熵值优化**

1）惯性权重

香农的信息熵是测量系统不确定性的有力工具，而系统的不确定性可以利用变量的概率来进行表征。当熵值较高时，种群基因的多样性较强，当熵值较低时，基因趋于相似。因而，本节利用熵值的这一性质来表征种群多样性，以实现算法搜索参数的自适应调整[183-186]。

假定种群基数为 $N_{\mathrm{pop}}$，每个粒子个体上包含 $N$ 个基因。$N_{\mathrm{pop}}$ 个个体中第 $j$ 个基因的集合为 $\mathbb{R}_j$，第 $i$ 个粒子第 $j$ 个基因在 $\mathbb{R}_j$ 中的数量为 $b_{ij}$。则该基因在种群中的概率为

$$P_{ij} = b_{ij}/N_{\mathrm{pop}} \tag{5.48}$$

该基因的熵值为

$$H_j = -\sum_{i=1}^{N_{\mathrm{pop}}} P_{ij} \ln P_{ij} \tag{5.49}$$

而种群的多样性可以用平均熵来表示：

$$H = -\frac{1}{N}\sum_{j=1}^{N}\sum_{i=1}^{N_{\text{pop}}} P_{ij}\ln P_{ij} \tag{5.50}$$

在 PSO 算法中，惯性权重 $w$ 平衡了算法的局部搜索与全局搜索能力。在起始阶段，较大的惯性权重能够较快地定位最优解的大致范围；而在搜索后期，较小的惯性权重能够提升算法的搜索精度。鉴于较大的平均熵意味着 $\boldsymbol{g}_{\text{best}}(t)$ 与最优解相距较远，而较小的平均熵则意味着 $\boldsymbol{g}_{\text{best}}(t)$ 与最优解相距较近，因此，设计如下动态惯性权重：

$$w = \frac{w_{\min}H + w_{\max}(\ln N_{\text{pop}} - H)}{\ln N_{\text{pop}}} \tag{5.51}$$

式中：$w_{\min}$ 和 $w_{\max}$ 分别为惯性权重的上、下界。从式(5.51)中可以看出，$w$ 可以根据种群的多样性进行调整，以实时平衡算法局部与全局的搜索性能。

2）交叉、变异操作

当所有粒子抵达局部极值后，PSO 算法将停止迭代。为打破算法的停滞现象，许多方案被相继提出。对比而言，运用 GA 中的交叉、变异算子来提升种群多样性的方法较为典型[104,107]。

GA 算法模拟了自然界生物的进化机制，算法通过持续的选择、交叉和变异操作来保留优解、淘汰劣解，以达到全局优化的目的。寻优过程中，被选择的个体称为父代，通过交叉、变异操作产生的个体称为子代。为提升算法的自适应性，同样利用熵值来对交叉和变异概率进行优化：

$$P_{\text{c}} = \frac{P_{\text{cmin}}H + P_{\text{cmax}}(\ln N_{\text{pop}} - H)}{\ln N_{\text{pop}}} \tag{5.52}$$

$$P_{\text{m}} = \frac{P_{\text{mmin}}H + P_{\text{mmax}}(\ln N_{\text{pop}} - H)}{\ln N_{\text{pop}}} \tag{5.53}$$

式中：$P_{\text{cmax}}$ 和 $P_{\text{cmin}}$ 分别为交叉概率的上、下界；$P_{\text{mmax}}$ 和 $P_{\text{mmin}}$ 分别为变异概率的上、下界。式(5.52)和式(5.53)表明，当种群多样性下降时，更多的个体将通过交叉、变异操作得以改变，从而，保证了算法的全局收敛性能。

在进行交叉操作时，选取适应值较差的$\lfloor P_{\text{c}} \times N_{\text{pop}} \rfloor$个粒子作为父代，不重复的对两个父代上的基因进行随机交叉互换。在变异操作中，随机选择$\lfloor P_{\text{m}} \times N_{\text{pop}} \rfloor$个粒子作为父代，采用式(5.54)对其进行更新：

$$\tilde{\boldsymbol{x}}_i(t) = \tilde{\boldsymbol{x}}_i(t) \odot (1 + \text{randn}) \tag{5.54}$$

式中：$\lfloor . \rfloor$为向下取整运算；$\odot$ 为 Hardmard 积；randn 为服从标准正态分布的伪随机序列。

### 5.2.4　仿真结果及分析

**1. 例证**

首先，用小规模的例子来对算法的性能进行阐释。假定一个 SI 内有 24 个请求任务，请求任务序列、利用所提算法对请求任务的调度序列和利用最优化模型对任务的调度序列如图 5.4 所示。具体的请求任务参数和调度序列参数分别见表 5.2 和表 5.3。此外，图 5.5 给出了所提算法的收敛图。

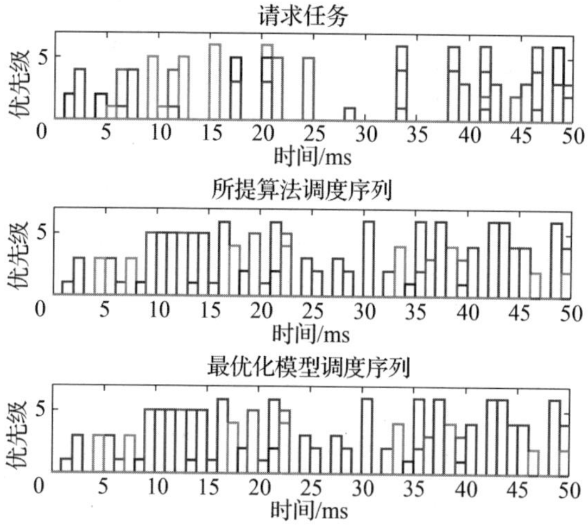


**图 5.4　任务请求与调度序列**

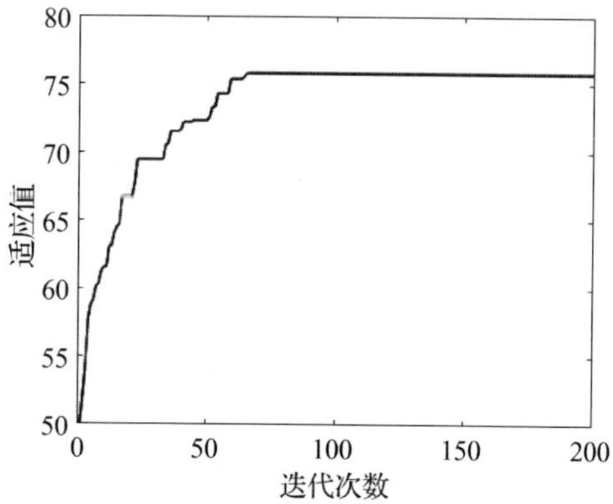


**图 5.5　所提算法收敛图**

图 5.4 中，横轴为时间，纵轴为任务优先级，每个矩形代表任务的发射期或接收期。第 2 幅子图为所提算法的调度序列。从中可以看出，算法不仅充分利

用了等待期来交错其他子任务,并且实现了不同接收期的相互交叠,以最大化时间利用率。此外,所提算法整合了任务交错与搜索寻优,因而成功调度了所有请求任务;同时,ATSR 被较好的控制在了 0.0846。第 3 幅子图为利用分支限界算法求解 5.2.2 节构建的优化模型所得的任务调度序列。显然,调度序列与所提算法结果一致。然而,求解最优化模型需要较大的计算量(约 $10^4$s),因此,难以得以实际应用。

**表 5.2　请求任务参数**

| $P$ | $t_a$/ms | $t_x$/ms | $t_w$/ms | $t_r$/ms | $P_t$/kW | $w$/ms |
|---|---|---|---|---|---|---|
| 6 | 33 | 1 | 4 | 1 | 5 | 50 |
| 6 | 41 | 1 | 4 | 1 | 5 | 50 |
| 6 | 15 | 1 | 4 | 1 | 5 | 50 |
| 6 | 48 | 1 | 4 | 1 | 5 | 50 |
| 4 | 6 | 1 | 4 | 1 | 5 | 100 |
| 4 | 41 | 1 | 4 | 1 | 5 | 100 |
| 4 | 2 | 1 | 4 | 1 | 5 | 100 |
| 4 | 33 | 1 | 4 | 1 | 5 | 100 |
| 5 | 9 | 1 | 2 | 1 | 4 | 50 |
| 5 | 9 | 1 | 2 | 1 | 4 | 50 |
| 5 | 17 | 1 | 2 | 1 | 4 | 50 |
| 5 | 21 | 1 | 2 | 1 | 4 | 50 |
| 3 | 45 | 1 | 2 | 1 | 3 | 200 |
| 3 | 39 | 1 | 2 | 1 | 3 | 200 |
| 3 | 17 | 1 | 2 | 1 | 3 | 200 |
| 3 | 49 | 1 | 2 | 1 | 3 | 200 |
| 2 | 1 | 1 | 2 | 1 | 3 | 500 |
| 2 | 1 | 1 | 2 | 1 | 3 | 500 |
| 2 | 41 | 1 | 2 | 1 | 3 | 500 |

续表

| $P$ | $t_a$/ms | $t_x$/ms | $t_w$/ms | $t_r$/ms | $P_t$/kW | $w$/ms |
|---|---|---|---|---|---|---|
| 2 | 49 | 1 | 2 | 1 | 3 | 500 |
| 1 | 41 | 1 | 4 | 1 | 5 | — |
| 1 | 6 | 1 | 4 | 1 | 5 | — |
| 1 | 28 | 1 | 4 | 1 | 5 | — |
| 1 | 5 | 1 | 4 | 1 | 5 | — |

**表 5.3　调度序列参数**

| $P$ | $t_a$/ms | $t_x$/ms | $t_w$/ms | $t_r$/ms | $P_t$/kW | $w$/ms |
|---|---|---|---|---|---|---|
| 1 | 1 | 1 | 4 | 1 | 5 | — |
| 3 | 2 | 1 | 2 | 1 | 3 | 200 |
| 3 | 4 | 1 | 2 | 1 | 3 | 200 |
| 1 | 8 | 1 | 4 | 1 | 5 | — |
| 5 | 9 | 1 | 2 | 1 | 4 | 50 |
| 5 | 10 | 1 | 2 | 1 | 4 | 50 |
| 5 | 11 | 1 | 2 | 1 | 4 | 50 |
| 1 | 15 | 1 | 4 | 1 | 5 | — |
| 6 | 16 | 1 | 4 | 1 | 5 | 50 |
| 4 | 17 | 1 | 4 | 1 | 5 | 100 |
| 2 | 18 | 1 | 2 | 1 | 3 | 500 |
| 5 | 19 | 1 | 2 | 1 | 4 | 50 |
| 3 | 24 | 1 | 2 | 1 | 3 | 200 |
| 2 | 25 | 1 | 2 | 1 | 3 | 500 |
| 6 | 30 | 1 | 4 | 1 | 5 | 50 |
| 2 | 32 | 1 | 2 | 1 | 3 | 500 |
| 4 | 33 | 1 | 4 | 1 | 5 | 100 |

续表

| $P$ | $t_a$/ms | $t_x$/ms | $t_w$/ms | $t_r$/ms | $P_t$/kW | $w$/ms |
|---|---|---|---|---|---|---|
| 1 | 34 | 1 | 4 | 1 | 5 | — |
| 3 | 36 | 1 | 2 | 1 | 3 | 200 |
| 6 | 37 | 1 | 4 | 1 | 5 | 50 |
| 4 | 40 | 1 | 4 | 1 | 5 | 100 |
| 6 | 43 | 1 | 4 | 1 | 5 | 50 |
| 4 | 44 | 1 | 4 | 1 | 5 | 100 |
| 2 | 46 | 1 | 2 | 1 | 3 | 500 |

**2. 仿真校验**

整个仿真框架基于文献[102－107]，以目标数量来指示不同情况下的雷达负载。设置 $t_{SI}=50\text{ms}$，$\overline{P}_{\tau\max}=1.25\text{kW}$，$\tau=200\text{ms}$，$T_{\text{total}}=50\text{s}$。目标函数选择为：$o_1(P_k)=P_k$，$o_2(t_{ak},w_k,t_{\text{start}})=\exp[-2(t_{ak}+w_k-t_{\text{start}})/t_{SI}]$，$o_3(t_{ek},t_{ak},w_k)=(1-|t_{ek}-t_{ak}|/w_k)$。任务参数详见表 5.4。仿真中，对比以下算法：①在线交错算法[110]；②混合遗传－粒子群算法[107]；③高优先级优先算法[85]。在所提算法中，设置 $N_{\text{pop}}=100$，$w_{\max}=0.9$，$w_{\min}=0.2$，$P_{\text{cmax}}=0.6$，$P_{\text{cmin}}=0.2$，$P_{\text{mmax}}=0.4$，$P_{\text{mmin}}=0.05$，$t_{\max}=200$，$q=3000$，$\Delta t_p=0.25\text{ms}$。在混合遗传－粒子群算法中，$N_{\text{pop}}=100$，$w_{\max}=0.9$，$w_{\min}=0.2$，$P_c=0.5$，$P_m=0.1$，$t_{\max}=200$。需要指出的是，高优先级优先算法与在线交错算法涉及的参数仅有 $\Delta t_p$。100 次仿真实验后，统计结果如图 5.6～图 5.9 所示。

表 5.4 任务参数

| 任务类型 | $P$ | $t_x,t_w,t_r$/ms | $P_t$/kW | $w$/ms | $\Delta t$/ms |
|---|---|---|---|---|---|
| 确认 | 6 | 1,—,1 | 5 | 50 | 150 |
| 高精跟 | 5 | 0.5,—,0.5 | 4 | 50 | 100～200 |
| 失跟处理 | 4 | 1,—,1 | 5 | 100 | — |
| 精跟 | 3 | 0.5,—,0.5 | 3 | 200 | 250～500 |
| 普跟 | 2 | 0.5,—,0.5 | 3 | 500 | 1000 |
| 搜索 | 1 | 1,—,1 | 5 | — | 10 |

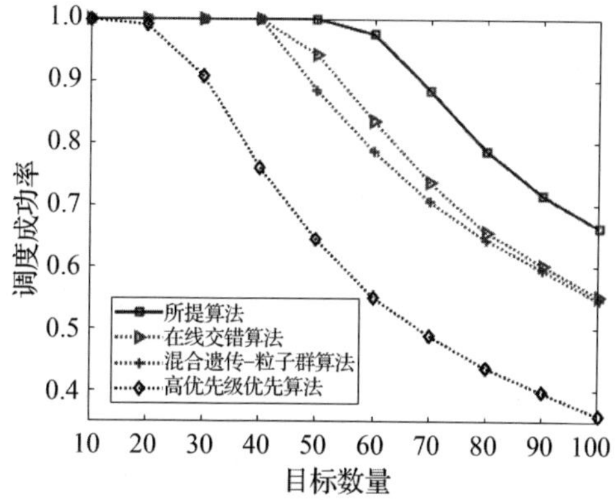


图5.6 调度成功率对比

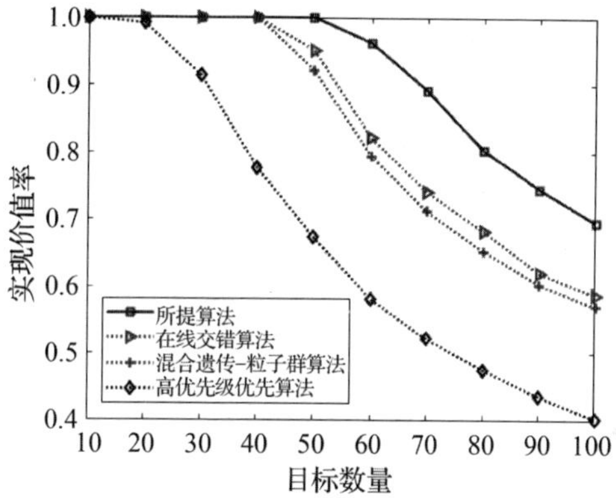


图5.7 实现价值率对比

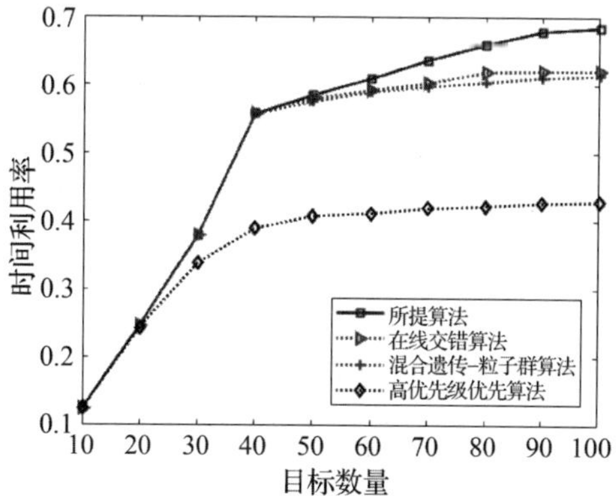


图5.8 时间利用率对比

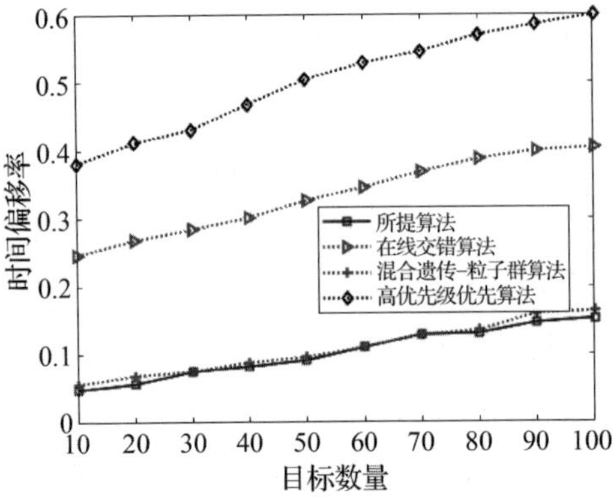


**图 5.9 时间偏移率对比**

图 5.6 为各算法的调度成功率对比。随着目标数量的增加,雷达时间轴的可用空间不断缩短,越来越多的请求任务被舍弃。高优先级优先算法未考虑任务的交错执行,请求任务迅速填满了时间轴,因而被舍弃的请求任务数量最多。混合遗传 - 粒子群算法利用任务的等待期来交错执行任务,但未考虑到 MISO 模式下不同接收期可相互交叠的特性,导致调度成功率不高。尽管在线交错算法与所提算法均对 MISO 模式进行了设计,所提算法的性能更优。这主要是因为在线交错算法仅对相同重复周期任务的接收期进行交叠,使得雷达时间轴上留有较多的空闲时间。而所提算法可以在满足约束的条件下实现任意种类任务接收期的相互交叠。因此,所提算法的调度成功率最高。

图 5.7 对比了 4 种算法的实现价值率。与调度成功率相似,高优先级优先算法未对任务的等待期进行有效利用,使得大量任务被舍弃,实现价值率也最低。混合遗传 - 粒子群算法考虑了任务的交错执行,因此,实现价值率稍高。尽管在线交错算法在利用等待期交错执行任务的基础上,使得任务的接收期得以交叠,但其实现价值率仅稍高于混合遗传 - 粒子群算法。这点显示了在线交错算法仅找到了局部最优解。与之不同,相比于混合遗传 - 粒子群算法,所提算法的实现价值率大幅提高。这主要归功于所提算法利用种群搜索的框架来保证全局寻优性能,并采取启发式交错技术来充分利用任务的等待期和接收期。

图 5.8 为时间利用率的对比。从中可以看出,3 种基准算法与所提算法的发散点与图 5.6 和图 5.7 中一致,侧面证明了观测结果的正确性。此外,所提算法仍然取得了最优的调度性能。

图 5.9 对比了 4 种算法的时间偏移率。相比于混合遗传 - 粒子群算法和所

提算法,高优先级优先算法和在线交错算法的时间偏移率更高。这是由于后两种算法均采用启发式规则,优先对满足预置条件的任务进行调度。与之不同的是,所提算法的时间偏移率最低。这要归功于启发式交错算法对不同任务的接收期和等待期均进行了高效利用;同时,基于熵值的PSO算法提供了高质量的解集。因此,请求任务均得以及时调度。

表5.5~表5.8为各项评估指标的标准差对比。尽管各指标关注的参数不尽相同,但可以得出一些通用的结论。①随着目标数量的增加,各算法的标准差均逐渐增大。这可以理解为更多批次的目标使得调度环境更加复杂,给算法带来了更大的不确定性。②变换–启发式算法(即混合遗传–粒子群算法和所提算法)的标准差较小,而启发式算法(在线交错算法和高优先级优先算法)的稳定性较差。这是由于启发式算法中无并行搜索机制,仅依靠启发式规则进行寻优,易陷入局部极值点。并且,当面对较大规模的请求任务时,算法性能下降明显。而变换–启发式算法依靠个体协作和迭代搜索,往往可以寻得更优结果。③相比于混合遗传–粒子群算法,所提算法的性能更加稳定。这是由于所提算法中的启发式交错技术充分利用了请求任务的等待期和接收期,因而获得了更大的调度灵活性。此外,所提算法运用了多种优化技术,如混沌初始化、熵值优化等,因此,保证了结果的全局最优性。

**表5.5 调度成功率的标准差($\times10^{-2}$)**

| 目标数量 | 10 | 20 | 30 | 40 | 50 | 60 | 70 | 80 | 90 | 100 |
|---|---|---|---|---|---|---|---|---|---|---|
| 所提算法 | 0 | 0 | 0 | 0 | 0 | 0.32 | 0.38 | 0.41 | 0.45 | 0.46 |
| 在线交错算法 | 0 | 0 | 0 | 0 | 0.51 | 0.98 | 1.52 | 2.32 | 2.64 | 2.68 |
| 混合遗传–粒子群算法 | 0 | 0 | 0 | 0 | 0.34 | 0.40 | 0.51 | 0.62 | 0.68 | 0.70 |
| 高优先级优先算法 | 0 | 0.62 | 1.04 | 1.72 | 2.06 | 2.58 | 2.94 | 3.17 | 3.29 | 3.35 |

**表5.6 实现价值率的标准差($\times10^{-2}$)**

| 目标数量 | 10 | 20 | 30 | 40 | 50 | 60 | 70 | 80 | 90 | 100 |
|---|---|---|---|---|---|---|---|---|---|---|
| 所提算法 | 0 | 0 | 0 | 0 | 0 | 0.29 | 0.36 | 0.44 | 0.44 | 0.45 |
| 在线交错算法 | 0 | 0 | 0 | 0 | 0.49 | 0.96 | 1.48 | 2.46 | 2.71 | 2.82 |
| 混合遗传–粒子群算法 | 0 | 0 | 0 | 0 | 0.38 | 0.49 | 0.56 | 0.66 | 0.71 | 0.76 |
| 高优先级优先算法 | 0 | 0.58 | 1.24 | 1.89 | 2.32 | 2.64 | 2.89 | 3.26 | 3.78 | 3.84 |

表 5.7　时间利用率的标准差( $\times 10^{-2}$ )

| 目标数量 | 10 | 20 | 30 | 40 | 50 | 60 | 70 | 80 | 90 | 100 |
|---|---|---|---|---|---|---|---|---|---|---|
| 所提算法 | 0.04 | 0.08 | 0.13 | 0.19 | 0.22 | 0.30 | 0.39 | 0.45 | 0.49 | 0.49 |
| 在线交错算法 | 0.08 | 0.16 | 0.21 | 0.35 | 0.52 | 0.98 | 1.56 | 2.55 | 2.69 | 2.79 |
| 混合遗传－粒子群算法 | 0.05 | 0.07 | 0.12 | 0.26 | 0.40 | 0.48 | 0.61 | 0.72 | 0.72 | 0.75 |
| 高优先级优先算法 | 0.20 | 0.64 | 1.37 | 1.76 | 2.21 | 2.55 | 2.73 | 3.06 | 3.69 | 3.70 |

表 5.8　时间偏移率的标准差( $\times 10^{-2}$ )

| 目标数量 | 10 | 20 | 30 | 40 | 50 | 60 | 70 | 80 | 90 | 100 |
|---|---|---|---|---|---|---|---|---|---|---|
| 所提算法 | 0.02 | 0.06 | 0.08 | 0.11 | 0.12 | 0.16 | 0.19 | 0.21 | 0.24 | 0.28 |
| 在线交错算法 | 0.08 | 0.16 | 0.20 | 0.32 | 0.49 | 0.87 | 1.49 | 2.32 | 2.56 | 2.78 |
| 混合遗传－粒子群算法 | 0.05 | 0.07 | 0.09 | 0.16 | 0.19 | 0.20 | 0.22 | 0.28 | 0.29 | 0.32 |
| 高优先级优先算法 | 0.10 | 0.24 | 065 | 0.98 | 1.56 | 1.96 | 2.54 | 2.89 | 3.22 | 3.58 |

此外,通过大量仿真实验,本节得出了算法的最优参数:$N_{pop}=100$,$w_{max}$取值为0.7～0.9,$w_{min}$取值为0.1～0.3,$P_{cmax}$取值为0.4～0.6,$P_{cmin}$取值为0.15～0.25,$P_{mmax}$取值为0.2～0.4,$P_{mmin}$取值为0.05～0.1。虽然其他参数也能够提供高质量的调度结果,但有时算法会存在运行时间过长、陷入局部极值等问题,相比较而言,以上参数更加稳定。

针对 MISO 模式下的 MIMO 雷达资源调度问题,本节充分考虑了任务的调度特性,建立了0～1整数规划模型。为了对这一多维 NP 难题进行高效求解,提出一种基于熵值的混合 PSO 优化算法。通过混沌初始化、熵值优化搜索参数,使得算法全局搜索性能得到保证;在智能搜索的框架下,嵌套采用启发式规则,使得任务的等待期和接收期得以高效利用。仿真结果表明,相比于现有的3种调度算法,所提算法取得了更佳的调度结果和更稳定的调度性能。

## 5.3　MIMO 模式下的资源调度

Levy 飞行是一种结合短程搜索和偶尔长程搜索的随机搜索机制,其来源于自然界中许多动物的觅食行为,如信天翁、大黄蜂以及梅花鹿等[187]。利用其长程行走特性，许多智能优化算法[188-190]与Levy飞行相结合，来提升算法的全局寻优能力。文献[191-192]提出了Levy飞行PSO优化算法，并证明了其在基准函数测试中的优异性能。鉴于此，本节提出一种基于Levy飞行的PSO优化算法，来求解MIMO模式下的任务调度问题。在建立通用最优化模型的基础上，结合Levy飞行PSO算法的全局性和启发式交错技术的高效性，以充分利用MIMO雷达的硬件资源。

## 5.3.1 基本模型

### 1. 雷达任务模型

当考虑MIMO收发模式时，需要对式(5.1)中的任务模型进行拓展，将第$k$个雷达任务表示为

$$T_k = \{P_k, t_{ak}/t_{ek}, t_{xk}, t_{wk}, t_{rk}, P_{tk}, t_{dwk}, w_k, t_{dk}, \Delta t_k, B_{wk}, P_{osk}\} \tag{5.55}$$

式中：$B_{wk}$为波束宽度；$P_{osk}$为波束指向；其他参数同表5.1。

### 2. 资源约束模型

1）时间约束

在MIMO模式下，资源调度仍受到式(5.5)中时间因素的制约。

2）调度模式约束

MIMO收发模式下的任务调度方式如图5.10所示。其中，阴影的矩形框代表任务$k$，空白矩形框代表任务$i$。由图5.10可知，在MIMO模式下，当两个任务的发射期合并执行时，需要满足如下约束：

$$P_{osk} - B_{wk}/2 \leqslant P_{osi} \leqslant P_{osk} + B_{wk}/2 \tag{5.56}$$

$$\begin{cases} \alpha_i t_{ei} \geqslant \alpha_k t_{ek} \\ \alpha_i (t_{ei} + t_{xi}) \leqslant \alpha_k (t_{ek} + t_{xk}) \\ \alpha_i (t_{ei} + t_{xi} + t_{wi}) \geqslant \alpha_k (t_{ek} + t_{xk}) \\ \alpha_i (t_{ei} + t_{xi} + t_{wi} + t_{ri}) \leqslant \alpha_k (t_{ek} + t_{xk} + t_{wk}) \end{cases} \tag{5.57}$$

$$\begin{cases} \beta_i t_{ei} \geqslant \beta_k t_{ek} \\ \beta_i (t_{ei} + t_{xi}) \leqslant \beta_k (t_{ek} + t_{xk}) \\ \beta_i (t_{ei} + t_{xi} + t_{wi}) \geqslant \beta_k (t_{ek} + t_{xk}) \\ \beta_i (t_{ei} + t_{xi} + t_{wi}) \leqslant \beta_k (t_{ek} + t_{xk} + t_{wk}) \\ \beta_i (t_{ei} + t_{xi} + t_{wi} + t_{ri}) \geqslant \beta_k (t_{ek} + t_{xk} + t_{wk}) \\ \beta_i (t_{ei} + t_{xi} + t_{wi} + t_{ri}) \leqslant \beta_k (t_{ek} + t_{xk} + t_{wk} + t_{rk}) \end{cases} \tag{5.58}$$

$$\begin{cases}\gamma_i t_{ei} \geqslant \gamma_k t_{ek} \\ \gamma_i(t_{ei}+t_{xi}) \leqslant \gamma_k(t_{ek}+t_{xk}) \\ \gamma_i(t_{ei}+t_{xi}+t_{wi}) \geqslant \gamma_k(t_{ek}+t_{xk}+t_{wk}) \\ \gamma_i(t_{ei}+t_{xi}+t_{wi}+t_{ri}) \leqslant \gamma_k(t_{ek}+t_{xk}+t_{wk}+t_{rk})\end{cases} \tag{5.59}$$

$$\begin{cases}\delta_i t_{ei} \geqslant \delta_k t_{ek} \\ \delta_i(t_{ei}+t_{xi}) \leqslant \delta_k(t_{ek}+t_{xk}) \\ \delta_i(t_{ei}+t_{xi}+t_{wi}) \geqslant \delta_k(t_{ek}+t_{xk}) \\ \delta_i(t_{ei}+t_{xi}+t_{wi}) \leqslant \delta_k(t_{ek}+t_{xk}+t_{wk}) \\ \delta_i(t_{ei}+t_{xi}+t_{wi}+t_{ri}) \geqslant \delta_k(t_{ek}+t_{xk}+t_{wk}+t_{rk})\end{cases} \tag{5.60}$$

$$\begin{cases}\varepsilon_i t_{ei} \geqslant \varepsilon_k t_{ek} \\ \varepsilon_i(t_{ei}+t_{xi}) \leqslant \varepsilon_k(t_{ek}+t_{xk}) \\ \varepsilon_i(t_{ei}+t_{xi}+t_{wi}) \geqslant \varepsilon_k(t_{ek}+t_{xk}+t_{wk}) \\ \varepsilon_i(t_{ei}+t_{xi}+t_{wi}) \leqslant \varepsilon_k(t_{ek}+t_{xk}+t_{wk}+t_{rk}) \\ \varepsilon_i(t_{ei}+t_{xi}+t_{wi}+t_{ri}) \geqslant \varepsilon_k(t_{ek}+t_{xk}+t_{wk}+t_{rk})\end{cases} \tag{5.61}$$

$$\begin{cases}\zeta_i t_{ei} \geqslant \zeta_k t_{ek} \\ \zeta_i(t_{ei}+t_{xi}) \leqslant \zeta_k(t_{ek}+t_{xk}) \\ \zeta_i(t_{ei}+t_{xi}+t_{wi}) \geqslant \zeta_k(t_{ek}+t_{xk}+t_{wk}+t_{rk})\end{cases} \tag{5.62}$$

式(5.56)为 6 种任务调度方式的共同约束，式(5.57)～式(5.62)分别为图 5.10 对应的约束条件。$\alpha$、$\beta$、$\gamma$、$\delta$、$\varepsilon$、$\zeta$ 均为二元{0,1}变量，满足：

$$\alpha+\beta+\gamma+\delta+\varepsilon+\zeta=1 \tag{5.63}$$

另外式(5.57)～式(5.62)中：$i=1,2,\cdots,N$，$k=1,2,\cdots,N$，且 $i \neq k$，$N$ 为单个 SI 内的请求任务数。

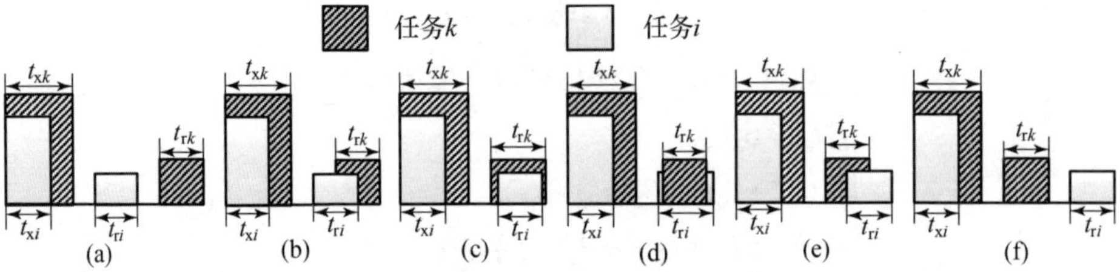


**图 5.10　MIMO 模式下的任务调度方式**

此外，如图 5.2 所示，由于 MIMO 雷达波束的灵活性，前文中的 MISO 模式和 SISO 模式也同样适用。对应的约束条件分别写为

$$\xi_i t_{ei} \geqslant \xi_k (t_{ek} + t_{xk} + t_{wk} + t_{rk}) \tag{5.64}$$

$$\begin{cases} \rho_i t_{ei} \geqslant \rho_k (t_{ek} + t_{xk}) \\ \rho_i (t_{ei} + t_{xi}) \leqslant \rho_k (t_{ek} + t_{xk} + t_{wk}) \\ \rho_i (t_{ei} + t_{xi} + t_{wi}) \geqslant \rho_k (t_{ek} + t_{xk} + t_{wk} + t_{rk}) \end{cases} \tag{5.65}$$

$$\begin{cases} \tau_i t_{ei} \geqslant \tau_k (t_{ek} + t_{xk}) \\ \tau_i (t_{ei} + t_{xi}) \leqslant \tau_k (t_{ek} + t_{xk} + t_{wk}) \\ \tau_i (t_{ei} + t_{xi} + t_{wi}) \geqslant \tau_k (t_{ek} + t_{xk} + t_{wk}) \\ \tau_i (t_{ei} + t_{xi} + t_{wi}) \leqslant \tau_k (t_{ek} + t_{xk} + t_{wk} + t_{rk}) \\ \tau_i (t_{ei} + t_{xi} + t_{wi} + t_{ri}) \geqslant \tau_k (t_{ek} + t_{xk} + t_{wk} + t_{rk}) \end{cases} \tag{5.66}$$

$$\begin{cases} \varphi_i t_{ei} \geqslant \varphi_k (t_{ek} + t_{xk}) \\ \varphi_i (t_{ei} + t_{xi} + t_{wi}) \leqslant \varphi_k (t_{ek} + t_{xk} + t_{wk}) \\ \varphi_i (t_{ei} + t_{xi} + t_{wi} + t_{ri}) \geqslant \varphi_k (t_{ek} + t_{xk} + t_{wk} + t_{rk}) \end{cases} \tag{5.67}$$

$$\begin{cases} \chi_i t_{ei} \geqslant \chi_k (t_{ek} + t_{xk}) \\ \chi_i (t_{ei} + t_{xi} + t_{wi}) \geqslant \chi_k (t_{ek} + t_{xk} + t_{wk}) \\ \chi_i (t_{ei} + t_{xi} + t_{wi} + t_{ri}) \leqslant \chi_k (t_{ek} + t_{xk} + t_{wk} + t_{rk}) \end{cases} \tag{5.68}$$

$$\begin{cases} \psi_i t_{ei} \geqslant \psi_k (t_{ek} + t_{xk}) \\ \psi_i (t_{ei} + t_{xi} + t_{wi}) \leqslant \psi_k (t_{ek} + t_{xk} + t_{wk}) \\ \psi_i (t_{ei} + t_{xi} + t_{wi} + t_{ri}) \geqslant \psi_k (t_{ek} + t_{xk} + t_{wk}) \\ \psi_i (t_{ei} + t_{xi} + t_{wi} + t_{ri}) \leqslant \psi_k (t_{ek} + t_{xk} + t_{wk} + t_{rk}) \end{cases} \tag{5.69}$$

$$\begin{cases} \omega_i t_{ei} \geqslant \omega_k (t_{ek} + t_{xk}) \\ \omega_i (t_{ei} + t_{xi} + t_{wi} + t_{ri}) \leqslant \omega_k (t_{ek} + t_{xk} + t_{wk}) \end{cases} \tag{5.70}$$

式(5.64)~式(5.70)分别对应图5.2(a)~图5.2(f)。$\xi$、$\rho$、$\tau$、$\varphi$、$\chi$、$\psi$、$\omega$ 为二元{0,1}变量，且满足：

$$\alpha + \beta + \gamma + \delta + \varepsilon + \zeta + \xi + \rho + \tau + \varphi + \chi + \psi + \omega = 1 \tag{5.71}$$

另外式(5.64)~式(5.70)中：$i = 1, 2, \cdots, N$，$k = 1, 2, \cdots, N$，且 $i \neq k$。

3)能量耗散约束

在任务调度过程中，必须时刻控制发射能量以保护发射机的安全[181]：

$$P_\tau(t) \leqslant \bar{P}_{\tau\max} \tag{5.72}$$

式中：$\bar{P}_{\tau\max}$ 为功率阈值；$P_\tau(t)$ 为雷达在 $t$ 时刻的耗散功率，其可以利用指数形式进行表示：

$$P_{\tau}(t) = \frac{1}{\tau}\int_{0}^{t} p(x)\mathrm{e}^{(x-t)/\tau}\mathrm{d}x \tag{5.73}$$

式中：$p(x)$为雷达的瞬时功率消耗；$\tau$ 为回退参数，其表征了雷达的散热性能。当任务 $k$ 和 $i$ 的发射期以图 5.10 中的形式进行交叠时，能量耗散约束表示为

$$P_{\mathrm{t}k} + P_{\mathrm{t}i} \leqslant \bar{P}_{\tau\max} \tag{5.74}$$

### 5.3.2 优化模型构建

同 5.2.2 节，根据调度过程中所要遵循的重要性、紧急性和及时性原则，构建如下的目标函数：

$$\max \sum_{k=1}^{N} \lambda_k o(P_k, t_{\mathrm{a}k}, w_k, t_{\mathrm{start}}, t_{\mathrm{e}k}) \tag{5.75}$$

$$o(P_k, t_{\mathrm{a}k}, w_k, t_{\mathrm{start}}, t_{\mathrm{e}k}) = [o_1(P_k) + o_2(t_{\mathrm{a}k}, w_k, t_{\mathrm{start}})]o_3(t_{\mathrm{e}k}, t_{\mathrm{a}k}, w_k) \tag{5.76}$$

式中：$\lambda_k \in \{0,1\}$。当任务 $T_k$ 未被调度时，$\lambda_k = 0$；当任务 $T_k$ 被成功调度时，$\lambda_k = 1$。$o_1(P_k)$为任务优先级 $P_k$ 的增函数；$o_2(t_{\mathrm{a}k}, w_k, t_{\mathrm{start}})$为任务截止期 $t_{\mathrm{d}k}$与 SI 起始时刻 $t_{\mathrm{start}}$间相对距离的减函数；$o_3(t_{\mathrm{e}k}, t_{\mathrm{a}k}, w_k)$为任务请求时刻 $t_{\mathrm{a}k}$与实际执行时刻 $t_{\mathrm{e}k}$在时间窗 $w_k$ 内相对距离的函数，表征了任务调度的及时性。相对距离越小，则任务执行得越及时。式(5.76)暗含了多方面性能的折中，以保证算法的全面性。

在上述基础上，MIMO 模式下的资源调度优化模型可表示为

$$\max \sum_{k=1}^{N} \lambda_k o(P_k, t_{\mathrm{a}k}, w_k, t_{\mathrm{start}}, t_{\mathrm{e}k}) \tag{5.77}$$

s. t.

$$t_{\mathrm{dw}k} = t_{\mathrm{x}k} + t_{\mathrm{w}k} + t_{\mathrm{r}k} \tag{5.78}$$

$$t_{\mathrm{d}k} = t_{\mathrm{a}k} + w_k \tag{5.79}$$

$$t_{\mathrm{end}} = t_{\mathrm{start}} + t_{\mathrm{SI}} \tag{5.80}$$

$$\begin{cases} \alpha_i\lambda_i t_{\mathrm{e}i} \geqslant \alpha_k\lambda_k t_{\mathrm{e}k} \\ \alpha_i\lambda_i(t_{\mathrm{e}i} + t_{\mathrm{x}i}) \leqslant \alpha_k\lambda_k(t_{\mathrm{e}k} + t_{\mathrm{x}k}) \\ \alpha_i\lambda_i(t_{\mathrm{e}i} + t_{\mathrm{x}i} + t_{\mathrm{w}i}) \geqslant \alpha_k\lambda_k(t_{\mathrm{e}k} + t_{\mathrm{x}k}) \\ \alpha_i\lambda_i(t_{\mathrm{e}i} + t_{\mathrm{x}i} + t_{\mathrm{w}i} + t_{\mathrm{r}i}) \leqslant \alpha_k\lambda_k(t_{\mathrm{e}k} + t_{\mathrm{x}k} + t_{\mathrm{w}k}) \end{cases} \tag{5.81}$$

$$\begin{cases}\beta_i\lambda_i t_{ei}\geqslant\beta_k\lambda_k t_{ek}\\ \beta_i\lambda_i(t_{ei}+t_{xi})\leqslant\beta_k\lambda_k(t_{ek}+t_{xk})\\ \beta_i\lambda_i(t_{ei}+t_{xi}+t_{wi})\geqslant\beta_k\lambda_k(t_{ek}+t_{xk})\\ \beta_i\lambda_i(t_{ei}+t_{xi}+t_{wi})\leqslant\beta_k\lambda_k(t_{ek}+t_{xk}+t_{wk})\\ \beta_i\lambda_i(t_{ei}+t_{xi}+t_{wi}+t_{ri})\geqslant\beta_k\lambda_k(t_{ek}+t_{xk}+t_{wk})\\ \beta_i\lambda_i(t_{ei}+t_{xi}+t_{wi}+t_{ri})\leqslant\beta_k\lambda_k(t_{ek}+t_{xk}+t_{wk}+t_{rk})\end{cases}\tag{5.82}$$

$$\begin{cases}\gamma_i\lambda_i t_{ei}\geqslant\gamma_k\lambda_k t_{ek}\\ \gamma_i\lambda_i(t_{ei}+t_{xi})\leqslant\gamma_k\lambda_k(t_{ek}+t_{xk})\\ \gamma_i\lambda_i(t_{ei}+t_{xi}+t_{wi})\geqslant\gamma_k\lambda_k(t_{ek}+t_{xk}+t_{wk})\\ \gamma_i\lambda_i(t_{ei}+t_{xi}+t_{wi}+t_{ri})\leqslant\gamma_k\lambda_k(t_{ek}+t_{xk}+t_{wk}+t_{rk})\end{cases}\tag{5.83}$$

$$\begin{cases}\delta_i\lambda_i t_{ei}\geqslant\delta_k\lambda_k t_{ek}\\ \delta_i\lambda_i(t_{ei}+t_{xi})\leqslant\delta_k\lambda_k(t_{ek}+t_{xk})\\ \delta_i\lambda_i(t_{ei}+t_{xi}+t_{wi})\geqslant\delta_k\lambda_k(t_{ek}+t_{xk})\\ \delta_i\lambda_i(t_{ei}+t_{xi}+t_{wi})\leqslant\delta_k\lambda_k(t_{ek}+t_{xk}+t_{wk})\\ \delta_i\lambda_i(t_{ei}+t_{xi}+t_{wi}+t_{ri})\geqslant\delta_k\lambda_k(t_{ek}+t_{xk}+t_{wk}+t_{rk})\end{cases}\tag{5.84}$$

$$\begin{cases}\varepsilon_i\lambda_i t_{ei}\geqslant\varepsilon_k\lambda_k t_{ek}\\ \varepsilon_i\lambda_i(t_{ei}+t_{xi})\leqslant\varepsilon_k\lambda_k(t_{ek}+t_{xk})\\ \varepsilon_i\lambda_i(t_{ei}+t_{xi}+t_{wi})\geqslant\varepsilon_k\lambda_k(t_{ek}+t_{xk}+t_{wk})\\ \varepsilon_i\lambda_i(t_{ei}+t_{xi}+t_{wi})\leqslant\varepsilon_k\lambda_k(t_{ek}+t_{xk}+t_{wk}+t_{rk})\\ \varepsilon_i\lambda_i(t_{ei}+t_{xi}+t_{wi}+t_{ri})\geqslant\varepsilon_k\lambda_k(t_{ek}+t_{xk}+t_{wk}+t_{rk})\end{cases}\tag{5.85}$$

$$\begin{cases}\zeta_i\lambda_i t_{ei}\geqslant\zeta_k\lambda_k t_{ek}\\ \zeta_i\lambda_i(t_{ei}+t_{xi})\leqslant\zeta_k\lambda_k(t_{ek}+t_{xk})\\ \zeta_i\lambda_i(t_{ei}+t_{xi}+t_{wi})\geqslant\zeta_k\lambda_k(t_{ek}+t_{xk}+t_{wk}+t_{rk})\end{cases}\tag{5.86}$$

$$\begin{cases}P_{osk}-B_{wk}/2\leqslant P_{osi}\leqslant P_{osk}+B_{wk}/2\\ P_{tk}+P_{ti}\leqslant\bar{P}_{\tau\max}\end{cases}\tag{5.87}$$

$$\begin{cases}\rho_i\lambda_i t_{ei}\geqslant\rho_k\lambda_k(t_{ek}+t_{xk})\\ \rho_i\lambda_i(t_{ei}+t_{xi})\leqslant\rho_k\lambda_k(t_{ek}+t_{xk}+t_{wk})\\ \rho_i\lambda_i(t_{ei}+t_{xi}+t_{wi})\geqslant\rho_k\lambda_k(t_{ek}+t_{xk}+t_{wk}+t_{rk})\end{cases}\tag{5.88}$$

$$\begin{cases}\tau_i\lambda_i t_{ei}\geqslant\tau_k\lambda_k(t_{ek}+t_{xk})\\ \tau_i\lambda_i(t_{ei}+t_{xi})\leqslant\tau_k\lambda_k(t_{ek}+t_{xk}+t_{wk})\\ \tau_i\lambda_i(t_{ei}+t_{xi}+t_{wi})\geqslant\tau_k\lambda_k(t_{ek}+t_{xk}+t_{wk})\\ \tau_i\lambda_i(t_{ei}+t_{xi}+t_{wi})\leqslant\tau_k\lambda_k(t_{ek}+t_{xk}+t_{wk}+t_{rk})\\ \tau_i\lambda_i(t_{ei}+t_{xi}+t_{wi}+t_{ri})\geqslant\tau_k\lambda_k(t_{ek}+t_{xk}+t_{wk}+t_{rk})\end{cases}\tag{5.89}$$

$$\begin{cases}\varphi_i\lambda_i t_{ei}\geqslant\varphi_k\lambda_k(t_{ek}+t_{xk})\\ \varphi_i\lambda_i(t_{ei}+t_{xi}+t_{wi})\leqslant\varphi_k\lambda_k(t_{ek}+t_{xk}+t_{wk})\\ \varphi_i\lambda_i(t_{ei}+t_{xi}+t_{wi}+t_{ri})\geqslant\varphi_k\lambda_k(t_{ek}+t_{xk}+t_{wk}+t_{rk})\end{cases}\tag{5.90}$$

$$\begin{cases}\chi_i\lambda_i t_{ei}\geqslant\chi_k\lambda_k(t_{ek}+t_{xk})\\ \chi_i\lambda_i(t_{ei}+t_{xi}+t_{wi})\geqslant\chi_k\lambda_k(t_{ek}+t_{xk}+t_{wk})\\ \chi_i\lambda_i(t_{ei}+t_{xi}+t_{wi}+t_{ri})\leqslant\chi_k\lambda_k(t_{ek}+t_{xk}+t_{wk}+t_{rk})\end{cases}\tag{5.91}$$

$$\begin{cases}\psi_i\lambda_i t_{ei}\geqslant\psi_k\lambda_k(t_{ek}+t_{xk})\\ \psi_i\lambda_i(t_{ei}+t_{xi}+t_{wi})\leqslant\psi_k\lambda_k(t_{ek}+t_{xk}+t_{wk})\\ \psi_i\lambda_i(t_{ei}+t_{xi}+t_{wi}+t_{ri})\geqslant\psi_k\lambda_k(t_{ek}+t_{xk}+t_{wk})\\ \psi_i\lambda_i(t_{ei}+t_{xi}+t_{wi}+t_{ri})\leqslant\psi_k\lambda_k(t_{ek}+t_{xk}+t_{wk}+t_{rk})\end{cases}\tag{5.92}$$

$$\begin{cases}\omega_i\lambda_i t_{ei}\geqslant\omega_k\lambda_k(t_{ek}+t_{xk})\\ \omega_i\lambda_i(t_{ei}+t_{xi}+t_{wi}+t_{ri})\leqslant\omega_k\lambda_k(t_{ek}+t_{xk}+t_{wk})\end{cases}\tag{5.93}$$

$$P_\tau(t)=\frac{1}{\tau}\int_0^t p(x)\mathrm{e}^{(x-t)/\tau}\mathrm{d}x\tag{5.94}$$

$$P_\tau(t)\leqslant\bar{P}_{\tau\max}\tag{5.95}$$

$$\alpha+\beta+\gamma+\delta+\varepsilon+\zeta+\xi+\rho+\tau+\varphi+\chi+\psi+\omega=1\tag{5.96}$$

式中:$i=1,2,\cdots,N,k=1,2,\cdots,N$,且 $i\neq k$;$\lambda$、$\alpha$、$\beta$、$\gamma$、$\delta$、$\varepsilon$、$\zeta$、$\xi$、$\rho$、$\tau$、$\varphi$、$\chi$、$\psi$、$\omega$ 均为二元{0,1}变量。式(5.87)为式(5.81)~式(5.86)的共同约束。若任务难以在该 SI 内成功执行,则需要根据式(5.97)和(5.98)分别将其进行延时或者删除,即

$$t_{ak}+w_k\geqslant t_{end}\tag{5.97}$$

$$t_{ak}+w_k<t_{end}\tag{5.98}$$

显然,MIMO 模式下的资源调度问题也是典型的多维 NP 难题。尽管利用精确算法能够获得最优的调度结果,但其计算量将随请求任务数量呈现几何式增长,难以得到工程运用。对此,提出一种基于 Levy 飞行的 PSO 优化算法对模型进行求解。

### 5.3.3　基于 Levy 飞行的 PSO 算法

为充分利用雷达硬件资源,高效地调度请求任务,本节提出一种基于 Levy 飞行的 PSO 优化算法,其具有如下特性。

(1)提出一种启发式的任务交错算法来提升时间利用率和算法效率。其不仅利用任务的等待期来交错执行其他任务的发射期或接收期,并且实现了多个发射期的合并以及多个接收期在时间轴上的交叠。同时,其为个体的适应值计算提供了一种高效方法。

(2)利用混沌理论初始化种群,使得粒子群体具有良好的随机性和遍历性,以提升初始解的质量。

(3)当 PSO 算法搜索到的最优值超过一定迭代次数还未更新,则算法转变为 Levy 飞行更新模式,以利用 Levy 飞行长程跳跃的优势,促使算法跳出局部极值,实现全局搜索。

算法流程如图 5.11 所示。

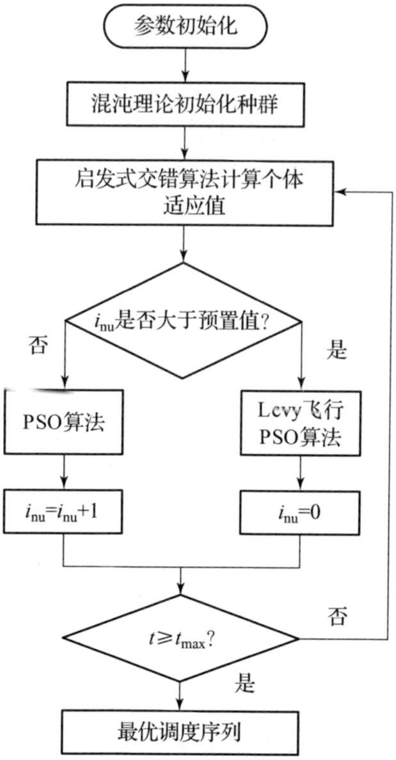


图 5.11　基于 Levy 飞行的 PSO 算法流程

**1. 启发式的任务交错算法**

图 5.2 和图 5.10 显示，MIMO 模式下雷达的任务调度方式更加多样，也使得调度分析愈加复杂。在此，提出一种启发式的任务交错算法，通过将可调度性分析分解为时间约束检测和能量约束检测，以降低任务分析的复杂度。

不失一般性，假设单个 SI 内有 $N$ 个请求任务，每个任务的候选执行时刻对应一个基因，且已按照升序排列。已成功调度的请求任务数量为 $n$。SI 的时间轴为 $[t_{\text{start}}, t_{\text{end}}]$。$t_{\text{p0}}$ 和 $P_0$ 分别用来指示当前时刻和在成功调度最近一次任务（任务 $n$）后的功率消耗。最近成功调度任务的发射期占用时间片为 $[t_{\text{xs}n}, t_{\text{xe}n}]$，已成功调度的所有任务发射期上界为 $t_{\text{xe}}$，接收期占用的第 $i$ 个时间片为 $[t_{\text{rs}i}, t_{\text{re}i}]$，$i=1,2,\cdots,m, m\leqslant n$。首先，从余下的 $N-n$ 个任务中选取候选执行时刻为 $t_{\text{p0}}$ 的 $p$ 个任务，将它们按照发射期由长到短进行排序，并分别编为任务 $n+1, n+2, \cdots, n+p$。然后，检测任务 $n+1$ 的发射期是否包含在 $[t_{\text{xs}n}, t_{\text{xe}n}]$ 内：

$$\begin{cases} t_{\text{e}(n+1)} \geqslant t_{\text{xs}n} \\ t_{\text{e}(n+1)} + t_{\text{x}(n+1)} \leqslant t_{\text{xe}n} \end{cases} \tag{5.99}$$

式中：$t_{\text{e}(n+1)}$ 为任务 $n+1$ 的候选执行时刻。若该任务的发射期未被包含在 $[t_{\text{xs}n}, t_{\text{xe}n}]$ 内，则检测该发射期能否满足如下约束：

$$\begin{cases} t_{\text{e}(n+1)} \geqslant t_{\text{xe}n} \\ t_{\text{e}(n+1)} + t_{\text{x}(n+1)} \leqslant t_{\text{rs}1} \end{cases} \tag{5.100}$$

$$\begin{cases} t_{\text{e}(n+1)} \geqslant t_{\text{re}i} \\ t_{\text{e}(n+1)} + t_{\text{x}(n+1)} \leqslant t_{\text{rs}(i+1)} \end{cases}, i=1,2,\cdots,m \tag{5.101}$$

$$\begin{cases} t_{\text{e}(n+1)} \geqslant t_{\text{xe}m} \\ t_{\text{e}(n+1)} + t_{\text{x}(n+1)} \leqslant t_{\text{end}} \end{cases} \tag{5.102}$$

若该发射期能够满足式（5.100）、式（5.101）、式（5.102）中任意一式，则满足时间约束。然后进一步检测任务 $n+1$ 的接收期能否满足时间约束：

$$\begin{cases} t_{\text{e}(n+1)} + t_{\text{x}(n+1)} + t_{\text{w}(n+1)} \geqslant t_{\text{xe}} \\ t_{\text{e}(n+1)} + t_{\text{x}(n+1)} + t_{\text{w}(n+1)} + t_{\text{r}(n+1)} \leqslant t_{\text{end}} \end{cases} \tag{5.103}$$

需要指出的是，若任务 $n+1$ 的发射期包含于 $[t_{\text{xs}n}, t_{\text{xe}n}]$ 中，则仅需要应用式（5.103）来对时间约束进行检测。当任务 $n+1$ 满足时间约束时，进一步对能量约束进行检测：

$$\begin{cases} P_0' = P_0 \mathrm{e}^{-t_{\mathrm{x}(n+1)}/\tau} + P_{\mathrm{t}(n+1)}(1 - \mathrm{e}^{-t_{\mathrm{x}(n+1)}/\tau}) \\ P_{\mathrm{test}} = P_{\mathrm{test}} + P_0' \end{cases} \tag{5.104}$$

式中：$P_0'$为任务 $n+1$ 调度完成后的功率消耗；$P_{\mathrm{test}}$为累积功率。当 $P_{\mathrm{test}}$满足：

$$P_{\mathrm{test}} \leqslant \bar{P}_{\tau\max} \tag{5.105}$$

时，任务 $n+1$ 同时满足时间约束和能量约束。下一步，则更新最近成功调度任务的发射期占用时间片为$[t_{\mathrm{xs}(n+1)}, t_{\mathrm{xe}(n+1)}]$；已成功调度所有任务的接收期占用时间片为：$[t_{\mathrm{rs}(n+1)}, t_{\mathrm{re}(n+1)}] \cup [t_{\mathrm{rs}_i}, t_{\mathrm{re}i}]\ (i=1,2,\cdots,m)$；同时，更新 $t_{\mathrm{xe}}$和 $P_{\mathrm{test}}$。此后，参考任务 $n+1$ 的模式，对余下任务进行可调度性分析。当对于 $p$ 个任务的分析完成后，或 $P_{\mathrm{test}} > \bar{P}_{\tau\max}$时，更新 $t_{\mathrm{p}0}$和 $P_0$：

$$\begin{cases} t_{\mathrm{p}0} = t_{\mathrm{p}0} + \Delta t_{\mathrm{p}} \\ P_0 = P_0 \mathrm{e}^{-\Delta t_{\mathrm{p}}/\tau} \end{cases} \tag{5.106}$$

然后，选出候选执行时刻为 $t_{\mathrm{p}0}$的任务，按照发射期由长到短进行排序，并分别检测这些任务能否满足时间约束和能量约束。从而，可以忽略图 5.10 和图 5.2 中具体的任务调度形式，大大降低任务序列可行性分析的复杂度。

**2. PSO 算法**

受鱼群和鸟群行为的启发，在 PSO 算法中，每个粒子个体根据自身经验和与相邻个体的信息交互来改变自身位置。在第 $t$ 次迭代中，粒子 $i$ 根据式(5.107)和式(5.108)来分别更新自身速度和位置：

$$\tilde{\boldsymbol{v}}_i(t+1) = w \times \tilde{\boldsymbol{v}}_i(t) + c_1 \times r_1 \times [\boldsymbol{p}_{\mathrm{best}}(t) - \tilde{\boldsymbol{x}}_i(t)] + c_2 \times r_2 \times [\boldsymbol{g}_{\mathrm{best}}(t) - \tilde{\boldsymbol{x}}_i(t)] \tag{5.107}$$

$$\tilde{\boldsymbol{x}}_i(t+1) = \tilde{\boldsymbol{x}}_i(t) + \tilde{\boldsymbol{v}}_i(t+1) \tag{5.108}$$

式中：$\tilde{\boldsymbol{x}}_i$和 $\tilde{\boldsymbol{v}}_i$分别为粒子的位置和速度矢量；$\boldsymbol{p}_{\mathrm{best}}(t)$为各个粒子迄今为止找到的最优解；$\boldsymbol{g}_{\mathrm{best}}(t)$为粒子群体迄今为止找到的最优解。$r_1$、$r_2$为 0 ~ 1 之间的随机数；$c_1$和 $c_2$为认知参数，能够调整粒子向 $\boldsymbol{p}_{\mathrm{best}}(t)$和 $\boldsymbol{g}_{\mathrm{best}}(t)$飞行的最大步长，通常取 $c_1 = c_2 = 2$。$w$ 为惯性权重，平衡了算法的全局寻优和局部搜索能力。对此，设计动态惯性权重为

$$w(t) = (w_{\max} - w_{\min}) \times t_{\max}/t + w_{\min} \tag{5.109}$$

由式(5.109)可以看出，随着迭代次数的增加，惯性权重逐渐递减，从而，算法能够在初始阶段快速定位最优解的大致方位；在搜索后期能够对局部位置进行精确搜索，以找到全局最优解。

同式(5.45)，将 PSO 算法的搜索空间离散化，可以获得搜索效率的成倍提

升。假定搜索空间的最小时间分辨单元为 $\Delta t_{\mathrm{p}}$，$\boldsymbol{x}_i(t+1)$ 的计算式为

$$\tilde{\boldsymbol{x}}_i(t+1)=\mathrm{round}(\tilde{\boldsymbol{x}}_i(t+1)/\Delta t_{\mathrm{p}})\times\Delta t_{\mathrm{p}} \tag{5.110}$$

式中：round(·)为取整运算。由于 $\boldsymbol{p}_{\text{best}}(t+1)$ 和 $\boldsymbol{g}_{\text{best}}(t+1)$ 均来自于 $\tilde{\boldsymbol{x}}_i(t+1)$，则二者中的元素也为 $\Delta t_{\mathrm{p}}$ 的整数倍。

虽然 PSO 算法结构简单，易于实现，但算法的种群多样性将随迭代次数的增加快速下降，这使得算法易陷入局部最优值。因此，在应用中必须加以改进。

**3. Levy 飞行的 PSO 算法**

Levy 飞行，本质上是一种随机行走，其受到布朗运动的启发，行走步长表现为非高斯随机分布[193]。由于具有长程跳跃特性，Levy 飞行是避免算法陷入早熟收敛的有力工具。

Levy 飞行满足 Levy 分布，后者具有幂率公式 $L(s)\sim|s|^{-1-\beta}$。其中，通常选择 $0<\beta<2$。Levy 分布的简单版本可定义为[191-192]

$$L(s,\gamma,\kappa)=\begin{cases}\sqrt{\dfrac{\gamma}{2\pi}}\exp\left[-\dfrac{\gamma}{2(s-\kappa)}\right]\dfrac{1}{(s-\kappa)^{3/2}}, & 0<\kappa<s<\infty\\ 0, & s\leqslant 0\end{cases} \tag{5.111}$$

式中：$\kappa$ 为位置或偏移参数；$\gamma$ 为决定 Levy 分布规模的控制因子，且有 $\gamma>0$。鉴于 Levy 分布的复杂性，通常采用 Mantegna 算法来模拟 Levy 分布：

$$S=\frac{\theta}{|\varsigma|^{1/\beta}} \tag{5.112}$$

式中：$S$ 为随机步长；$\theta$ 和 $\varsigma$ 均服从正态分布，即

$$\theta\sim\mathcal{N}(0,1),\ \varsigma\sim\mathcal{N}(0,\sigma_\varsigma^2),\ \sigma_\varsigma=\left(\frac{\Gamma(1+\beta)\sin(\pi\beta/2)}{\Gamma((1+\beta)/2)\beta 2^{(\beta-1)/2}}\right)^{1/\beta} \tag{5.113}$$

式中：$\Gamma$ 为标准 gamma 函数。从而，Levy 飞行的 PSO 算法可写为

$$\tilde{\boldsymbol{v}}_i(t+1)=w\times Lw(\tilde{\boldsymbol{x}}_i(t))+c_1\times r_1\times[\boldsymbol{p}_{\text{best}}(t)-\tilde{\boldsymbol{x}}_i(t)]+c_2\times r_2\times[\boldsymbol{g}_{\text{best}}(t)-\tilde{\boldsymbol{x}}_i(t)] \tag{5.114}$$

$$Lw(\tilde{\boldsymbol{x}}_i(t))=0.01\times S\times\tilde{\boldsymbol{x}}_i(t)\times\mathrm{random}(\mathrm{size}(\tilde{\boldsymbol{x}}_i(t))) \tag{5.115}$$

$$\tilde{\boldsymbol{x}}_i(t+1)=\tilde{\boldsymbol{x}}_i(t)+\tilde{\boldsymbol{v}}_i(t+1) \tag{5.116}$$

式(5.116)输出的 $\tilde{\boldsymbol{x}}_i(t+1)$ 仍需要取整操作。由式(5.114)~式(5.116)可以看出，粒子位置的更新结合了 Levy 飞行的性质，保证了算法的合理性和有效性。

**4. 混沌初始化**

混沌系统充满不稳定性和随机性,是提升 PSO 算法全局搜索性能的有力工具。鉴于随机算子产生的初始种群易使算法陷入早熟,采用 Logistic 方程来产生混沌序列:

$$\eta(q+1)=\mu\eta(q)[1-\eta(q)] \tag{5.117}$$

式中:$\eta(q)$为混沌变量$\eta$迭代$q$次后的结果,$\eta\in[0,1]$。$\mu$为混沌状态的控制参数,$\mu=[0,4]$。当$\mu=4$且$\eta\notin\{0.25,0.5,0.75\}$时,产生的序列将有完全混沌特性,混沌变量$\eta$的轨迹将遍布于整个解空间内。

假设第$j$个基因的上、下界分别为$t_{\max j}$和$t_{\min j}$,则首先需要将求解变量映射到[0,1]区间:

$$t'_{ej}=(t_{ej}-t_{\min j})/(t_{\max j}-t_{\min j}) \tag{5.118}$$

式中:$t_{ej}$代表第$j$个基因,即为第$j$个任务的候选执行时刻。然后,在迭代$q_{\max}$次后,将$t'_{ej}$重新映射回原区间$[t_{\min j},t_{\max j}]$。需要指出的是,在 PSO 算法搜索过程中,每个基因必须始终位于可行区间内。

## 5.3.4 仿真结果及分析

**1. 例证**

首先,用小规模的例子来阐释算法的有效性。在一个 SI 内随机产生 12 个请求任务。图 5.12 给出了请求任务序列、利用所提算法的任务调度序列和利用最优化模型对请求任务的调度序列。具体的请求任务参数和调度序列参数分别见表 5.9 和表 5.10。

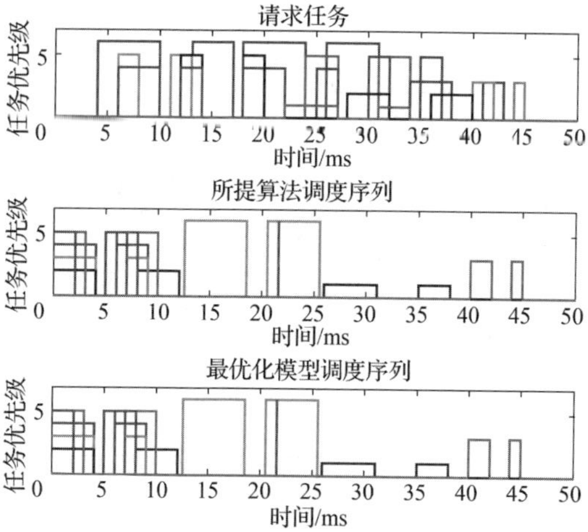


图 5.12　任务请求与调度序列

**表 5.9　请求任务参数**

| $P$ | $t_a$/ms | $t_x$/ms | $t_w$/ms | $t_r$/ms | $P_t$/kW | $w$/ms | $B_w$/(°) | $P_{os}$/(°) |
|---|---|---|---|---|---|---|---|---|
| 6 | 4 | 6 | 3 | 4 | 5 | 20 | 40 | 0 |
| 6 | 18 | 6 | 2 | 5 | 5 | 20 | 40 | 0 |
| 5 | 6 | 2 | 3 | 2 | 4 | 30 | 30 | 0 |
| 5 | 12 | 2 | 4 | 2 | 4 | 30 | 30 | 0 |
| 5 | 24 | 3 | 4 | 3 | 4 | 30 | 30 | 0 |
| 5 | 30 | 2 | 3 | 2 | 4 | 30 | 30 | 0 |
| 4 | 6 | 4 | 2 | 2 | 5 | 50 | 40 | 0 |
| 4 | 18 | 4 | 3 | 2 | 5 | 50 | 40 | 0 |
| 3 | 34 | 4 | 3 | 2 | 3 | 100 | 30 | 0 |
| 3 | 40 | 2 | 2 | 1 | 3 | 100 | 30 | 0 |
| 2 | 28 | 4 | 4 | 4 | 3 | 200 | 30 | 0 |
| 1 | 22 | 5 | 4 | 3 | 5 | — | 40 | 0 |

**表 5.10　调度序列参数**

| $P$ | $t_a$/ms | $t_x$/ms | $t_w$/ms | $t_r$/ms | $P_t$/kW | $w$/ms | $B_w$/(°) | $P_{os}$/(°) |
|---|---|---|---|---|---|---|---|---|
| 4 | 0 | 4 | 2 | 2 | 5 | 50 | 40 | 0 |
| 4 | 0 | 4 | 3 | 2 | 5 | 50 | 40 | 0 |
| 3 | 0 | 4 | 3 | 2 | 3 | 100 | 30 | 0 |
| 2 | 0 | 4 | 4 | 4 | 3 | 200 | 30 | 0 |
| 5 | 0 | 3 | 4 | 3 | 4 | 30 | 30 | 0 |
| 5 | 0 | 2 | 3 | 2 | 4 | 30 | 30 | 0 |
| 5 | 0 | 2 | 4 | 2 | 4 | 30 | 30 | 0 |
| 5 | 0 | 2 | 3 | 2 | 4 | 30 | 30 | 0 |
| 6 | 12.5 | 6 | 3 | 4 | 5 | 20 | 40 | 0 |
| 6 | 12.5 | 6 | 2 | 5 | 5 | 20 | 40 | 0 |

续表

| $P$ | $t_a$/ms | $t_x$/ms | $t_w$/ms | $t_r$/ms | $P_t$/kW | $w$/ms | $B_w$/(°) | $P_{os}$/(°) |
|---|---|---|---|---|---|---|---|---|
| 1 | 26 | 5 | 4 | 3 | 5 | — | 40 | 0 |
| 3 | 40 | 2 | 2 | 1 | 3 | 100 | 30 | 0 |

图5.12中,横轴为时间,纵轴为任务的优先级。每个矩形框代表任务的发射期或接收期。第2幅子图为所提算法的调度序列。显然,所提算法尝试合并尽可能多的发射期,同时交叠尽可能多的接收期,来最大化时间利用率。此外,所提算法将任务交错以及搜索求解相结合,因而成功调度了所有请求任务。第3幅子图为利用分支限界算法求解5.3.2节最优化模型所得的调度序列,可以看出,最优化模型的调度结果与所提算法一致。表5.11给出了两种算法的性能对比,可以看出,两种算法的各项指标一致,与图5.12相吻合。此外,两种算法均将时间偏移率控制在了0.1904,及时地调度了所有请求任务。需要指出的是,两种算法的时间利用率为1.52,均大于1。这是由于所有请求任务为随机产生,其发射期和接收期之和超出了SI的时间长度。在实际中,这种情况较为少见。然而,求解最优化模型需要较大的计算量,大约为$10^4$s。因此,其仅适合于解决小规模问题。

**表5.11 所提算法与最优化模型的性能对比**

| | 调度成功率(SSR) | 时间利用率(TUR) | 实现价值率(HVR) | 时间偏移率(ATSR) |
|---|---|---|---|---|
| 所提算法 | 1.0000 | 1.5200 | 1.0000 | 0.1904 |
| 最优化模型 | 1.0000 | 1.5200 | 1.0000 | 0.1904 |

此外,图5.13给出了所提算法在混沌初始化与随机初始化条件下的收敛图。显然,混沌优化可以使算法获得更高质量的初始解集和更快的收敛速度。这主要是因为混沌序列赋予了种群多样性,加快了算法的求解速度。

**2. 仿真校验**

本节通过大规模仿真实验,来证明所提算法的有效性。整个仿真框架基于文献[102-107],以目标数量来指示不同情况下的雷达负载。设置$t_{SI}=50$ms,$\overline{P}_{\tau\max}=1.25$kW,$\tau=200$ms,$T_{total}=50$s。任务参数见表5.12。目标函数选择为:$o_1(P_k)=P_k$,$o_2(t_{ak},w_k,t_{start})=\exp[-2(t_{ak}+w_k-t_{start})/t_{SI}]$,$o_3(t_{ek},t_{ak},w_k)=(1-|t_{ek}-t_{ak}|/w_k)$。仿真中,对比以下算法:①高优先级加截止期优先算法[86];

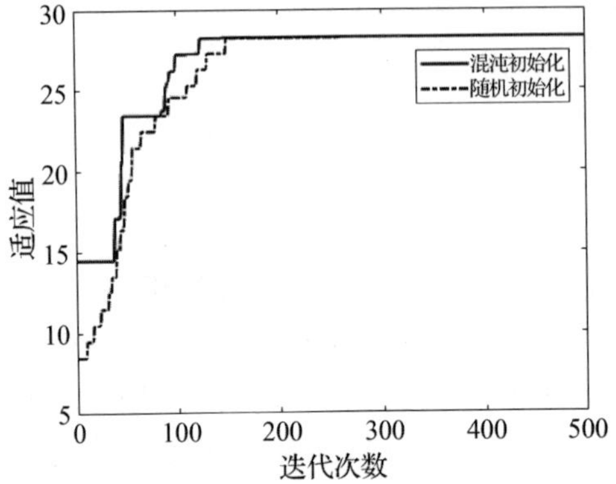


**图 5.13　所提算法收敛图**

②禁忌搜索算法[103]；③综合优先级交错调度算法[113]。在所提算法中，$N_{pop}=100$，$w_{max}=0.9$，$w_{min}=0.2$，$t_{max}=500$，$q=3000$，$\Delta t_p=0.25\text{ms}$，预置更新代数为 10。100 次仿真实验后，统计结果如图 5.14 ~ 图 5.17 所示。

**表 5.12　任务参数**

| 任务类型 | $P$ | $t_x, t_w, t_r$/ms | $P_t$/kW | $w$/ms | $\Delta t$/ms |
|---|---|---|---|---|---|
| 确认 | 6 | 1,—,1 | 5 | 20 | 150 |
| 高精跟 | 5 | 0.5,—,0.5 | 4 | 30 | 100 ~ 200 |
| 失跟处理 | 4 | 1,—,1 | 5 | 50 | — |
| 精跟 | 3 | 0.5,—,0.5 | 3 | 100 | 250 ~ 500 |
| 普跟 | 2 | 0.5,—,0.5 | 3 | 200 | 1000 |
| 搜索 | 1 | 1,—,1 | 5 | — | 10 |

图 5.14 给出了 4 种算法的调度成功率对比。随着跟踪目标数量的增加，雷达时间轴上的可用空间逐渐缩短。高优先级加截止期优先算法将任务调度视作非抢占式的，忽略了任务交错，使得时间轴被快速填满，因此，未能够成功调度的任务最多。禁忌搜索算法利用了任务的等待期进行交错，但忽略了 MIMO 雷达的任务调度特性。综合优先级交错算法不仅利用任务的等待期交错执行其他任务的发射期或接收期，并且对多个发射期进行合并，因此，取得的调度成功率较高。然而，在虚拟任务交错的更新过程中，综合优先级交错算法在时间轴上留下了大量的空闲时间。此外，算法仅依靠启发式规则，难以保证全局最优解。而所

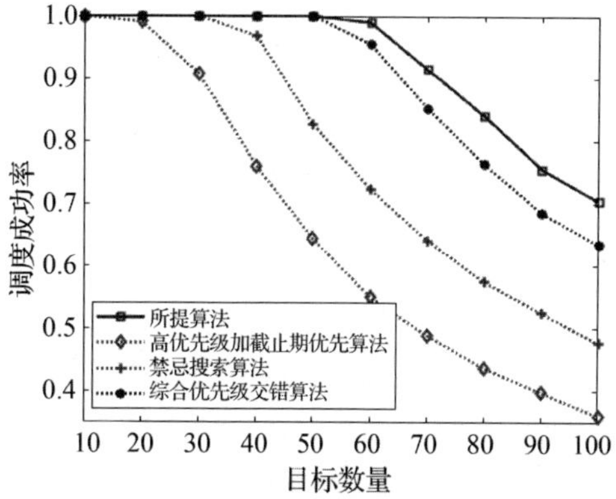


图 5.14　调度成功率对比

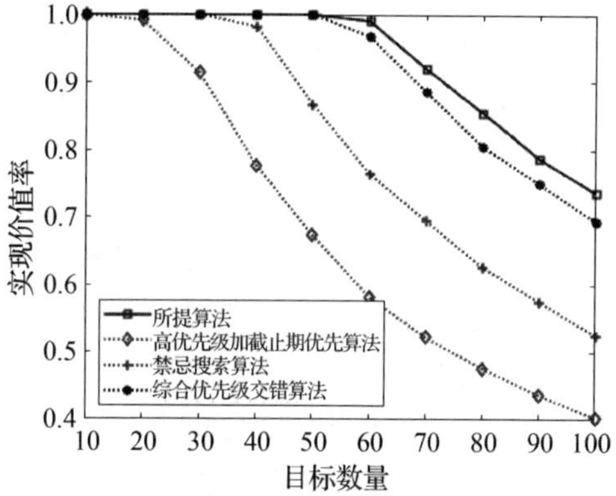


图 5.15　实现价值率对比

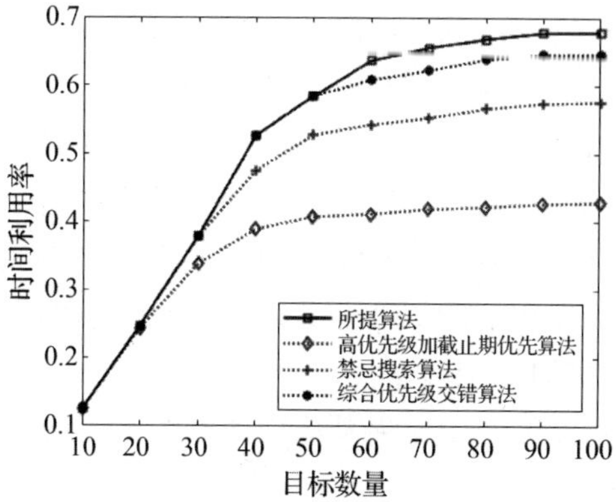


图 5.16　时间利用率对比

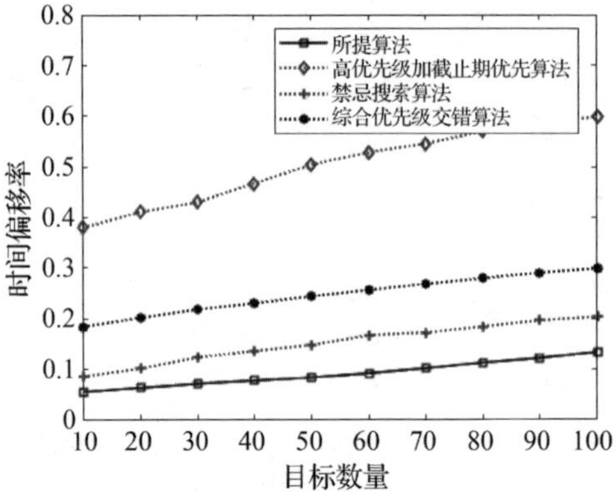


**图 5.17　平均偏移率对比**

提算法不仅充分利用了雷达任务的 3 个子集，并且采用交错技术对成功调度的任务在时间轴上进行压缩，以使得资源利用最大化。此外，基于 Levy 飞行的 PSO 保证了算法的全局最优性。因此，所提算法的调度成功率最高，充分发挥了 MIMO 雷达的多任务潜能。

图 5.15 为 4 种算法的实现价值率对比。与调度成功率相似，由于未采用交错技术，高优先级加截止期优先算法的实现价值率最低。禁忌搜索算法仅利用了任务的等待期，所取得的实现价值率也不太理想。尽管综合优先级交错算法对 3 个子任务均进行了利用，但其仅搜索到了局部最优解。与之不同的是，所提算法通过整合 Levy 飞行的 PSO 算法与交错分析方法，实现了全局优化。因此，所提算法成功调度了最多的重要任务，实现价值率也最高。

图 5.16 对比了算法的时间利用率。从中可以看出，3 种基准算法与所提算法时间利用率发散的起始点与图 5.14 和图 5.15 中的起始点一致，从侧面证明了仿真结果的正确性。此外，仍然可以看出，所提算法的性能最优。

图 5.17 给出了 4 种算法的时间偏移率对比。由于高优先级加截止期优先算法和综合优先级交错算法属于启发式搜索算法，优先对高综合优先级的任务进行处理，因此，时间偏移率较高。而禁忌搜索和所提算法可以依靠种群搜索来寻求更优解集，因此，任务调度较为及时。但所提算法不仅对多个任务的发射期进行了合并，并且在交错算法的基础上重叠了不同任务的接收期，因而获得了较大的调度柔性和更低的时间偏移率。

此外，为探究不同参数对于所提算法性能的影响，通过大量仿真实验，得出了一些通用性的结论。

（1）一般意义上而言，种群基数 $N_{pop}$ 越大，算法的搜索能力越强，但也会导致计算量的增加。当考虑算法的实时性要求时，$N_{pop}$通常取 100。$N_{pop}$取 20 ~ 80 或$N_{pop}$取 150 时，算法的迭代次数增加明显或者运行时间过长；

(2)结果显示，惯性权重的上界($w_{max}$)、下界($w_{min}$)分别取 0.8 ~ 0.9 和 0.2 ~ 0.3 时，算法的性能较佳；

(3)在参考文献[191 - 192]以及一系列仿真后，将 PSO 转变为 Levy 飞行 PSO 的最佳迭代次数预置值为 10，过大或过小均会导致算法收敛所需迭代次数的增加。

本节针对 MIMO 雷达在 MIMO 收发模式下的任务调度问题，构建了一种通用的最优化模型，并提出一种基于 Levy 飞行的 PSO 算法求解。算法利用启发式的交错分析技术来充分利用雷达任务的发射期、等待期和接收期，并采用 Levy 飞行的更新方式以保证求解质量。仿真结果表明，相比于 3 种主流算法，所提算法更能够发挥 MIMO 雷达的多功能特性。

# 附录 A

## 证明式(3.32)为凸优化模型

式(3.32)中的约束为线性约束,即为凸约束。将目标函数重写如下:

$$\mathbb{F}(\boldsymbol{P}_{\mathrm{T}k}) = \max_{q \in Q}\{\mathrm{tr}_{\mathrm{pos}}[\hat{\boldsymbol{J}}^{-1}(\boldsymbol{x}_k^q, \boldsymbol{P}_{\mathrm{T}k})]\} \quad (\mathrm{A}-1)$$

令 $\boldsymbol{B}_q(\boldsymbol{P}_{\mathrm{T}k}) = \mathrm{tr}_{\mathrm{pos}}[\hat{\boldsymbol{J}}^{-1}(\boldsymbol{x}_k^q, \boldsymbol{P}_{\mathrm{T}k})]$,则目标函数为

$$\mathbb{F}(\boldsymbol{P}_{\mathrm{T}k}) = \max_{q \in Q}\{\boldsymbol{B}_q(\boldsymbol{P}_{\mathrm{T}k})\} \quad (\mathrm{A}-2)$$

根据式(3.22)~式(3.26),$\boldsymbol{B}_q(\boldsymbol{P}_{\mathrm{T}k})$的表达式为

$$\boldsymbol{B}_q(\boldsymbol{P}_{\mathrm{T}k}) = \left[\boldsymbol{J}_{\mathrm{P}}(\boldsymbol{x}_k^q) + \sum_{m=1}^{M} P_{\mathrm{T}m,k}\boldsymbol{J}_{\mathrm{D}}^m(\boldsymbol{x}_k^q)\big|_{\boldsymbol{x}_k^q = \hat{\boldsymbol{x}}_{k|k-1}^q}\right]^{-1} \quad (\mathrm{A}-3)$$

式中:$\boldsymbol{J}_{\mathrm{D}}^m(\boldsymbol{x}_k^q)$为

$$\boldsymbol{J}_{\mathrm{D}}^m(\boldsymbol{x}_k^q) = \sum_{n=1}^{N}\frac{8\pi^2|\tilde{a}_{m,n,k}^q|^2(h_{m,n,k}^q)^2}{\sigma_{\tilde{n}}^2}[\beta_m^2(\nabla_{\boldsymbol{x}_k^q}\tau_{m,n,k}^q)^{\mathrm{T}}\nabla_{\boldsymbol{x}_k^q}\tau_{m,n,k}^q + T_m^2(\nabla_{\boldsymbol{x}_k^q}\nu_{m,n,k}^q)^{\mathrm{T}}\nabla_{\boldsymbol{x}_k^q}\nu_{m,n,k}^q] \quad (\mathrm{A}-4)$$

由文献[134]可知,若 $\boldsymbol{X} \in \mathbb{S}_{++}$,则 $\mathrm{tr}(\boldsymbol{X}^{-1})$为凸函数。其中,$\mathbb{S}_{++}$代表半正定矩阵集。此外,很容易证明初始 BIM$\boldsymbol{J}(\boldsymbol{x}_1^q) \in \mathbb{S}_{++}$且当 $k \geqslant 2$ 时 $\boldsymbol{B}_q(\boldsymbol{P}_{\mathrm{T}k}) \in \mathbb{S}_{++}$。并且,$\boldsymbol{B}_q(\boldsymbol{P}_{\mathrm{T}k})$可以看作是 $\mathrm{tr}(\boldsymbol{X}^{-1})$关于 $P_{\mathrm{T}m,k}$的仿射变换。因此,$\boldsymbol{B}_q(\boldsymbol{P}_{\mathrm{T}k})$是凸的,即(3.31)为凸优化问题。证毕。

# 附录 B

## 3.6.2 节中引理 1 的证明

$\lim\limits_{L\to\infty}\frac{1}{L}\sum\limits_{l=1}^{L}u_{qn}^{k(l)}$ 的均值和方差可分别计算为

$$\mathbb{E}\left[\lim_{L\to\infty}\frac{1}{L}\sum_{l=1}^{L}u_{qn}^{k(l)}\right]=\lim_{L\to\infty}\frac{1}{L}\sum_{l=1}^{L}\mathbb{E}\left[u_{qn}^{k(l)}\right]=p_{qn}^{k} \tag{B-1}$$

$$\begin{aligned}
&\mathbb{E}\left[\left|\lim_{L\to\infty}\frac{1}{L}\sum_{l=1}^{L}u_{qn}^{k(l)}-p_{qn}^{k}\right|^{2}\right]\\
&=\mathbb{E}\left[\left|\lim_{L\to\infty}\frac{1}{L}\sum_{l=1}^{L}u_{qn}^{k(l)}\right|^{2}\right]-\left|p_{qn}^{k}\right|^{2}\\
&=\lim_{L\to\infty}\mathbb{E}\left[\frac{1}{L^{2}}\sum_{l_1=1}^{L}u_{qn}^{k(l_1)}\sum_{l_2=1}^{L}u_{qn}^{k(l_2)}\right]-\left|p_{qn}^{k}\right|^{2}\\
&=\lim_{L\to\infty}\frac{1}{L^{2}}\sum_{l_1=1}^{L}\sum_{l_2=1}^{L}\mathbb{E}\left[u_{qn}^{k(l_1)}u_{qn}^{k(l_2)}\right]-\left|p_{qn}^{k}\right|^{2}\\
&=\lim_{L\to\infty}\frac{1}{L^{2}}\sum_{l_1=1}^{L}\sum_{l_2=1}^{L}\mathcal{R}(l_1,l_2)-\left|p_{qn}^{k}\right|^{2}\\
&=\lim_{L\to\infty}\frac{1}{L^{2}}\sum_{l_1=1}^{L}\left[p_{qn}^{k}-\left|p_{qn}^{k}\right|^{2}\right]=\lim_{L\to\infty}\frac{1}{L}\left[p_{qn}^{k}-\left|p_{qn}^{k}\right|^{2}\right]=0
\end{aligned} \tag{B-2}$$

基于式(B-1)和式(B-2)可得,$\mathbb{E}\left[u_{qn}^{k(l)}\right]$以全概率等于 $p_{qn}^{k}$。证毕。

# 附录 C

# 4.2.1 节中 $\boldsymbol{R}_k^{-1}$ 的推导

在此，着重讨论单次照射周期内脉冲与脉冲之间相关（I 型目标）与不相关（Ⅱ型目标）条件下多普勒 – DOA 估计的 CRLB。

在 Swerling Ⅰ型和Ⅱ型条件下，目标的 RCS 服从如下分布：

$$\alpha=\sqrt{\Sigma}\mathrm{e}^{\mathrm{j}\Omega} \tag{C-1}$$

式中：$\Omega$ 服从平均分布；$\Sigma$ 的 PDF 为

$$p(\Sigma)=\frac{1}{\bar{\sigma}}\mathrm{e}^{-\Sigma/\bar{\sigma}},\Sigma\geqslant 0 \tag{C-2}$$

式中：$\bar{\sigma}$ 为平均反射系数。在 Swerling Ⅰ模型中，$\alpha$ 在一个脉冲串期间保持不变；而在 Swerling Ⅱ模型中，各脉冲间的目标 RCS 存在变化，且相互独立。

假设发射信号为确定性信号，则脉冲与脉冲之间在相关条件下为 Swerling Ⅰ模型，即单次照射周期内脉冲与脉冲之间相关，而不同照射周期内不相关。在此，称其为 I 型目标，则有

$$\alpha_{k,l}=\alpha_k \tag{C-3}$$

结合式(4.6)、式(4.12)和式(C-3)，$k$ 时刻的量测矢量可写为

$$\boldsymbol{r}_k=\alpha_k\boldsymbol{G}_k\boldsymbol{c}_{\mathrm{I}k}+\boldsymbol{v}_k \tag{C-4}$$

式中：

$$\boldsymbol{G}_k=\mathrm{diag}\{\boldsymbol{g}_k,\boldsymbol{g}_k,\cdots,\boldsymbol{g}_k\}_L \tag{C-5}$$

$$c_{\mathrm{I}k}=[1,\mathrm{e}^{-\mathrm{j}2\pi\nu_k T_{\mathrm{p}}},\cdots,\mathrm{e}^{-\mathrm{j}2\pi\nu_k(L-1)T_{\mathrm{p}}}]^{\mathrm{T}} \tag{C-6}$$

式中：$\mathrm{diag}\{\cdot\}_L$ 表示矩阵中包含 $L$ 个对角元素。

从式(C-4)中可以得出

$$p(\boldsymbol{r}_k\mid\boldsymbol{\xi}_k)=\frac{1}{\pi^{MNL}\sigma_v^{2MNL}}\exp\left[-\frac{\|\boldsymbol{r}_k-\alpha_k\boldsymbol{G}_k\boldsymbol{c}_{\mathrm{I}k}\|^2}{\sigma_v^2}\right] \tag{C-7}$$

式中：$\boldsymbol{\xi}_k=[\dot{r}_k,\theta_k]^{\mathrm{T}}$。为简化表示，引入中间变量：$\boldsymbol{\mu}_{\mathrm{I}k}=\alpha_k\boldsymbol{G}_k\boldsymbol{c}_{\mathrm{I}k}$，则 $\boldsymbol{R}_k^{-1}$ 中的第 $[p,q]$ 个元素为

$$(\boldsymbol{R}_{\mathrm{I}k}^{-1})_{pq}=\frac{2}{\sigma_v^2}\mathrm{Re}\left(\frac{\partial\boldsymbol{\mu}_{\mathrm{I}k}^{\mathrm{H}}}{\partial(\boldsymbol{\xi}_k)_p}\frac{\partial\boldsymbol{\mu}_{\mathrm{I}k}}{\partial(\boldsymbol{\xi}_k^{\mathrm{T}})_q}\right) \tag{C-8}$$

当 $p=2,q=2$ 时，有

$$(\boldsymbol{R}_{\mathrm{I}k}^{-1})_{22}=\frac{2}{\sigma_v^2}\mathrm{Re}\left(\frac{\partial\boldsymbol{\mu}_{\mathrm{I}k}^{\mathrm{H}}}{\partial\theta_k}\frac{\partial\boldsymbol{\mu}_{\mathrm{I}k}}{\partial\theta_k}\right)=\frac{2|\alpha_k|^2}{\sigma_v^2}\mathrm{Re}\left(\boldsymbol{c}_{\mathrm{I}k}^{\mathrm{H}}\frac{\partial\boldsymbol{G}_k^{\mathrm{H}}}{\partial\theta_k}\frac{\partial\boldsymbol{G}_k}{\partial\theta_k}\boldsymbol{c}_{\mathrm{I}k}\right) \tag{C-9}$$

对 $\partial\boldsymbol{G}_k^{\mathrm{H}}/\partial\theta_k$ 的计算等价于对 $\partial\boldsymbol{g}_k^{\mathrm{H}}/\partial\theta_k$ 的计算，易得后者的解析式：

$$\frac{\partial\boldsymbol{g}_k^{\mathrm{H}}}{\partial\theta_k}\frac{\partial\boldsymbol{g}_k}{\partial\theta_k}=\left(\frac{2\pi}{\lambda}\right)^2\left(\sum_{n=1}^{N}\sum_{m=1}^{M}u_{\mathrm{T}k}^{m}u_{\mathrm{R}k}^{n}[-\sin\theta_k,\cos\theta_k]\Delta\boldsymbol{b}_{nm}(\Delta\boldsymbol{b}_{nm})^{\mathrm{T}}[-\sin\theta_k,\cos\theta_k]^{\mathrm{T}}\right) \tag{C-10}$$

式中：

$$\Delta\boldsymbol{b}_{nm}=\boldsymbol{b}_{\mathrm{r}n}+\boldsymbol{b}_{\mathrm{t}m} \tag{C-11}$$

从而，式(C-9)改写为

$$(\boldsymbol{R}_{\mathrm{I}k}^{-1})_{22}=\frac{2|\alpha_k|^2L}{\sigma_v^2}\left(\frac{2\pi}{\lambda}\right)^2\left(\sum_{n=1}^{N}\sum_{m=1}^{M}u_{\mathrm{T}k}^{m}u_{\mathrm{R}k}^{n}[-\sin\theta_k,\cos\theta_k]\Delta\boldsymbol{b}_{nm}(\Delta\boldsymbol{b}_{nm})^{\mathrm{T}}[-\sin\theta_k,\cos\theta_k]^{\mathrm{T}}\right) \tag{C-12}$$

此外，当 $p=1,q=1$ 时，易得

$$(\boldsymbol{R}_{\mathrm{I}k}^{-1})_{11}=\frac{8|\alpha_k|^2\pi^2T_{\mathrm{p}}^2MN}{\sigma_v^2\lambda^2}\frac{(L-1)L(2L-1)}{6} \tag{C-13}$$

以及 $p=1,q=2$ 或 $p=2,q=1$ 时，

$$(\boldsymbol{R}_{\mathrm{I}k}^{-1})_{12}=(\boldsymbol{R}_{\mathrm{I}k}^{-1})_{21}=\frac{4|\alpha_k|^2\pi^2T_{\mathrm{p}}L(L-1)}{\sigma_v^2\lambda}\left(\sum_{n=1}^{N}\sum_{m=1}^{M}u_{\mathrm{T}k}^{m}u_{\mathrm{R}k}^{n}[-\sin\theta_k,\cos\theta_k]\Delta\boldsymbol{b}_{nm}\right) \tag{C-14}$$

在 Swerling Ⅱ模型中，各脉冲间的目标 RCS 相互独立。与之类似，在发射信号为确定性信号的条件下，将脉冲间不相关的信号模型称为Ⅱ型目标。结合式(4.6)和式(4.12)，可得量测矢量的表达式：

$$\boldsymbol{r}_k=\boldsymbol{G}_k\boldsymbol{C}_{\mathrm{II}k}\boldsymbol{\alpha}_k+\boldsymbol{v}_k \tag{C-15}$$

式中：

$$\boldsymbol{C}_{\mathrm{II}k}=\mathrm{diag}\{1,\mathrm{e}^{-\mathrm{j}2\pi\nu_kT_{\mathrm{p}}},\cdots,\mathrm{e}^{-\mathrm{j}2\pi\nu_k(L-1)T_{\mathrm{p}}}\} \tag{C-16}$$

$$\boldsymbol{\alpha}_k=[\alpha_{k,1},\alpha_{k,2},\cdots,\alpha_{k,L}]^{\mathrm{T}} \tag{C-17}$$

则量测矢量的条件 PDF 为

$$p(\boldsymbol{r}_k|\boldsymbol{\xi}_k)=\frac{1}{\pi^{MNL}\sigma_{\boldsymbol{v}}^{2MNL}}\exp\left[-\frac{\|\boldsymbol{r}_k-\boldsymbol{G}_k\boldsymbol{C}_{\mathrm{II}k}\boldsymbol{\alpha}_k\|^2}{\sigma_{\boldsymbol{v}}^2}\right] \tag{C-18}$$

因此，可计算出 $\boldsymbol{R}_k^{-1}$ 中的第$[p,q]$个元素

$$(\boldsymbol{R}_{\mathrm{II}k}^{-1})_{pq}=\frac{2}{\sigma_{\boldsymbol{v}}^2}\mathrm{Re}\left(\frac{\partial\boldsymbol{\mu}_{\mathrm{II}k}^{\mathrm{H}}}{\partial\,(\boldsymbol{\xi}_k)_p}\frac{\partial\boldsymbol{\mu}_{\mathrm{II}k}}{\partial\,(\boldsymbol{\xi}_k^{\mathrm{T}})_q}\right) \tag{C-19}$$

当 $p=2,q=2$ 时，

$$\begin{aligned}(\boldsymbol{R}_{\mathrm{II}k}^{-1})_{22}=&\frac{2}{\sigma_{\boldsymbol{v}}^2}\left(\sum_{l=1}^{L}\alpha_{k,l}^{*}\alpha_{k,l}\right)\left(\frac{2\pi}{\lambda}\right)^2\left(\sum_{n=1}^{N}\sum_{m=1}^{M}u_{\mathrm{T}k}^{m}u_{\mathrm{R}k}^{n}[-\sin\theta_k,\cos\theta_k]\Delta\boldsymbol{b}_{nm}(\Delta\boldsymbol{b}_{nm})^{\mathrm{T}}\right.\\&\left.[-\sin\theta_k,\cos\theta_k]^{\mathrm{T}}\right)\end{aligned} \tag{C-20}$$

同时，易得 $p=1,q=1$ 时 $\boldsymbol{R}_k^{-1}$ 的表达式：

$$(\boldsymbol{R}_{\mathrm{II}k}^{-1})_{11}=\frac{8\pi^2T_{\mathrm{p}}^2}{\sigma_{\boldsymbol{v}}^2}\sum_{n=1}^{N}\sum_{m=1}^{M}\left(\sum_{l=1}^{L}\alpha_{k,l}^{*}\alpha_{k,l}(l-1)^2\right) \tag{C-21}$$

和 $p=1,q=2$ 或 $p=2,q=1$ 时 $\boldsymbol{R}_k^{-1}$ 的表达式：

$$(\boldsymbol{R}_{\mathrm{II}k}^{-1})_{12}=(\boldsymbol{R}_{\mathrm{II}k}^{-1})_{21}=\frac{8\pi^2T_{\mathrm{p}}}{\lambda\sigma_{\boldsymbol{v}}^2}\left(\sum_{n=1}^{N}\sum_{m=1}^{M}u_{\mathrm{T}k}^{m}u_{\mathrm{R}k}^{n}[-\sin\theta_k,\cos\theta_k]\Delta\boldsymbol{b}_{nm}\right)\left(\sum_{l=1}^{L}\alpha_{k,l}^{*}\alpha_{k,l}(l-1)\right) \tag{C-22}$$

从式(C-12)和式(C-20)中可以看出，目标的跟踪性能与天线的选取密切相关。

# 附录 D

# 4.4.1 节中引理 1 的证明

假设在第 $k-1$ 次跟踪间隔内，对目标 $q$ 的 PCRLB 为 $\boldsymbol{J}^{-1}(\boldsymbol{x}_{k-1}^{q})$，则第 $k$ 次跟踪间隔的先验信息 FIM 的逆矩阵为

$$\boldsymbol{J}_{\mathrm{P}}^{-1}(\boldsymbol{x}_{k}^{q})=\boldsymbol{F}_{q}\boldsymbol{J}^{-1}(\boldsymbol{x}_{k-1}^{q})\boldsymbol{F}_{q}^{\mathrm{T}}+\boldsymbol{Q}_{q} \tag{D-1}$$

显然，若初始 $\boldsymbol{J}^{-1}(\boldsymbol{x}_{0}^{q})\in\mathbb{S}_{++}$，则总有 $\boldsymbol{J}_{\mathrm{P}}^{-1}(\boldsymbol{x}_{k}^{q})\in\mathbb{S}_{++}$ 成立。其中，$\mathbb{S}_{++}$ 代表对称正定矩阵。且对于任意 $P_{\mathrm{T}k}^{q}\neq0,\boldsymbol{\lambda}_{k}^{q}\neq\boldsymbol{0}$，有 $\boldsymbol{R}_{k}^{q}(P_{\mathrm{T}k}^{q},\boldsymbol{\lambda}_{k}^{q})\in\mathbb{S}_{++}$ 成立；结合式(4.87)，易得

$$\mathrm{tr}_{\mathrm{pos}}(\boldsymbol{J}^{-1}(\boldsymbol{x}_{k}^{q},P_{\mathrm{T}k}^{q},\boldsymbol{\lambda}_{k}^{q}))<\mathrm{tr}_{\mathrm{pos}}(\boldsymbol{J}_{\mathrm{P}}^{-1}(\boldsymbol{x}_{k}^{q})) \tag{D-2}$$

为求解 $\boldsymbol{u}_{k}^{m_k}$，首先对每批目标的 $\boldsymbol{J}_{\mathrm{P}}^{-1}(\boldsymbol{x}_{k}^{q})$ 进行降序排列：

$$[\boldsymbol{C}_{k|k-1}^{\mathrm{order}},\mathbf{IX}]=\mathrm{sort}\{\mathrm{tr}_{\mathrm{pos}}(\boldsymbol{J}_{\mathrm{P}}^{-1}(\boldsymbol{x}_{k}^{1})),\mathrm{tr}_{\mathrm{pos}}(\boldsymbol{J}_{\mathrm{P}}^{-1}(\boldsymbol{x}_{k}^{2})),\cdots,\mathrm{tr}_{\mathrm{pos}}(\boldsymbol{J}_{\mathrm{P}}^{-1}(\boldsymbol{x}_{k}^{Q}))\} \tag{D-3}$$

式中：$\mathbf{IX}$ 为 $\boldsymbol{C}_{k|k-1}^{\mathrm{order}}$ 的排序矢量。

然后，利用数学归纳法证明，对于给定的 $m_k$，$\boldsymbol{u}_{k,\mathrm{opt}}^{m_k}$ 可通过式(D-4)被唯一确定：

$$\boldsymbol{u}_{k,\mathrm{opt}}^{m_k}(i)=\begin{cases}1, & i\in\mathbf{IX}(1:m_k)\\0, & \text{其他}\end{cases} \tag{D-4}$$

第一步：证明 $m_k=1$ 时命题成立。

当 $m_k=1$ 时，所有可行波束分配方案可枚举为：$[\boldsymbol{u}_{k,\mathbf{IX}(1)}^{1},\boldsymbol{u}_{k,\mathbf{IX}(2)}^{1},\cdots,\boldsymbol{u}_{k,\mathbf{IX}(Q)}^{1}]$。其中，$\boldsymbol{u}_{k,q}^{1}$ 代表仅用一个波束指向目标 $q$。此时，目标函数为

$$\mathbb{F}(\boldsymbol{u}_{k,q}^{1},\boldsymbol{P}_{\mathrm{t}k,q}^{1},\boldsymbol{\lambda}_{k,q}^{1})=$$

$$\begin{cases}\boldsymbol{C}_{k|k-1}^{\mathrm{order}}(1), & q\in\mathbf{IX}(2:Q)\\ \max\{\boldsymbol{C}_{k|k-1}^{\mathrm{order}}(2),\mathrm{tr}_{\mathrm{pos}}([\boldsymbol{J}_{\mathrm{P}}(\boldsymbol{x}_{k}^{q})+(\hat{\boldsymbol{H}}_{k}^{q})^{\mathrm{T}}(\hat{\boldsymbol{R}}_{k}^{q}(\boldsymbol{P}_{\mathrm{T}k,q}^{1},\boldsymbol{\lambda}_{k,q}^{1}))^{-1}\hat{\boldsymbol{H}}_{k}^{q}]^{-1})\}, & q=\mathbf{IX}(1)\end{cases} \tag{D-5}$$

式中：$\boldsymbol{P}_{\mathrm{T}k,q}^{1}$表示在 $m_k=1$ 的条件下，第 $k$ 次跟踪间隔功率分配矢量中的第 $q$ 个元素，且 $\boldsymbol{P}_{\mathrm{T}k,q}^{1}\neq 0$。与式(D-2)类似，当 $q=\mathbf{IX}(1)$ 时，对于任意 $\boldsymbol{P}_{\mathrm{T}k,q}^{1}\neq 0$ 和 $\boldsymbol{\lambda}_{k,q}^{1}\neq 0$，有

$$\boldsymbol{C}_{k|k-1}^{\mathrm{order}}(1)>\mathrm{tr}_{\mathrm{pos}}([\boldsymbol{J}_{\mathrm{P}}(\boldsymbol{x}_k^q)+(\hat{\boldsymbol{H}}_k^q)^{\mathrm{T}}(\hat{\boldsymbol{R}}_k^q(\boldsymbol{P}_{\mathrm{T}k,q}^{1},\boldsymbol{\lambda}_{k,q}^{1}))^{-1}\hat{\boldsymbol{H}}_k^q]^{-1}) \tag{D-6}$$

和 $\boldsymbol{C}_{k|k-1}^{\mathrm{order}}(1)\geqslant\boldsymbol{C}_{k|k-1}^{\mathrm{order}}(2)$ 成立。因此，为使式(D-5)最小，最优波束分配结果必须为 $\boldsymbol{u}_{k,\mathrm{opt}}^{1}=\boldsymbol{e}_{\mathbf{IX}(1)}^{Q}$。$\boldsymbol{e}_{\mathbf{IX}(1)}^{Q}$ 为包含 $Q$ 个元素的单位矢量且第 $\mathbf{IX}(1)$ 个元素为 1。

至此，$m_k=1$ 时命题成立。

第二步：当 $m_k=L$ 成立时，证明命题在 $m_k=L+1$ 时依旧成立。

当 $m_k=L$ 成立时，有

$$\boldsymbol{u}_{k,\mathrm{opt}}^{L}(i)=\begin{cases}1, & i\in\mathbf{IX}(1:L)\\ 0, & 其他\end{cases} \tag{D-7}$$

此时，当 $m_k=L+1$ 时，可行波束指向可枚举为：$[\boldsymbol{u}_{k,\mathbf{IX}(L+1)}^{L+1},\boldsymbol{u}_{k,\mathbf{IX}(L+2)}^{L+1},\cdots,\boldsymbol{u}_{k,\mathbf{IX}(Q)}^{L+1}]$。其中，$\boldsymbol{u}_{k,q}^{L+1}$定义为

$$\boldsymbol{u}_{k,q}^{L+1}(i)=\begin{cases}1, & i\in\mathbf{IX}(1:L)\ \|\ i=q\\ 0, & 其他\end{cases} \tag{D-8}$$

因此，目标函数可写为

$$\mathbb{F}(\boldsymbol{u}_{k,q}^{L+1},\boldsymbol{P}_{\mathrm{t}k,q}^{L+1},\boldsymbol{\lambda}_{k,q}^{L+1})=$$
$$\begin{cases}\max\{\boldsymbol{C}_{k|k-1}^{\mathrm{order}}(L+1),c_L\}, & q\in\mathbf{IX}(L+2:Q)\\ \max\{\boldsymbol{C}_{k|k-1}^{\mathrm{order}}(L+2),\mathrm{tr}_{\mathrm{pos}}([\boldsymbol{J}_{\mathrm{P}}(\boldsymbol{x}_k^q)+(\hat{\boldsymbol{H}}_k^q)^{\mathrm{T}}(\hat{\boldsymbol{R}}_k^q(\boldsymbol{P}_{\mathrm{T}k,q}^{L+1},\boldsymbol{\lambda}_{k,q}^{L+1}))^{-1}\hat{\boldsymbol{H}}_k^q]^{-1}),c_L\}, & q=\mathbf{IX}(L+1)\end{cases} \tag{D-9}$$

式中：$\boldsymbol{P}_{\mathrm{T}k,q}^{L+1}$和$\boldsymbol{\lambda}_{k,q}^{L+1}$分别满足 $\boldsymbol{P}_{\mathrm{T}k,q}^{L+1}>P_{\mathrm{Tmin}}$ 和 $\boldsymbol{\lambda}_{\min}^{q}\leqslant\boldsymbol{\lambda}_{k,q}^{L+1}\leqslant\boldsymbol{\lambda}_{\max}^{q}$。$c_L$为

$$c_L=\max_{l\in\mathbf{IX}(1:L)}\{\mathrm{tr}_{\mathrm{pos}}([\boldsymbol{J}_{\mathrm{P}}(\boldsymbol{x}_k^l)+(\hat{\boldsymbol{H}}_k^l)^{\mathrm{T}}(\hat{\boldsymbol{R}}_k^l(\boldsymbol{P}_{\mathrm{T}k,l}^{L+1},\boldsymbol{\lambda}_{k,l}^{1}))^{-1}\hat{\boldsymbol{H}}_k^l]^{-1})\} \tag{D-10}$$

与之前类似，对于 $q=\mathbf{IX}(L+1)$，有

$$\boldsymbol{C}_{k|k-1}^{\mathrm{order}}(L+1)>\mathrm{tr}_{\mathrm{pos}}([\boldsymbol{J}_{\mathrm{P}}(\boldsymbol{x}_k^q)+(\hat{\boldsymbol{H}}_k^q)^{\mathrm{T}}(\hat{\boldsymbol{R}}_k^q(\boldsymbol{P}_{\mathrm{T}k,q}^{L+1},\boldsymbol{\lambda}_{k,q}^{L+1}))^{-1}\hat{\boldsymbol{H}}_k^q]^{-1}) \tag{D-11}$$

和 $\boldsymbol{C}_{k|k-1}^{\mathrm{order}}(L+1)\geqslant\boldsymbol{C}_{k|k-1}^{\mathrm{order}}(L+2)$。从而，为最小化目标函数，最优解必须为

$$\boldsymbol{u}_{k,\mathrm{opt}}^{L+1}(i)=\begin{cases}1, & i\in\mathbf{IX}(1:L+1)\\ 0, & 其他\end{cases} \tag{D-12}$$

至此，证明 $m_k=L+1$ 时命题仍然成立。证毕。

# 附录 E

# 4.4.1 节中引理 2 的证明

对于确定的波束指向 $\boldsymbol{u}_{k,\text{opt}}^{m_k}$ 和任意的波形分配 $\boldsymbol{\lambda}_k^{m_k}$，预测的 BIM 可写为仅关于功率分配的形式：

$$\hat{\boldsymbol{J}}(\boldsymbol{x}_k^q,\boldsymbol{\lambda}_k^q)=[\boldsymbol{Q}_q+\boldsymbol{F}_q\boldsymbol{J}^{-1}(\boldsymbol{x}_{k-1}^q)\boldsymbol{F}_q^{\text{T}}]^{-1}+(\hat{\boldsymbol{H}}_k^q)^{\text{T}}(\hat{\boldsymbol{R}}_k^q(P_{\text{T}k}^q))^{-1}\hat{\boldsymbol{H}}_k^q \tag{E-1}$$

此时，式(4.94)可写为

$$\begin{aligned}&\min_{q\in\mathbf{IX}(1:m_k)}\{\text{tr}_{\text{pos}}[\hat{\boldsymbol{J}}^{-1}(\boldsymbol{x}_k^q,\boldsymbol{P}_{\text{T}k})]\}\\&\text{s.t.}\ \boldsymbol{1}_Q^{\text{T}}\boldsymbol{P}_{\text{T}k}=P_{\text{total}}\\&\qquad P_{\text{T}k}^q\geqslant P_{\text{Tmin}}\end{aligned} \tag{E-2}$$

式(E-2)中的约束条件为线性约束，即凸约束；目标函数可写为

$$\begin{aligned}\boldsymbol{B}_q&=\text{tr}_{\text{pos}}([\boldsymbol{J}_{\text{P}}(\boldsymbol{x}_k^q)+(\hat{\boldsymbol{H}}_k^q)^{\text{T}}(\hat{\boldsymbol{R}}_k^q(P_{\text{T}k}^q))^{-1}\hat{\boldsymbol{H}}_k^q]^{-1})\\&=\text{tr}_{\text{pos}}\left(\left[\boldsymbol{J}_{\text{P}}(\boldsymbol{x}_k^q)+\sum_{i=1}^{n_z}P_{\text{T}k}^q a_{ii}\boldsymbol{b}_i^{\text{T}}\boldsymbol{b}_i\right]^{-1}\right)\end{aligned} \tag{E-3}$$

式中：$\boldsymbol{b}_i$ 表示 $\hat{\boldsymbol{H}}_k^q$ 的第 $i$ 行；$n_z=3$ 为量测维数；$a_{ii}$ 为矩阵 $(\hat{\boldsymbol{R}}_k^q(P_{\text{T}k}^q))^{-1}$ 的第 $i$ 个对角元素。由文献[134]可知，若矩阵 $\boldsymbol{A}\in\mathbb{S}_{++}$，则 $\text{tr}(\boldsymbol{A}^{-1})$ 为凸函数；而 $\boldsymbol{B}_q$ 可以看作 $\text{tr}(\boldsymbol{A}^{-1})$ 经过仿射变换

$$\boldsymbol{A}\rightarrow\boldsymbol{J}_{\text{P}}(\boldsymbol{x}_k^q)+\sum_{i=1}^{n_z}P_{\text{T}k}^q a_{ii}\boldsymbol{b}_i^{\text{T}}\boldsymbol{b}_i \tag{E-4}$$

得到的。因此，$\boldsymbol{B}_q$ 为关于 $P_{\text{T}k}^q$ 的凸函数；$\min_{q\in\mathbf{IX}(1:m_k)}\{\boldsymbol{B}_q\}$ 也为凸函数。则式(E-2)为凸优化模型。证毕。

# 附录 F

# 4.4.1 节中引理 3 的证明

对于确定的波束指向 $\boldsymbol{u}_{k,\mathrm{opt}}^{m_k}$ 和任意的功率分配 $\boldsymbol{P}_{\mathrm{T}k}^{m_k}$，预测的 BIM 可写为仅关于波形参数的形式：

$$\hat{\boldsymbol{J}}(\boldsymbol{x}_k^q,\boldsymbol{\lambda}_k^q)=[\boldsymbol{Q}_q+\boldsymbol{F}_q\boldsymbol{J}^{-1}(\boldsymbol{x}_{k-1}^q)\boldsymbol{F}_q^{\mathrm{T}}]^{-1}+(\hat{\boldsymbol{H}}_k^q)^{\mathrm{T}}(\hat{\boldsymbol{R}}_k^q(\boldsymbol{\lambda}_k^q))^{-1}\hat{\boldsymbol{H}}_k^q \quad (\mathrm{F}-1)$$

此时，式(4.94)可写为

$$\min_{q\in\mathbf{IX}(1:m_k)}\{\mathrm{tr}_{\mathrm{pos}}[\hat{\boldsymbol{J}}^{-1}(\boldsymbol{x}_k^q,\boldsymbol{\lambda}_k^q)]\}$$
$$\mathrm{s.t.}\ \boldsymbol{\lambda}_{\min}^q\leqslant\boldsymbol{\lambda}_k^q\leqslant\boldsymbol{\lambda}_{\max}^q \quad (\mathrm{F}-2)$$

显然，式(F－2)可以分解为 $m_k$ 个仅包含变量 $\boldsymbol{\lambda}_k^q$ 的优化问题，一维搜索算法，如黄金分割法或网格搜索即可求解。证毕。

# 附录 G

# 式(4.135)模型为凸优化模型的证明

首先,式(4.135)中的约束为线性约束,即为凸约束,要证明优化模型的凸性,仅需要证明目标函数为凸即可。将目标函数重写为

$$\mathbb{F}(\boldsymbol{P}_k)=\max_{q\in Q}\{\mathrm{tr}_{\mathrm{pos}}[\boldsymbol{J}^{-1}(\boldsymbol{x}_{q,k}\mid \boldsymbol{z}_{q,k-1},P_{q,k})]\} \tag{G-1}$$

根据 4.5.2 节的推导,PC-BIM 可写为

$$\boldsymbol{J}(\boldsymbol{\xi}_{q,k}\mid z_{q,k-1},P_{q,k})=\underbrace{\{\mathbb{E}_{\boldsymbol{\xi}_{q,k}|z_{q,k-1}}[(\boldsymbol{\xi}_{q,k}-\bar{\boldsymbol{\xi}}_{q,k})(\boldsymbol{\xi}_{q,k}-\bar{\boldsymbol{\xi}}_{q,k})^{\mathrm{T}}]\}^{-1}}_{\boldsymbol{J}_{\mathrm{P}}(\boldsymbol{\xi}_{q,k}|z_{q,k-1})}+\underbrace{\mathbb{E}_{\boldsymbol{\xi}_{q,k}}[\hat{\boldsymbol{H}}_{q,k}^{\mathrm{T}}\hat{\boldsymbol{R}}_{q,k}^{-1}\hat{\boldsymbol{H}}_{q,k}]}_{\boldsymbol{J}_{\mathrm{D}}(\boldsymbol{\xi}_{q,k}|z_{q,k-1})} \tag{G-2}$$

为方便下文推导,将式(G-2)简写为

$$\boldsymbol{J}(\boldsymbol{\xi}_{q,k}\mid \boldsymbol{z}_{q,k-1},P_{q,k})=\boldsymbol{U}_{q,k}+P_{q,k}\boldsymbol{V}_{q,k} \tag{G-3}$$

式中:$\boldsymbol{U}_{q,k}$对应 PC-BIM 的先验信息部分;$P_{q,k}\boldsymbol{V}_{q,k}$对应 PC-BIM 的数据部分。为表示清楚,将 $P_{q,k}$从 $\hat{\boldsymbol{R}}_{q,k}$中提取出来,$\boldsymbol{V}_{q,k}$表示提取后余下的部分。在初始 PC-BIM 为半正定对称矩阵的前提下,很容易证明,PC-BIM 的先验信息和数据部分均为半正定对称矩阵,即 $\boldsymbol{U}_{q,k}$和 $\boldsymbol{V}_{q,k}$均为半正定对称矩阵。

然后,令$\mathbb{F}(\boldsymbol{P}_k)=\max_{q\in Q}\{g(P_{q,k})\}$,$g(P_{q,k})$表示以 $P_{q,k}$为变量的函数,则

$$\begin{aligned}
g(P_{q,k}) &= \mathrm{tr}_{\mathrm{pos}}[\boldsymbol{J}^{-1}(\boldsymbol{x}_{q,k}\mid \boldsymbol{z}_{q,k-1},P_{q,k})]\\
&= \mathrm{tr}_{\mathrm{pos}}[(\boldsymbol{U}_{q,k}+P_{q,k}\boldsymbol{V}_{q,k})^{-1}]\\
&= \mathrm{tr}_{\mathrm{pos}}[\boldsymbol{U}_{q,k}^{-\frac{1}{2}}(\boldsymbol{I}+P_{q,k}\boldsymbol{U}_{q,k}^{-\frac{1}{2}}\boldsymbol{V}_{q,k}\boldsymbol{U}_{q,k}^{-\frac{1}{2}})^{-1}\boldsymbol{U}_{q,k}^{-\frac{1}{2}}]\\
&= \mathrm{tr}_{\mathrm{pos}}[\boldsymbol{U}_{q,k}^{-\frac{1}{2}}\boldsymbol{W}(\boldsymbol{I}+P_{q,k}\boldsymbol{\Pi})^{-1}\boldsymbol{W}^{\mathrm{T}}\boldsymbol{U}_{q,k}^{-\frac{1}{2}}]\\
&= \mathrm{tr}_{\mathrm{pos}}[\boldsymbol{W}^{\mathrm{T}}\boldsymbol{U}_{q,k}^{-\frac{1}{2}}\boldsymbol{U}_{q,k}^{-\frac{1}{2}}\boldsymbol{W}(\boldsymbol{I}+P_{q,k}\boldsymbol{\Pi})^{-1}]\\
&= \sum_{m=1}^{n_{\mathrm{d}}}(\boldsymbol{W}^{\mathrm{T}}\boldsymbol{U}_{q,k}^{-\frac{1}{2}}\boldsymbol{U}_{q,k}^{-\frac{1}{2}}\boldsymbol{W})_{mm}(1+P_{q,k}\pi_m)^{-1}
\end{aligned}$$

$$= \sum_{m=1}^{n_\mathrm{d}} W_m \left(1 + P_{q,k}\pi_m\right)^{-1} \tag{G-4}$$

式(G-4)中用到了奇异值分解公式 $\boldsymbol{U}_{q,k}^{-\frac{1}{2}}\boldsymbol{V}_k^q\boldsymbol{U}_{q,k}^{-\frac{1}{2}} = \boldsymbol{W\Pi W}^\mathrm{T}$,$\boldsymbol{W}$ 为正交矩阵;$\boldsymbol{\Pi} = \mathrm{blkdiag}(\pi_1,\cdots,\pi_m,\cdots,\pi_{n_\mathrm{d}})$;$(\boldsymbol{A})_{mm}$代表对称矩阵 $\boldsymbol{A}$ 中的第 $m$ 个对角元素。由式(G-4)可得,$g(P_{q,k})$最终可表达为凸函数$(1+P_{q,k}\pi_m)^{-1}$加权求和的形式。由此可知,式(4.135)中的目标函数为凸函数,则式(4.135)为凸优化模型。

# 附录 H

## 4.5.3 节中引理 1 的证明

由于式(4.138)中的最优化模型由式(4.137)中最优化模型松弛约束所得，所以式(4.138)的最优解 $D_{k,\mathrm{opt}}$ 必然大于等于式(4.137)的最优解 $D_k$。证毕。

# 附录

## 4.5.3 节中引理 2 的证明

由于 $D_k \leqslant \min_{q\in Q}\{\mathrm{fun}_q(P_{\min})\}$，则有对于 $\forall q=1,2,\cdots,Q$，$\mathrm{fun}_q^{-1}(D_k)\geqslant P_{\min}$ 成立，即 $P_{q,k}\geqslant P_{\min}$。与之类似，由于 $D_k\geqslant \max_{q\in Q}\{\mathrm{fun}_q(P_{\max})\}$，则有对于 $\forall q=1,2,\cdots,Q$，$\mathrm{fun}_q^{-1}(D_k)\leqslant P_{\max}$ 成立，即 $P_{q,k}^{*}\leqslant P_{\max}$。两个约束条件表明，$\mathrm{fun}_q(P_{q,k}^{*})=D_k$ 所得的 $D_k$ 为极大极小值。结合引理 1 中的 $D_{k,\mathrm{opt}}\geqslant D_k$，$\boldsymbol{P}_k^{*}$ 即为最优解。证毕。

# 附录 J

## 4.5.3 节中引理 3 的证明

假设 $\boldsymbol{p}_k^* = [p_{1,k}^*, \cdots, p_{Q,k}^*]^{\mathrm{T}}$ 为满足 $P_{\min} < p_{q,k}^* \leqslant P_{\max}$ 的一个最优解。若令 $p_{q,k}^* = P_{\min}$，则有 $\mathrm{fun}_q(P_{\min}) < D_k$。此外，根据引理 1 中的 $D_k \leqslant D_{k,\mathrm{opt}}$，即意味着令 $p_{q,k} = P_{\min}$ 不改变目标函数值。

引理 3 中第二部分的证明主要来自于优化模型的上限约束。由于 $\mathrm{fun}_q^{-1}(\cdot)$ 为单调减函数，当 $D_k < \mathrm{fun}_q(P_{\max})$ 时，有 $P_{\max} < \mathrm{fun}_q^{-1}(D_k)$。考虑到解集必须位于 $(P_{\min}, P_{\max})$ 区间内，所以必有 $P_{q,k,\mathrm{opt}} = P_{\max}$。证毕。

# 参考文献

[1]HAIMOVICH A M,BLUM R S,CIMINI L J. MIMO radar with widely separated antennas[J]. IEEE Signal Processing Magazine,2008,25(1):116-129.

[2]STOICA P,LI J. MIMO radar with colocated antennas[J]. IEEE Signal Processing Magazine,2007,24(5):106-114.

[3]FISHLER E,HAIMOVICH A M,BLUM R S. Spatial diversity in radars - models and detection performance [J]. IEEE Transactions Signal Processing,2006,54(3):823-838.

[4]HE Q,BLUM R S. Cramer - Rao bound for MIMO radar target localization with phase errors[J]. IEEE Signal Processing Letters,2010,17(1):83-86.

[5]GOGINENI S,NEHORAI A. Polarimetric MIMO radar with distributed antennas for target detection[J]. IEEE Transactions Signal Processing,2010,58(3):1689-1697.

[6]CHEN D,CHEN B,QIN G. Angle estimation using esprit in MIMO radar[J]. Electronic Letters,2008,44(12):770-771.

[7]LI L,STOICA P,XU L. On parameter identifiability of MIMO radar[J]. IEEE Signal Processing Letters,2007,14(12):968-971.

[8]LI L,STOICA P,XIE Y. On probing signal design for MIMO radar[J]. IEEE Transactions Signal Processing,2007,55(8):4151-4161.

[9]FUHRMANN D,ANTONIO G. Transmit beamforming for MIMO radar systems using signal cross - correlation [J]. IEEE Transactions Aerospace Electronic Systems,2008,44(1):171-186.

[10]卢建斌. 相控阵雷达资源优化管理的理论与方法 [D]. 长沙:国防科学技术大学,2007.

[11]杨益川. 网络化雷达资源管理算法研究[D]. 成都:电子科技大学,2018.

[12]HAYKIN S. Cognitive radar: a way of the future[J]. IEEE Signal Processing Magazine,2006,23(1):30-40.

[13]HAYKIN S,XUE Y,SETOODEH P. Cognitive radar:step toward bridging the gap between neuroscience and

engineering[J]. Proceedings of the IEEE,2012,100(1):3102 - 3130.

[14]HAYKIN S,ZIA A,XUE Y,et al. Control theoretic approach to tracking radar:first step towards cognition [J]. Digital Signal Processing,2011,21(6):576 - 585.

[15]金林. 智能化认知雷达综述[J]. 现代雷达,2013,35(11):6 - 11.

[16]黎湘,范梅梅. 认知雷达及其关键技术研究进展[J]. 电子学报,2019,40(9):1863 - 1870.

[17]GUERCI J R. Cognitive radar:a knowledge,aided fully adaptive approach[C]//Proceedings of the IEEE Radar Conference,May 10 - 14,2010. Piscataway:IEEE Press,2010.

[18]GUERCI J R. Cognitive radar:the knowledge - aided fully adaptive approach[M]. Boston/London:Artech House,2010.

[19]BAKER C J. Intelligence and radar systems[C]//Proceedings of the IEEE Radar Conference,May 10 - 14, 2010. Piscataway:IEEE Press,2010.

[20]WICKS M. Spectrum crowding and cognitive radar[C]//Proceedings of the 2nd International Workshop on Cognitive Information Processing,June 14 - 16,2010. Piscataway:IEEE Press,2010.

[21]黄培康. 遥感目标的特征提取与反演[R]. 长沙:国防科学技术大学,2011.

[22]YAN J,JIAO H,PU W,et al. Radar sensor network resource allocation for fused target tracking:a brief review[J]. Information Fusion,2022,86 - 87:104 - 115.

[23]GODRICH H,PETROPULU A P,POOR H V. Power allocation schemes for target localization in widely distributed MIMO radar systems[C]//Proceedings of the 2010 Military Communications Conference,October 31 - November 03,2010. Piscataway:IEEE Press,2010.

[24]GODRICH H,PETROPULU A P,POOR H V. Power allocation strategies for target localization in distributed multiple - radar architecture[J]. IEEE Transactions Signal Processing,2011,59(7):3226 - 3240.

[25]GODRICH H,HAIMOVICH A M,BLUM R S. Cramer - Rao bound on target localization estimation in MIMO radar systems [C]//Proceedings of IEEE 2008 42nd Annual Conference on Information Sciences and Systems,March 19 - 21,2008. Piscataway:IEEE Press,2008.

[26]GODRICH H,HAIMOVICH A M,BLUM R S. Target localization accuracy gain in MIMO radar - based systems[J]. IEEE Transactions Inf. Theory,2010,56(6):2783 - 2803.

[27] GARCIA N, COULON M, LOPS M, et al. Resource allocation in radar networks for non - coherent localization[C]//Proceedings of the IET International Conference on Radar Systems, Octorber 22 - 25, 2012. Piscataway:IEEE Press,2012.

[28]GARCIA N,HAIMOVICH A M,COULON M,et al. Resource allocation in MIMO radar with multiple targets for non - coherent localization[J]. IEEE Transactions Signal Processing,2014,62(10):2656 - 2666.

[29]MA Y,CHEN S,XING C,et al. Decomposition optimization algorithms for distributed radar systems[J]. IEEE Transactions on Signal Processing,2016,64(24):6443 - 6458.

[30]GODRICH H,PETROPULU A,POOR H V. Resource allocation schemes for target localization in distributed multiple radar architectures[C]//Proceedings of the 2010 European Signal Processing Conference,August 23 - 27,2010. EUSIPCO Press,2010.

[31]GODRICH H,PETROPULU A,POOR H V. A combinatorial optimization framework for subset selection in distributed multiple - radar architectures[C]//Proceedings of the 2011 IEEE International Conference on Acoustics,Speech & Signal Processing,May 22 - 27,2011. Piscataway:IEEE Press,2011.

[32]GODRICH H,PETROPULU A P,POOR H V. Sensor selection in distributed multiple – radar architectures for localization:a knapsack problem formulation[J]. IEEE Transactions Signal Processing,2012,60(1):247 – 260.

[33]JAMALI – RAD H,SIMONETTO A,LEUS G. Sparsity – Aware sensor selection:centralized and distributed algorithms[J]. IEEE Signal Processing Letters,2014,21(2):217 – 220.

[34]孙扬,郑娜娥,李玉翔,等. 目标定位的分布式 MIMO 雷达资源分配算法[J]. 系统工程与电子技术,2017,39(2):304 – 309.

[35]HE Q,BLUM R S,GODRICH H,et al. Target velocity estimation and antenna placement for MIMO radar with widely separated antennas[J]. IEEE Journal of Selected Topics in Signal Processing,2010,4(1):79 – 100.

[36]HE Q,BLUM R S,GODRICH H,et al. Cramer – Rao bound for target velocity estimation in MIMO Radar with Widely Separated Antennas[C]//Proceedings of the IEEE 2008 42nd Annual Conference on Information Sciences and Systems,March 17 – 19,2008. Piscataway:IEEE Press,2008.

[37]WEI C,HE Q,BLUM R S. Cramer – Rao bound for joint location and velocity estimation in multi – target non – coherent MIMO radars[C]//Proceedings of the IEEE 2010 44th Annual Conference on Information Sciences and Systems,March 19 – 21,2010. Piscataway:IEEE Press,2010.

[38]HE Q,BLUM R S,HAIMOVICH A M. Noncoherent MIMO radar for location and velocity estimation:more antennas means better performance[J]. IEEE Transactions Signal Processing,2010,58(7):3661 – 3680.

[39]胡捍英,孙扬,郑娜娥. 多目标速度估计的分布式 MIMO 雷达资源分配算法[J]. 电子与信息学报,2016,38(10):2453 – 2460.

[40]GODRICH H,HAIMOVICH A M,BLUM R S. A MIMO radar system approach to target tracking[C]//Proceedings of the IEEE 2009 Conference Record of the 43rd Asilomar Conference on Signals,Systems and Computers,November 1 – 4,2009. Piscataway:IEEE Press,2009.

[41]GODRICH H,CHIRIAC V,HAIMOVICH A. Target tracking in MIMO radar systems:techniques and performance analysis[C]//Proceedings of the 2010 IEEE Radar Conference,May 10 – 14,2010. Piscataway:IEEE Press,2010.

[42]TICHAVSKY P,MURAVCHIK C,NEHORAI A. Posterior Cramer – Rao bounds for discrete – time nonlinear filtering[J]. IEEE Transactions Signal Processing,1998,46(5):1386 – 1396.

[43]ZHANG J J,MANJUNATH B,MAALOULI G,et al. Dynamic waveform design for target tracking using MIMO Radar[C]//Proceedings of the IEEE 2008 42nd Asilomar Conference on Signals,Systems and Computers,Octorber 26 – 29,2008. Piscataway:IEEE Press,2008:31 – 35.

[44]CHAKRABORTY B,ZHANG J J,PAPANDREOU – SUPPAPPOLA A,et al. Waveform – Agile MIMO radar for urban terrain tracking[C]//Proceedings of the IEEE 2011 Digital Signal Processing and Signal Processing Education Meeting,January 4 – 7,2011. Piscataway:IEEE Press,2011.

[45]ZHANG J J,MAALOULI G,PAPANDREOU – SUPPAPPOLA A,et al,Cramer – Rao lower bounds for the joint estimation of target attributes using MIMO radar[C]//Proceedings of the IEEE 2009 International Waveform Diversity and Design Conference,February 8 – 13,2009. Piscataway:IEEE Press,2009.

[46]MANJUNATH B,ZHANG J J,PAPANDREOU – SUPPAPPOLA A,et al. Sensor scheduling with waveform design for dynamic target tracking using MIMO Radar[C]//Proceedings of the IEEE 2009 Conference

Record of the 43rd Asilomar Conference on Signals, Systems and Computers, November 1 - 4, 2009. Piscataway: IEEE Press, 2009.

[47] 严俊坤, 戴奉周, 秦童, 等. 一种针对目标三维跟踪的多基地雷达系统功率分配算法[J]. 电子与信息学报, 2013, 35(4): 901 - 907.

[48] 严俊坤, 夏双志, 戴奉周, 等. 异步多基地雷达系统目标跟踪的功率分配算法[J]. 西安电子科技大学学报(自然科学版), 2013, 40(6): 32 - 57.

[49] 严俊坤, 刘宏伟, 戴奉周, 等. 基于非线性机会约束规划的多基雷达系统稳健功率分配算法[J]. 电子与信息学报, 2014, 36(3): 509 - 515.

[50] 李艳艳, 苏涛. 机动目标跟踪的分布式 MIMO 雷达资源分配算法[J]. 西安电子科技大学学报, 2016, 43(4): 10 - 16.

[51] 孙扬, 郑娜娥, 李玉翔, 等. 针对目标跟踪的分布式 MIMO 雷达资源分配算法[J]. 系统工程与电子技术, 2017, 39(8): 1744 - 1750.

[52] GODRICH H, PETROPULU A, POOR H V. Cluster allocation schemes for target tracking in multiple radar architecture[C]//Proceedings of the IEEE 2011 45th Asilomar Conference on Signals, Systems and Computers, November 6 - 9, 2011. Piscataway: IEEE Press, 2011: 863 - 867.

[53] SONG X, CHEN S, ZHANG J, et al. Power allocation for multiple targets range - only tracking in widely distributed MIMO radar systems[C]//Proceedings of the 3rd IEEE International Conference on Computer and Communications, December 13 - 16, 2017. Piscataway: IEEE Press, 2017: 973 - 977.

[54] SONG X, ZHENG N, BAI T. Resource allocation schemes for multiple targets tracking in distributed MIMO radar systems[J]. International Journal of Antennas and Propagation, 2017(10): 1 - 10.

[55] 宋喜玉, 郑娜娥, 高留洋. 多目标跟踪的分布式 MIMO 雷达有限阵元选取算法[J]. 系统工程与电子技术, 2017, 39(9): 1992 - 1997.

[56] 宋喜玉, 郑娜娥, 孙扬. 多目标跟踪的分布式 MIMO 雷达最少阵元选取算法[J]. 系统工程与电子技术, 2017, 39(10): 2228 - 2233.

[57] XIE M, YI W, KIRUBARAJAN T, et al. Receive - Beam allocation for multiple target tracking with distributed MIMO radar systems[C]//Proceedings of the IEEE Radar Conference, May 2 - 6, 2016. Piscataway: IEEE Press, 2016.

[58] XIE M, YI W, KIRUBARAJAN T, et al. Receive - Beam resource allocation for multiple target tracking with distributed MIMO radars[J]. IEEE Transactions Aerospace Electronic Systems, 2018, 54(5): 2421 - 2436.

[59] 鲁彦希, 何子述, 程子扬. 多目标跟踪分布式 MIMO 雷达收发站联合选择优化算法[J]. 雷达学报, 2017, 6(1): 73 - 80.

[60] CHAVALI P, NEHORAI A. Scheduling and power allocation in a cognitive radar network for multiple - target tracking[J]. IEEE Transactions Signal Processing, 2012, 60(2): 715 - 729.

[61] 严俊坤, 纠博, 刘宏伟, 等. 一种针对多目标跟踪的多基雷达系统聚类与功率联合分配算法[J]. 电子与信息学报, 2013, 35(8): 1875 - 1881.

[62] SUN Y, ZHENG N, LI Y, et al. Resource allocation for target tracking in distributed MIMO radar[C]//Proceedings of the IEEE 2nd Advanced Information Technology, Electronic and Automation Control Conference, March 25 - 26, 2017. Piscataway: IEEE Press, 2017: 788 - 792.

[63] SHI C, DING L, WANG F, et al. Low probability of intercept - based collaborative power and bandwidth

allocation strategy for multi – target tracking in distributed radar network system[J]. IEEE Sensors Journal, 2020,20(12):6367 – 6377.

[64]YAN J,PU W,ZHOU S,et al. Collaborative detection and power allocation framework for target tracking in multiple radar system[J]. Inf. Fusion,2020,55:173 – 183.

[65]SHI C,DING L,WANG F,et al. Joint target assignment and resource optimization framework for multitarget tracking in phased array radar network[J]. IEEE Systems Journal,2021,15(3):4379 – 4390.

[66]YAN J,PU W,ZHOU S,et al. Optimal resource allocation for asynchronous multiple targets tracking in heterogeneous radar networks[J]. IEEE Transactions Signal Processing,2020,68:4055 – 4068.

[67]YAN J,DAI J,PU W,et al. Quality of service constrained – resource allocation scheme for multiple target tracking in radar sensor network[J]. IEEE Systems Journal,2021,15(1):771 – 779.

[68]YAN J,LIU H,JIU B,et al. Simultaneous multibeam resource allocation scheme for multiple target tracking [J]. IEEE Transactions Signal Processing,2015,63(12):3110 – 3122.

[69]YAN J,LIU H,PU W,et al. Joint beam selection and power allocation for multiple target tracking in netted colocated MIMO radar system[J]. IEEE Transactions Signal Processing,2016,64(24):6417 – 6427.

[70]韩清华,潘明海,龙伟军. 基于机会约束规划的机会阵雷达功率资源管理算法[J]. 系统工程与电子技术,2017,39(3):506 – 513.

[71]YAN J,JIU B,LIU H,et al. Prior knowledge based simultaneous multibeam power allocation algorithm for cognitive multiple targets tracking in clutter[J]. IEEE Transactions Signal Processing, 2015, 63(2): 512 – 527.

[72]YAN J,LIU H,BAO Z. Power allocation scheme for target tracking in clutter with multiple radar system[J]. Signal Processing,2018,144:453 – 458.

[73]GORJI A A, KIRUBARAJAN T, THARMARASA R. Optimal antenna allocation in MIMO radars with collocated antennas[J]. IEEE Transactions Aerospace Electronic Systems,2014,50(1):542 – 557.

[74]GORJI A A,THARMARASA R,BLAIR W D,et al. Multiple unresolved target localization and tracking using collocated MIMO radars[J]. IEEE Transactions Aerospace Electronic Systems,2012,48(3):2498 – 2517.

[75]CHEN Y,ZHANG Q,LUO Y,et al. Multi – target radar imaging based on phased – MIMO technique – Part II:adaptive resource allocation[J]. IEEE Sensors Journal,2017,17(19):6198 – 6209.

[76]YU Y,PETROPULU A P. Power allocation for CS – based colocated MIMO radarsystems[C]//Proceedings of the IEEE 7th Sensor Array and Multichannel Signal Processing Workshop, June 17 – 20, 2012. Piscataway:IEEE Press,2012:217 – 220.

[77]YU Y,SUN S,MADAN R N,et al. Power allocation and waveform design for the compressive sensing based MIMO radar[J]. IEEE Transactions Aerospace Electronic Systems,2014,50(2):898 – 909.

[78]DEB D,BHATTACHARJEE R,VENGADARAJAN A. Resource manager for MIMO radar[C]//Proceedings of the 2015 IEEE Radar Conference,Octorber 27 – 30,2015. Piscataway:IEEE Press,2015.

[79]SGAMBATO P,CELENTANO S,DI D C. A flexible on – line scheduling algorithm for multifunctional radar [C]//Proceedings of the 2016 IEEE Radar Conference,May 2 – 6,2016. Piscataway:IEEE Press,2016.

[80]BUTLER J M. Multi – function radar tracking and control[D]. London:University College London,1998.

[81]REINOSO – RONDINEL R,YU T Y,TORRES S. Multifunction phased – array radar:time balance scheduler for adaptive weather sensing[J]. Journal of Atmospheric and Oceanic Technology, 2010, 27(11):

1854 – 1867.

[82] CAYIR O, CANDAN C. Performance improvement of Time – Balance radar schedulers through decision policies[J]. IEEE Transactions Aerospace Electronic Systems,2018,54(4):1679 – 1691.

[83] HUIZING A G, BLOEMEN A A F. An efficient scheduling algorithm for a multifunction radar[C]// Proceedings of the IEEE International Symposium on Phased Array Systems and Technology – Revolutionary Developments in Phased Arrays, Octorber 15 – 18, 1996. Piscataway: IEEE Press, 1996: 359 – 364.

[84] JIMENEZ M I, DEL VAL L, VILLACORTA J J. Design of task scheduling process for a multifunction radar [J]. IET Radar, Sonar and Navigation, 2012, 6(5): 341 – 347.

[85] LU J, XIAO H, XI Z, et al. Multifunction phased array radar resource management: real – time scheduling algorithm[J]. Journal of Computational Information Systems, 2011, 7(2): 385 – 393.

[86] LU J, XIAO H, XI Z, et al, Phased array radar resource management: task scheduling and performance evaluation[J]. Journal of Computational Information Systems, 2013, 9(3): 1131 – 1138.

[87] CHEN Y J, ZHANG Q, YUAN N, et al. An adaptive ISAR – imaging – considered task scheduling algorithm for multi – function phased array radars[J]. IEEE Transactions Signal Processing, 2015, 63(19): 5096 – 5110.

[88] 张浩为，谢军伟，盛川. 综合优先级规划下的相控阵雷达自适应调度方法[J]. 兵工学报，2016，37(11): 2163 – 2169.

[89] 张浩为，谢军伟，师俊朋，等. 饱和时序下防空相控阵雷达动态优先级调度算法[J]. 北京航空航天大学学报，2016，42(12): 2722 – 2729.

[90] ZHANG H, XIE J, ZONG B, et al. Dynamic priority scheduling method for the air – defence phased array radar[J]. IET Radar, Sonar & Navigation, 2017, 11(7): 1140 – 1146.

[91] WANG S, HE J, WANG B, et al. Research on adaptive scheduling algorithm based on improved genetic algorithm for multifunctional phased array radar[C]//Proceedings of the IEEE 2014 International Conference on Future Computer and Communication Engineering, September 23 – 25, 2014. Piscataway: IEEE Press, 2014: 24 – 28.

[92] MIR H S, ABDELAZIZ F B. Cyclic task scheduling for multifunction radar[J]. IEEE Transactions on Automation Science and Engineering, 2012, 9(3): 529 – 537.

[93] CHARLISH A, WOODBRIDGE K, GRIFFITHS H. Multi – target tracking control using continuous double auction parameter selection[C]//Proceedings of the 15th International Conference on Information Fusion, July 9 – 12, 2012. Piscataway: IEEE Press, 2012: 1269 – 1276.

[94] CHARLISH A, WOODBRIDGE K, GRIFFITHS H. Phased array radar resource management using continuous double auction[J]. IEEE Transactions Aerospace Electronic Systems, 2015, 51(3): 2212 – 2224.

[95] ORMAN A J, POTTS C N, SHAHANI A K, et al. Scheduling for a multi – function phased array radar system [J]. European Journal of Operational Research, 1996, 90: 13 – 25.

[96] GOPALAKRISHNAN S, CACCAMO M, SHIH C S, et al. Finite – horizon scheduling of radar dwells with online template construction[J]. Real – Time Systems, 2004, 33(1 – 3): 47 – 75.

[97] LEE C G, KANG P S, SHIH C S, et al. Schedulability envelope for real – time radar dwell scheduling[J]. IEEE Transactions on Computers, 2006, 55(12): 1599 – 1613.

[98] GOPALAKRISHNAN S, CACCAMO M, SHA L. Sharp thresholds for scheduling recurring tasks with distance

constraints[J]. IEEE Transactions on Computers,2008,57(3):344 - 358.

[99] CHENG T, HE Z S, TANG T. Novel radar dwell scheduling algorithm based on pulse interleaving[J]. Journal of Systems Engineering and Electronics,2009,20(2):247 - 253.

[100] CHENG T, HE Z S, TANG T. Dwell scheduling algorithm for multifunction phased array radars based on the scheduling gain[J]. Journal of Systems Engineering and Electronics,2008,19(3):479 - 485.

[101] CHEN J, TIAN Z, WANG L, et al. Adaptive simultaneous multi - beam dwell scheduling algorithm for multifunction phased array radars[J]. Journal of Information and Computational Science,2011,8(14):3051 - 3061.

[102] 张浩为,谢军伟,师俊朋,等. 动态优先级下防空相控阵雷达在线交错调度算法[J]. 系统工程与电子技术,2017,39(3):529 - 535.

[103] ABDELAZIZ F B, MIR H. An optimization model and tabu search heuristic for scheduling of tasks on a radar sensor[J]. IEEE Sensors Journal,2016,16(17):6694 - 6702.

[104] ZHANG H, XIE J, SHENG C. Scheduling method for the phased array radar over chaos adaptively genetic algorithm[C]//Proceedings of the 2016 6th International Conference on Information Science and Technology, May 6 - 8, 2016. Piscataway: IEEE Press, 2016.

[105] 张浩为,谢军伟,张昭建,等. 基于混合遗传 - 粒子群算法的相控阵雷达调度方法[J]. 系统工程与电子技术,2017,39(9):1985 - 1991.

[106] 张浩为,谢军伟,张昭建,等. 基于混合自适应遗传算法的相控阵雷达任务调度[J]. 兵工学报,2017,38(9):1761 - 1770.

[107] ZHANG H, XIE J, LU W, et al. A scheduling method based on the hybrid genetic particle swarm algorithm for the multifunction phased array radar[J]. Frontiers of Information Technology & Electronic Engineering,2017,18(11):1806 - 1816.

[108] MIR H S, GUITOUNI A. Variable dwell time task scheduling for multifunction radar[J]. IEEE Transactions on Automation Science and Engineering,2014,11(2):463 - 472.

[109] ZHANG H, XIE J, ZHANG Z, et al. Variable scheduling interval task scheduling for phased array radar[J]. Journal of Systems Engineering and Electronics,2018,29(5):937 - 946.

[110] CHENG T, HE Z, LI H. Adaptive dwell scheduling for digital array radar based on online pulse interleaving[J]. Chinese Journal of Electronics,2009,18(3):574 - 578.

[111] 程婷,何子述,李会勇. 一种数字阵列雷达自适应波束驻留调度算法[J]. 电子学报,2009,37(9):2025 - 2029.

[112] 孟迪,张群,罗迎,等. 基于脉冲交错的数字阵列雷达任务优化调度算法[J]. 航空学报,2017,38(8):1 - 10.

[113] CHENG T, LIAO W, HE Z. MIMO radar dwell scheduling based on novel pulse interleaving technique[J]. Journal of Systems Engineering and Electronics,2013,24(2):234 - 241.

[114] RADMARD M, CHITGARHA M, NAZARI - MAJD M, et al. Antenna placement and power allocation optimization in MIMO detection[J]. IEEE Transactions Aerospace Electronic Systems,2014,50(2):1468 - 1478.

[115] 费太勇,谭贤四,张堃,等. 分布式 MIMO 数字阵列雷达阵元优化配置[J]. 现代雷达,2017,39(8):22 - 27.

[116]费太勇,谭贤四,林强,等.分布式 MIMO 数字阵列雷达检测性能研究[J].华中科技大学学报(自然科学版),2017,45(12):80-85.

[117]王海青.发射分集 MIMO 雷达波形设计与参数估计研究[D].南京:南京理工大学,2016.

[118]彭珍妮.集中式 MIMO 雷达阵列配置与参数估计研究[D].南京:南京航空航天大学,2015.

[119]陈伯孝,等.现代雷达系统分析与设计[M].西安:西安电子科技大学出版社,2012.

[120]程婷.相控阵雷达资源管理技术研究[D].成都:电子科技大学,2008.

[121]张浩为.制导雷达资源调度技术研究[D].西安:空军工程大学,2016.

[122]屈金佑,张剑云.MIMO 雷达的相干脉冲串检测性能[J].电子与信息学报,2009,31(2):378-381.

[123]EBERHART R,KENNEDY J. A new optimizer using particle swarm theory[C]//Proceedings of the IEEE 6th International Symposium on Micro Machine and Human Science, Octorber 4-6, 1995. Piscataway: IEEE Press,1995:39-43.

[124]KENNEDY J,EBERHART R. Particle swarm optimization[C]//Proceedings of the 1995 IEEE Int. Conf. Neural Networks,November 27-December 1,1995. Piscataway:IEEE Press,1995.

[125]KENNEDY J,EBERHART R C. A discrete binary particle swarm optimization[C]//Proceedings of the 1997 IEEE International Conference on System,Man,and Cybernetices,October 12-15,1997. Piscataway: IEEE Press,1997.

[126]SHI Y, EBERHART R. A modified particle swarm optimizer[C]//Proceedings of the 1998 IEEE International Conference on Evolutionary Computation,May 4-9,1998. Piscataway:IEEE Press,1998.

[127]DOUGHTY S R. Development and performance evaluation of a multistatic radar system[D]. London: University College London,2008.

[128]严俊坤.认知雷达中的资源分配算法研究[D].西安:西安电子科技大学,2014.

[129]KELLERER H,PFERSCHY U,PISINGER D. Knapsack Problems[M]. Berlin:Springer Press,2004.

[130]KAPLAN L M. Global node selection for localization in a distributed sensor network[J]. IEEE Transactions Aerospace Electronic Systems,2006,42(1):113-135.

[131]CHALLA S,MORELANDE M R,MUSICKI D,et al. Fundamentals of object tracking[M]. UK:Cambridge University Press,2011.

[132]KALMAN R E. A new approach to linear filtering and prediction problems[J]. ASME Journal of Basic Engineering,1960,82:35-45.

[133]GLASS J D,SMITH L D. MIMO radar resource allocation using posterior Cramer-Rao lower bounds[C]// Proceedings of the 2011 IEEE Aerospace Conference,March 5-12,2011. Piscataway:IEEE Press,2011.

[134]BOYD S,VANDENBERGHE L. Convex Optimization[M]. Cambridge:Cambridge University Press,2013.

[135]GOLUB G H, VAN LOAN C F. Matrix Computations[M]. 3rd edition. Baltimore, MD, USA: The Johns Hopkins Univ. Press,1996.

[136]吕晖.集中式 MIMO 雷达信号处理方法研究[D].西安:西安电子科技大学,2011.

[137]BEKKERMAN I,TABRIKIAN J. Target detection and localization using MIMO radars and sonars[J]. IEEE Transactions on Signal Processing,2006,54(10):3873-3883.

[138]LI J,XU L Z,STOICA P,et al. Range compression and waveform optimization for MIMO radar:a Cramer-Rao bound based study[J]. IEEE Transactions Signal Processing,2008,56(1):218-232.

[139]SEN S,NEHORAI A. OFDM MIMO radar with mutual-information waveform design for low-grazing

angle tracking[J]. IEEE Transactions Signal Processing,2010,58(6):3152 – 3162.

[140]LUO J,HAN Y,HE X. Optimal bit allocation for maneuvering target tracking in UWSNs with additive and multiplicative noise[J]. Signal Processing,2019,164:125 – 135.

[141]EVANS R. KRISHNAMURTHY V,NAIR G,et al. Networked sensor management and data rate control for tracking maneuvering targets[J]. IEEE Transactions Signal Processing,2005,53(6):1979 – 1991.

[142] LIU Z, WANG J. PCRLB – based optimal sensor selection for maneuvering target tracking[C]// Proceedings of the 2011 7th International Conference on Wireless communications,Networking and Mobile Computing,September 23 – 25,2011. Piscataway:IEEE Press,2011.

[143]PURANIK S P,TUGNAIT K. Scheduling multiple sensors for tracking a highly maneuvering target in clutter [C]//Proceedings of the 2005 IEEE International conference on Acoustics,Speech and Signal Processing, March 23,2005. Piscataway:IEEE Press,2005.

[144]CARINE H,CADRE J L,PEREZ P. Posterior Cramer – Rao bounds for multi – target tracking[J]. IEEE Transactions Aerospace Electronic Systems,2006,42(1):37 – 49.

[145]MORELANDE M R,KREUCHER C M,KASTELLA K. A Bayesian approach to multiple target detection and tracking[J]. IEEE Transactions Signal Processing,2006,55(5):1509 – 1064.

[146]HUE C,CADRE J L,P? REZ P. Sequential monte carlo methods for multiple target tracking and data fusion[J]. IEEE Transactions Signal Processing,2002,50(2):309 – 325.

[147] STOICA P, SELÉN Y. Cyclic minimizers, majorization techniques, and expectation – maximization algorithm:a refresh[J]. IEEE Signal Processing Magazine,2004,21(1):112 – 114.

[148]JULIER S J,UHLMANN J K,DURRANT WHYTE H F. A new method for the nonlinear transformation of means and covariances in filters and estimators[J]. IEEE Transactions on Automatic Control,2000,45(3):477 – 482.

[149]JIA B,XIN M,CHENG Y. Sparse Gauss – ermite quadrature filter with application to spacecraft attitude estimation[J]. Journal Of Guidance Control And Dynamics,2011,34(2):367 – 379.

[150]JIA B,XIN M,CHENG Y. Sparse – grid quadrature nonlinear filtering[J]. Automatica,2012,48(2): 327 – 341.

[151]ARASARATNAM I,HAYKIN S. Cubature Kalman filters[J]. IEEE Transactions Automatic Control,2009, 54(6):1254 – 1269.

[152]ARASARATNAM I,HAYKIN S,HURD T R. Cubature Kalman filtering for continuous – discrete systems: theory and simulations[J]. IEEE Transactions Signal Processing,2010,58(10):4977 – 4993.

[153]RABIDEAU D J,PARKER P. Ubiquitous MIMO multifunction digital array radar and the role of time – energy management in radar[R]. MIT Lincoln Laboratory,Project Report DAR – 4,2003.

[154]HAO H,STOICA P,LI J. Designing unimodular sequence sets with good correlations – including an application to MIMO radar[J]. IEEE Transactions Signal Processing,2009,57(11):4391 – 4405.

[155]SONG X,ZHOU S,WILLET P. Reducing the waveform cross correlation of MIMO radar with space – time coding[J]. IEEE Transactions Signal Processing,2010,58(8):4213 – 4224.

[156]SHI C,WANG Y,WANG F,et al. Joint optimization scheme for subcarrier selection and power allocation in multicarrier dualfunction radar – communication system[J]. IEEE Systems Journal,2021,15(1):947 – 958.

[157]SHI C,WANG F,SELLATHURAI M,et al. Low probability of intercept – based optimal power allocation

scheme for an integrated multistatic radar and communication system[J]. IEEE Systems Journal, 2020, 14(1): 983 – 994.

[158] SHI C, WANG F, SALOUS S, et al. Joint subcarrier assignment and power allocation strategy for integrated radar and communications system based on power minimization[J]. IEEE Sensors Journal, 2019, 19(23): 11167 – 11179.

[159] KERSHAW D J, EVANS R J. Optimal waveform selection for tracking systems [J]. IEEE Transactions Inf. Theory, 1994, 40(5): 1536 – 1550.

[160] KERSHAW D J, EVANS R J. Adaptive waveform selection for tracking in clutter[C]//Proceedings of the IEEE 1994 American Control Conference, 1994, 2.

[161] KERSHAW D J, EVANS R J. Waveform selective probabilistic data association[J]. IEEE Transactions Aerospace Electronic Systems, 1997, 33(4): 1180 – 1188.

[162] SUVOROVA S, MUSICKI D, MORAN B, et al. Multi step ahead beam and waveform scheduling for tracking of manoeuvering targets in clutter [C]//Proceedings of the 2005 IEEE International Conference on Acoustics, Speech, and Signal Processing, 2005.

[163] COCHRAN D, SUVOROVA S, HOWARD S D, et al. Waveform libraries[J]. IEEE Signal Processing Magazine, 2009, 26(1): 12 – 21.

[164] SIRA S P, PAPANDREOU – SUPPAPPOLA A, MORRELL D. Dynamic configuration of time – varying waveforms for agile sensing and tracking in clutter[J]. IEEE Transactions on Signal Processing, 2007, 55(7): 3207 – 3217.

[165] SIRA S P, LI Y, PAPANDREOU – SUPPAPPOLA A, et al. Waveform – agile sensing for tracking[J]. IEEE Signal Processing Magazine, 2009, 26(1): 53 – 63.

[166] KHALOOZADEH H, KARSAZ A. Modified input estimation technique for tracking manoeuvring targets [J]. IET Radar, Sonar Navigation, 2009, 3(1): 30 – 41.

[167] ZHANG H, LIU W, ZONG B, et al. An efficient power allocation strategy for maneuvering target tracking in cognitive MIMO radar[J]. IEEE Transactions Signal Processing, 2021, 69: 1591 – 1602.

[168] BELL K L, BAKER C J, SMITH G E, et al. Cognitive radar framework for target detection and tracking[J]. IEEE Journal of Selected Topics in Signal Processing, 2015, 9(8): 1427 – 1439.

[169] LUSS H, SMITH D R. Resource allocation among competing activities: a lexicographic minimax approach [J]. Operations Research Letters, 1986, 5(5): 227 – 231.

[170] PARK J, KIM K. Instance variant nearest neighbor using particle swarm optimization for function approximation[J]. Appllied Soft Computing, 2016, 40: 337 – 347.

[171] GIRISH B S. An efficient hybrid particle swarm optimization algorithm in a rolling horizon framework for the aircraft landing problem[J]. Appllied Soft Computing, 2016, 44: 200 – 227.

[172] ZHANG Y, JI X, GAO X, et al. Objective – constraint mutual – guided surrogate – based particle swarm optimization for expensive constrained multimodal problems [J]. IEEE Transactions on Evolutionary Computation, 2022.

[173] FERNANDES P B, OLIVEIRA R C L, FONSECA NETO J V. Trajectory planning of autonomous mobile robots applying a particle swarm optimization algorithm with peaks of diversity [J]. Appllied Soft Computing, 2022: 116.

[174] KOULINAS G, KOTSIKAS L, ANAGNOSTOPOULOS K. A particle swarm optimization based hyper - heuristic algorithm for the classic resource constrained project scheduling problem[J]. Information Science, 2014,277:680 - 693.

[175] REZAEE JORDEHI A. Enhanced leader PSO(ELPSO):a new PSO variant for solving global optimisation problems[J]. Appllied Soft Computing,2015,26:407 - 417.

[176] Guedria N B. Improved accelerated PSO algorithm for mechanical engineering optimization problems[J]. Appllied Soft Computing,2016,40:455 - 467.

[177] ZHAO S, WANG D. Elite - ordinary synergistic particle swarm optimization[J]. Information Science,2022, 609:1567 - 1587.

[178] OKULEWICZ M, ZABORSKI M, MANDZIUK J. Self - Adapting Particle Swarm Optimization for continuous black box optimization[J]. Appllied Soft Computing,2022.

[179] ZHENG K, YUAN X, XU Q, et al. Hybrid particle swarm optimizer with fitness - distance balance and individual self - exploitation strategies for numerical optimization problems[J]. Information Science,2022, 608:424 - 452.

[180] WANG X, ZHANG K, WANG J, et al. An enhanced competitive swarm optimizer with strongly convex sparse operator for large - scale multiobjective optimization [J]. IEEE Transactions on Evolutionary Computation,2022,26(5):859 - 871.

[181] GHOSH S, RAJKUMAR R R, HANSEN J, et al. Integrated QoS - aware resource management and scheduling with multi - resource constraints[J]. Real - Time Systems,2006,33(1):7 - 46.

[182] TALATAHARI S, AZIZI M. Optimization of constrained mathematical and engineering design problems using chaos game optimization[J]. Computers & Industrial Engineering,2020,145.

[183] LAI C M, YEH W C, HUANG Y C. Entropic simplified swarm optimization for the task assignment problem [J]. Appllied Soft Computing,2017,58:115 - 127.

[184] GANESH M R, KRISHNA R, MANIKANTAN K, et al. Entropy based binary particle swarm optimization and classification for ear detection[J]. Engineering Applications of Artificial Intelligence,2014,27:115 - 128.

[185] MA D L, WANG S M, ZHANG Z X. Hybrid algorithm of minimum relative entropy - particle swarm optimization with adjustment parameters for gas source term identification in atmosphere[J]. Atmospheric Environment,2014,94:637 - 646.

[186] CAMPOS M, KROHLING R A. Entropy - based bare bones particle swarm for dynamic constrained optimization[J]. Knowledge Based Systems,2016:203 - 223.

[187] EDWARDS A M, PHILLIPS R A, WATKINS N W, et al. Revisiting Levy flight search patterns of wandering albatrosses bumblebees and deer[J]. Nature,2007,449:1044 - 1048.

[188] AYDOGDU I, AKIN A, SAKA M P. Design optimization of real world steel space frames using articial beecolony algorithm with Levy flight distribution[J]. Advances In Engineering Software,2016,92:1 - 14.

[189] KALANTZIS G, SHANG C, LEI Y, et al. Investigations of a GPU - based levy - frely algorithm for constrained optimization of radiation therapy treatment planning[J]. Swarm and Evolutionary Computation, 2016,26:191 - 201.

[190] SAENKO V V. The influence of the finite velocity on spatial distribution of particles in the frame of Levy walk model[J]. Physica A,2016,444:765 - 782.

[191] HALKLI H, UGUZ H. A novel particle swarm optimization algorithm with Levy flight[J]. Appllied Soft Computing, 2014, 23: 333 – 345.

[192] JENSI R, WISELIN JIJI G. An enhanced particle swarm optimization with Levy flight for global optimization [J]. Appllied Soft Computing, 2016, 43: 248 – 267.

[193] AL – TEMEEMY A A, SPENCER J W, RALPH J F. Levy flights for improved ladarscanning[C]// Proceedings of the 2010 IEEE International Conference on Imaging Systems and Tech – niques, July 1 – 2, 2010. Piscataway: IEEE Press, 2010: 225 – 228.